普通高等教育"十三五"规划教材

办公软件高级应用

（MS Office）

詹国华　主编

中国铁道出版社有限公司
CHINA RAILWAY PUBLISHING HOUSE CO., LTD.

内 容 简 介

《办公软件高级应用（MS Office）》作为高等院校"互联网＋教材"的研究成果，将教材与在线云课程深度融合，集课堂教学、在线微课、作业、实验、操作演示、交流互动、考试评价、分析评估等功能于一体，教学效果事半功倍。线上环境采用阿里云平台（http://zjcai.com），基础环境采用 Office 2010 及以上版本。

本教材共 3 章。第 1 章文字处理及高级应用，第 2 章数据处理及高级应用，第 3 章演示文稿及高级应用。全书突出理论实践融合，每章均配有丰富的实验案例，共安排 29 个实验，108 个任务。其中第 1 章安排 11 个实验，40 个任务，第 2 章安排 11 个实验，40 个任务，第 3 章安排 7 个实验，28 个任务。

本教材适合作为大学本科和高职院校计算机基础课程教材，也可作为计算机爱好者的自学读本。

图书在版编目（CIP）数据

办公软件高级应用:MS Office/詹国华主编. —北京:
中国铁道出版社有限公司，2020.6（2021.12重印）
普通高等教育"十三五"规划教材
ISBN 978-7-113-26936-4

Ⅰ.①办… Ⅱ.①詹… Ⅲ.①办公自动化-应用软件-
高等学校-教材 Ⅳ.①TP317.1

中国版本图书馆CIP数据核字(2020)第090312号

书　　名：办公软件高级应用（MS Office）
作　　者：詹国华

策　　划：汪　敏　　　　　　　　　　　编辑部电话：（010）51873628
责任编辑：汪　敏　贾淑媛
封面设计：付　巍
封面制作：刘　颖
责任校对：张玉华
责任印制：樊启鹏

出版发行：中国铁道出版社有限公司（100054，北京市西城区右安门西街 8 号）
网　　址：http://www.tdpress.com/51eds/
印　　刷：北京柏力行彩印有限公司
版　　次：2020 年 6 月第 1 版　　2021 年 12 月第 3 次印刷
开　　本：820 mm×1 070 mm 1/16　印张：16.5　字数：398 千
书　　号：ISBN 978-7-113-26936-4
定　　价：49.80 元

FORWORD 前 言

"办公软件高级应用"是新时代大学生进入高等院校学习的一门重要课程，对当今信息时代各专业人才培养具有十分重要的意义。本教材以"互联网＋教材"模式展开，教材与共建共享云课程深度融合，集课堂教学、在线微课、作业、实验、操作演示、交流互动、考试评价、分析评估等功能于一体，符合教育部教育信息化 2.0 的要求，构建了一个人人皆学、处处能学、时时可学的优良的教学环境，教学效果事半功倍。线上环境采用阿里云平台（http://zjcai.com），基础环境采用 Office 2010 及以上版本。

本教材围绕办公软件的核心需求，理论与实践相融合，突出高级应用，共安排 3 章。第 1 章文字处理及高级应用，第 2 章数据处理及高级应用，第 3 章演示文稿及高级应用。每章均配有丰富的实验案例，共安排 29 个实验，108 个任务。其中第 1 章安排 11 个实验，40 个任务，第 2 章安排 11 个实验，40 个任务，第 3 章安排 7 个实验，28 个任务。

本教材的出版得到了中国铁道出版社有限公司的大力支持，是杭州师范大学计算机教育与应用研究所和中国铁道出版社有限公司合作开展高等院校"互联网＋教材"研究的最新成果。本教材由杭州师范大学计算机教育和应用研究所组织编写，詹国华任主编，教材编写、资源建设、平台开发人员有詹国华、徐永刚、虞歌、张量、李志华，李晨斌、陈荣荣、冯银强、徐曦等。另外，汪明霓、潘红、王培科、晏明、宋哨兵、张佳等对本教材的编写给予了支持，同时，还有全国一大批使用云平台学校老师的大力支持。在此一并表示衷心的感谢！

由于编者水平有限，时间仓促，书中不足之处，敬请读者批评指正。我们的电子邮件地址是：ghzhan@hznu.edu.cn。

编　者

2020 年 3 月

阿里云平台

CONTENTS 目 录

文字处理及高级应用

　　文字处理是办公自动化的重要组成部分，也是人们在日常工作、学习和生活中经常进行的一项工作，内容包括文字的输入和编辑、图文混排、页面排版等，几乎所有领域都离不开文字处理。用计算机处理文字需要文字处理软件，选择一款优秀的文字处理软件对于日常文字处理工作是一项非常有意义的事情，可大大促进工作效率的提高。

　　Microsoft Office 是微软公司的一个基于 Windows 操作系统的办公软件套装，是微软公司为了开发数据电子化环境所创造出来的文件制作软件兼环境开发工具，由 Word、Excel、PowerPoint、Access 等组件构成。它经历了 Office 97，Office 2000，Office 2003，Office 2010，Office 2016 等几个成熟的版本，Office 2010 版是最常用的版本之一，而 Microsoft Word 作为 Office 套件的核心组件，则是一款最流行的字处理软件。

1.1　概述

　　目前，国内外用于制作文字处理的软件有很多，除了微软公司 Microsoft Office 套件的 Word 之外，还有金山公司的 WPS、甲骨文公司的 Open Office 等。本章以 Microsoft Word 2010 为例，介绍文字处理及高级应用。

1.1.1　功能概述

　　Word 2010 作为一款成熟的文字处理软件，它提供了十分出色的功能，不仅能进行文字处理，还能对图形进行编辑、插入自定义表格等，使得文档图文并茂，表达直观形象，适合制作各种文档，如论文、简历、信函、传真、公文、报刊、书刊等。其增强后的功能可创建专业水准的文档。利用它，可以更加轻松、高效地组织和编写文档。除了最主要的文章编写功能，Word 2010 还能用于制作表格、进行长文档的编辑与管理、大篇幅的文字处理、简单的图片制作等。详细的功能如图 1.1 所示。

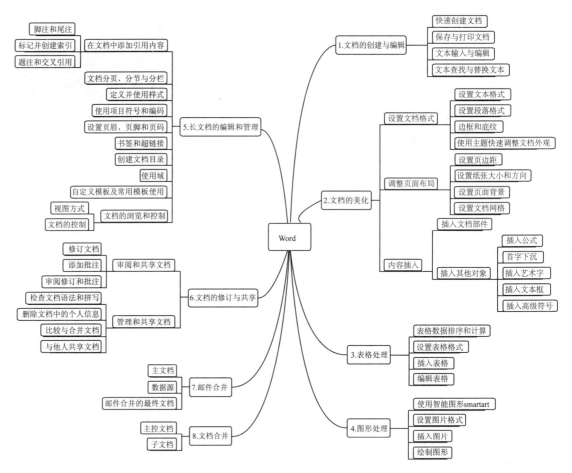

图 1.1　Word 功能图

由图 1.1 可见，Word 基本功能分布于图的右侧，主要有文档的创建与编辑、文档的美化、表格和图形处理。高级功能主要集中于图的左侧，包括长文档的编辑与管理、文档的修订和共享、邮件合并和文档合并。

1.1.2　高级功能

Word 的整体操作趋于简单，绝大部分基础功能用户都可以轻松地理解和掌握。但是 Word 中也"隐藏"着不少相对而言操作较为复杂的高级功能，而这些功能使得文档编辑变得更加轻松高效。其中主要几个高级功能如下。

（1）文本分栏、分节。分栏就是将文档中的文本分成两栏或多栏，是文本编辑中的一个基本方法，这种形式在报纸或者杂志、论文中很常见，既美观又实用。同样应用在杂志报纸上，Word 分节可以对不同部分进行不同的排版。

（2）自动设置多级编号。当撰写论文或长文档时，会涉及章节结构，此时多级编号就必不可少了。

（3）创建目录。目录通常是长文档中不可缺少的部分，它可以帮读者了解文档章节结构，快速检索文档内容。Word 2010 提供了自动目录功能，便于快速制作目录。

（4）索引。索引可以列出一篇文章中重要关键词或主题的所有位置（页码），以便快速检索查询。索引常见于一些书籍和大型文档中。在 Word 2010 中，索引的创建主要通过"引用"选项卡中的"索引"组来完成。

（5）域。域就是引导 Word 在文档中自动插入文字、图形、页码或其他信息的一组代码。每个 Word 域都有一个唯一的名字，但有不同的取值。用 Word 排版时，若能熟练使用 Word 域，可增强排版的灵活性，减少许多烦琐的重复操作，提高工作效率。

（6）样式。样式是指被冠以同一名称的字符或段落格式集合，它包括字体、段落、制表位、边框和底纹、图文框和编号等格式。用户可以将一种样式应用于某个段落，或者段落中选定的字符上，所选定的段落或字符便具有这种样式定义的格式。使用样式可以使文档的格式更容易统一，还可以构筑大纲，使文档更有条理。此外，使用样式还可以方便地生成目录。

（7）设计模板。新建空白文档，根据自己需求设定模板，包括字体、字号、行间距等，还有底纹、表格、艺术字等，设定完成即可保存，下次创建文档，即可使用自定义的模板，方便而又实用。

（8）修订与审阅功能的使用。修订功能在文档的交互式审阅中经常用到。在共享文档提交审阅时，Word 2010 能跟踪每个用户所作的修订，并在每个用户都保存之后将所有的修订记录下来。如果不止一个人对文档中的同一个区域进行了操作，Word 2010 会分辨冲突的修订，询问用户是否接受前面用户所做的修订。修订标记能够让作者跟踪多位审阅者对文档所做的修改，这样作者可以一个接一个地复审这些修改，并用约定的原则接受或者拒绝所做的修订。

（9）邮件合并。先建立两个 Word 文档，一个 Word 文档包括所有文件共有内容的主文档（如未填写的信封等）和一个包括变化信息的数据源（如 Excel 文件中的收件人、发件人、邮编等），然后使用邮件合并功能在主文档中插入变化的信息，合成后的文件可以保存为 Word 文档，可以将其打印，也可以以邮件形式发出去。邮件合并广泛应用于请柬、信件、获奖证书等的制作。

（10）主控文档和子文档。主控文档可以插入一个已有文档作为主控文档的子文档。这样，就可以用主控文档将以前已经编辑好的文档组织起来，而且还可以随时创建新的子文档，或将已存在的文档当作子文档添加进来。例如，作者交来的书稿是以一章作为一个文件，编辑可以为全书创建一个主控文档，然后将各章的文件作为子文档分别插进去。也就是说，可以使用主控文档将长文档分成较小的、更易于管理的子文档，从而便于组织和维护。

（11）拼写和语法检查。Word 2010 具有拼写和语法检查功能，能帮助用户进行文本校对，检查出文档中的拼写和语法错误，并给出更改建议。

1.2　文档的基本操作

使用文字处理软件制作电子文稿时首先要掌握的是文档的创建、打开、保存等基本操作，另外，打印输出也是经常要用到的功能。下面分别介绍 Word 2010 环境下这些操作的实现。

1.2.1　文档的创建

Word 文档是对用 Word 软件创建的文书报告、信函通知、论文简历等文稿的统称，用

Word 2010 创建的文档是一个扩展名为 .docx 的文件。

　　选择"文件"选项卡→"新建"命令，选择"空白文档"或其他可用模板，再单击右栏的"创建"命令，如图 1.2 所示，可新建一个空白文档或含某种模板格式的文档。此外，利用组合键【Ctrl+N】也能创建一个空白文档。

图 1.2　Word 2010 文档新建

1.2.2　文档的打开与保存

　　编辑一个已经存在的 Word 文档需要先打开它，以下几种方式可用于打开文档。

　　（1）选择"文件"选项卡→"打开"命令，可用于打开磁盘上任意位置的 Word 文档。

　　（2）选择"文件"选项卡→"最近所用文件"命令，在"最近使用的文档"列表中单击文件链接可打开近期使用过的文档。Word 2010 中默认显示 25 个最近使用文档名。

　　（3）双击 Windows 资源管理器中已存在的 Word 文档也可打开此文档。

　　编辑完的文档需要保存在磁盘上，选择"文件"选项卡→"保存"命令，或单击"快速访问工具栏"中的"保存"命令 🔲 来完成。关闭 Word 软件时，软件本身会对保存做个检查，对于最近更新未及时保存的文件会提示保存，单击弹出的提示框中的"保存"按钮也能保存 Word 文档。

　　对于新建文档，首次保存时会弹出"另存为"对话框，让用户选择文档在磁盘中的存放位置，此后每有更新，文档都保存在原位。若需改变已有文档的存储位置，可选择"文件"选项卡→"另存为"命令实现。

　　因 Word 2010 和 Word 2003 及以前的版本格式存有差异，较低版本的 Word 不能打开 Word 2010 生成的文档，解决此问题需将结果文档存为早期格式。选择"文件"选项卡→"另存为"命令，在"另存为"对话框的"保存类型"中选择"Word 97-2003 文档 (*.doc)"可将 Word 2010 中编辑的文档存为早期版本，如图 1.3 所示。

　　为防止 Word 应用程序出错意外关闭或突然死机引起的结果丢失，Word 2010 具有自动保存文档功能。自动保存的时间间隔可通过依次单击"文件"→"选项"命令，弹出"Word 选项"对话框，选择"保存"选项卡，打开"自定义文档保存方式"对话框进行设定，如图 1.4 所示。

图 1.3　将 2010 版 Word 文档存为早期版本

图 1.4　设定自动保存与恢复功能

此外，选择"文件"→"信息"命令，可查看本文档创建时间、作者、字数、页数等信息，其中"保护文档"命令允许用户对存盘的文档进行加密、权限设置等提升安全性的操作，如图 1.5 所示。

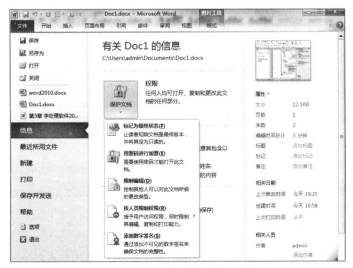

图 1.5　对文档进行安全设置

1.2.3　文本的录入

文本是文字、符号、特殊字符、表格和图形等内容的总称。文本录入是电子文档制作的第一步。每个正在编辑的文档（称之为当前文档）上都能看到一个垂直闪烁的光标，此即为文本对象的插入点。对于文字，直接在插入点进行录入即可，对于图像、表格等元素，需结合相应的插入命令来插入。

编辑文档时，有时候需要对内容进行调整，此时剪贴板的剪切（【Ctrl+X】）、复制（【Ctrl+C】）、粘贴（【Ctrl+V】）、删除等操作便能发挥作用。Word 2010新增了对复制（剪切）到目标位置的内容是否保留原始格式的选择，如图1.6所示。粘贴时单击"开始"选项卡→"剪贴板"组→"粘贴"下拉按钮，出现粘贴选项，依次为：保留源格式，表示源文件内容格式在目标内容上继续使用；合并格式，表示目标内容的格式采用粘贴前源文的格式；只保留文本，表示目标内容只有文本，没有格式。

图1.6　剪贴板

此外，快速工访问工具栏上的撤销命令（【Ctrl+Z】）和恢复命令（【Ctrl+Y】）也是录入内容时常用的调整工具。

1.2.4　文本的查找与替换

编辑文档时也常会有查找、替换某些内容的需求，Word 2010的"导航"窗格可以帮助用户轻松完成。勾选"视图"选项卡"显示"组上"导航窗格"复选框,可打开"导航"窗格。

1. 文字的查找

Word 2010增加了快速查找功能，在"导航"窗格的"搜索栏"中输入需查找的内容，按【Enter】键，Word 2010会在文档中用黄色背景将找到的所有内容标识出来，如图1.7所示。

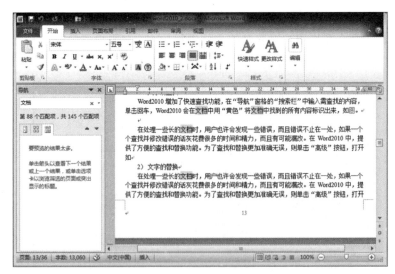

图1.7　"导航"窗格的查找功能

2. 文字的替换

若需对一次查到的多处文字进行统一替换，可以单击"导航"窗格"搜索栏"右侧的下拉按钮·，在弹出菜单中选择"替换"命令，出现"查找和替换"对话框，如图1.8所示。在"查找内容"和"替换为"对应的文本框中分别输入需替换的源内容和目标内容，单击"全部替换"按钮，完成选区范围内的所有查找到内容的替换。如需选择性地替换，可通过连续单击"替换"按钮逐一进行替换，对于暂时不需要替换的目标内容，可单击"查找下一处"按钮略过。

3. 高级用法

为使"查找和替换"更灵活，实现带格式文本或特殊字符的查找或替换，可以使用"高级查找"功能，单击"查找和替换"对话框左下角"更多"按钮，或单击"导航"窗格搜索栏右侧小三角按钮，选择"高级查找"命令，打开"高级"设置，如图1.9所示。

图1.8 "查找和替换"对话框　　　　图1.9 "查找和替换"高级设置界面

"搜索"下拉列表框用于选择查找和替换的方向，选择"全部"表示在整个文档中搜索待查内容；选择"向上"则搜索光标所在位置前面的文字内容。

"搜索选项"选项组中的复选框可以用来设置查找和替换单词的各种格式，如查询是否区分大小写、使用通配符等。例如，可以使用通配符"?"进行模糊查找，"?"代表任意一个字符。如图1.9所示，在"查找内容"文本框中输入了带有通配符"?"的查找目标"?? 视图"，则当执行查找命令时，Word 2010将把所有长度是4且以"视图"结尾的文字，比如"大纲视图""页面视图"都查找出来。此外，单击对话框下方"特殊格式"按钮可以选用更多的通配符来设置更多的特殊查找，比如任意数字"^#"可用于查找选区中的所有数字，段落符号"^v"可用于查找区中的所有回车符。

若待查找的内容带有格式，则在输入查找内容后需单击对话框右下角"格式"按钮，指定源文格式。

4. 非文字对象的查找

Word 2010导航窗格还提供了图形、表格、公式等非文字对象的查找。以查找图形为例，单击"导航"窗格"搜索栏"右侧的下拉按钮，选择"图形"命令，如图1.10所示，Word 2010将自动搜索到全文的图形，并且定位在当前光标开始往后的第一张图，单击"搜索栏"下方的三角按钮▲▼，可以切换查看其他被搜索出的图片。

图 1.10　图形查找

1.2.5　文档打印

文档编辑好后常常需要打印输出，Word 2010 的打印功能集中在"文件"选项卡的"打印"命令项中。

选择"文件"→"打印"命令，打开打印设置窗口，如图 1.11 所示。该窗口右侧可见待打印文本的预览效果，中间是打印功能区。

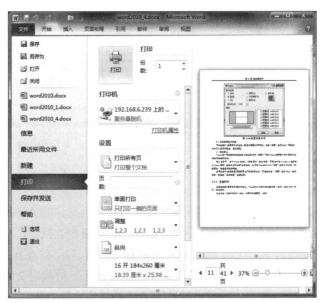

图 1.11　打印设置

（1）"打印机"项用于指定可用打印机。

（2）"设置"用于根据用户的打印需求设置打印参数，各功能按钮从上到下依次用于指定打印范围、设置单／双面打印、确定纸张方向、指定纸张规格（常用 A4，A3，16K）、设置页面边距、指定版面页数。

（3）设置好打印参数后，指定打印份数，在确保打印机正常连接和启动的情况下，单击"打印"按钮，即可将文档打印输出。

1.3　页面和排版

制作专业的文档除使用常规的页面内容和美化操作外，还需要注重文档的结构以及排版方式。Word 2010 提供了诸多简单的功能，使文档的编辑、排版、阅读和管理更加轻松自如。

1.3.1 文本设置

对文本加上颜色、大小、边框等风格可优化视觉效果，这也是电子文档的编辑优势。Word 2010 在"开始"选项卡中集中了"字体""段落""样式"组，可制作出丰富的文本效果。

1. 字符格式设置

Word 2010 中对字符格式除了有传统的字体、字号、颜色、底纹、上下标、下画线、加粗等设置，还能进行发光、阴影等效果设置。操作方法为：选中要设置格式的文本，单击"开始"选项卡"字体"组中功能命令，或单击命令边上小三角按钮选择需要的操作。

常用工具说明如下：

- 宋体 ▼指定文字字体。
- 五号 ▼设置文字大小。
- A⁺ A⁻ 增大/缩小字号。
- Aa▼ 大/小写、全/半角切换。
- **B** 加粗字体。
- *I* 把字体格式改为斜体。
- U 给文字增加下画线。
- A 给文字增加边框。
- A 给文字增加底纹。
- A 给文字上颜色。
- x₂ x² 将文字/数字设为上下标。
- A▼ 对文本应用发光、阴影等特效。

若需对字符进行字符间距等更多的设置，单击"字体"组右下角的 按钮，打开"字体"对话框，可做进一步的设置，如图 1.12 所示。

2. 段落格式设置

在 Microsoft Word 2010 中，段落是独立的信息单位，具有自身的格式特征，如对齐方式、间距和样式。每个段落的结尾处都有段落标记。文档中段落格式的设置取决于文档的用途以及用户所希望的外观。通常，会在同一篇文档中设置不同的段落格式。段落格式的设置命令集中在"开始"选项卡的"段落"组中。

常用段落设置说明如下：

1）对齐方式、缩进、间距设置

单击"段落"组右下角的 按钮，打开"段落"对话框，可进行以上参数设置。如图 1.13 所示，把当前文本的段落格式设置为：左对齐，"右缩进"1 字符，首行缩进 2 字符，段前间距为 1 行，段后间距为 0 行，行距为 1.5 倍行距。

以上设置也可直接通过"开始"选项卡的"段落"命令来实现。其中 ≣ ≣ ≣ ≣ ≣ 用于设置段落对齐方式，依次为左对齐、居中对齐、右对齐、两端对齐、分散对齐；律 律 用于增加和减少段首的文字缩进量；‡≣▼用于设置行距、段间距。

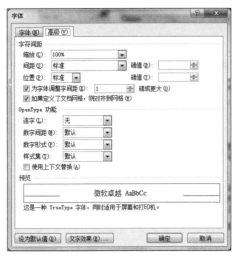

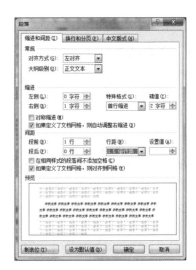

图 1.12　"字体"对话框　　　　　　　　　图 1.13　"段落"对话框

2）项目符号和编号设置

文档编辑过程中有时需要对一些文本加上诸如"1.""1）""（1）""一、""第一、""a）"等编号，一方面使内容要点条理直观，另一方面也是制作文章目录的前提。该设置通过"段落"组中项目列表命令 ≔▾ ≔▾ ⛏▾ 来实现。此组按钮分别用于设置符号列表、编号列表和多级列表。每种列表具有一种默认格式，单击按钮可以在有无列表符号间进行切换。如需使用更多列表格式，单击命令右侧下拉按钮可更改此类列表的符号 / 编号风格。图 1.14 所示为将段落编号设为"1）""2）"格式的过程及结果。

图 1.14　添加编号

除了使用命令添加编号，Word 2010 还具有智能插入编号的功能。当用户首次在段前输入编号字符，本段结束按【Enter】键时会在下一行自动出现累计编号。

3）边框和底纹设置

边框和底纹是常用的文档格式，往往用于突显文本或增加文档美化效果。在"段落"组中，🖌▾ ▦▾ 按钮组用于设置边框和底纹。选中一段文字，单击底纹、边框命令右侧下拉按钮选择需要的格式，可直接给选定文字添加底纹或边框，效果如以下实例所示。

给一段文字
添加边框和底纹

也可单击边框命令右侧下拉按钮，选择"边框和底纹"命令，打开"边框和底纹"对话框，做更详细设置。图 1.15 所示为给段落设置了黄色背景，图案为斜线的底纹以及红色外框。

对于边框，Word 还专设有"页面边框"，允许对文档中每一页的任意一边或四周添加边框、也可以只为某节中的页面、第一页或除第一页以外的所有各页添加边框。图 1.16 所示为给整篇文章设置一个黄颜色、星形艺术边框。

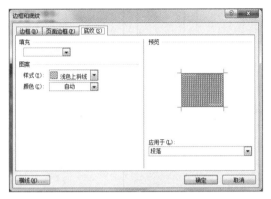

图 1.15　对段落设置边框和底纹　　　　图 1.16　设置页面边框

4）首字下沉

首字下沉包括"下沉"与"悬挂"两种效果。"下沉"的效果是将某段的第一个字符放大并下沉，字符置于页边距内；而"悬挂"是字符下沉后将其置于页边距之外。

选中段落，或选中段落中的第 1 个字或前 2 ～ 3 个字（最可设置 3 个字），单击"插入"选项卡"文本"组的"首字下沉"按钮，从下拉菜单中选择"下沉"或"悬挂"命令。如果在下拉菜单中单击"首字下沉选项"，将弹出"首字下沉"对话框，在其中可以进行更多的设置，例如，进一步设置下沉行数等。

1.3.2　页面与版式设置

要制作一篇美观大方的文档，只考虑文字、段落格式是不够的，还要通篇考虑整体排版和布局，如页眉、页脚、页码、边框、大小、主题、背景等。有了 Word 软件，再不必为长文档的排版大费周折。

1. 插入页码

页码一般是插入到文档的页眉和页脚位置的。当然，如果有必要，也可以将其插入到文档中。Word 提供有一组预设的页码格式，也可以自定义页码。利用插入页码功能插入的实际是一个域而非单纯数码，因为是可以自动变化和更新的。

1）插入预设页码

（1）在"插入"选项卡上，单击"页眉和页脚"选项组中的"页码"按钮，打开可选位置下拉列表。

（2）指针指向希望页码出现的位置，如"页边距"，右侧出现预置页码格式列表，如图 1.17 所示。

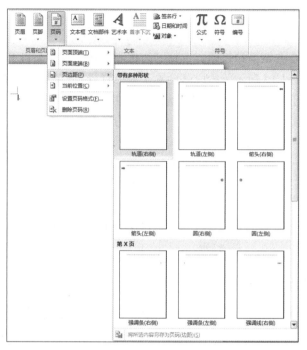

图 1.17　插入页码

（3）从中单击选择某一页码格式，页码即可以指定格式插入到指定位置。

例如，如图 1.18 所示，将插入点定位到页脚区，然后从下拉列表中选择"当前位置"中的"普通数字"插入普通页码，可见页码被插入到插入点所在位置。页码也像一个被输入到页眉 / 页脚区的普通文字一样，可以设置格式，如字体格式、段落对齐格式等。

图 1.18　在页脚处插入页码

2）自定义页码格式

（1）在文档中插入页码，将光标定位在需要修改页码格式的节中。

（2）在"插入"选项卡上，单击"页眉和页脚"选项组中的"页码"按钮，打开下拉列表。

（3）单击其中的"设置页码格式"命令，打开"页码格式"对话框。

（4）在"编码格式"下拉列表中更改页码的格式，在"页码编号"选项组中可以修改某一节的起始页码，如图 1.19 所示。

（5）设置完毕，单击"确定"按钮。

图 1.19　在"页码格式"对话框中设置页码格式

2. 页眉和页脚

页眉页脚常用来插入单位名称、文档章节名称、作者、页码等文档附加信息。其中，页眉在页面的顶部，页脚在页面的底部。使用 Word 制作页眉和页脚，不必为每一页都亲自输入页眉和页脚内容，只要在任意一页上输入一次，Word 就会自动在本节内的所有页中添加相同的页眉和页脚内容。

1）插入预设的页眉或页脚

Word 2010 中插入预设的页眉或页脚的操作十分相似，操作步骤如下：

（1）在"插入"选项卡中单击"页眉和页脚"选项组中的"页眉"命令。

（2）在打开的下拉列表中有许多内置的页眉样式，如图 1.20 所示。从中选择一个合适的页眉样式，例如"空白"，所选页眉样式就被应用到文档中的每一页。当然也可直接单击"编辑页眉"命令，不选择应用内置页眉样式。

（3）在页眉区域输入文本内容或使用"页眉和页脚工具"的"设计"选项卡中"插入"选项组中的命令插入日期、文档属性、Logo 图片等对象。

同样的方法可插入页脚。在"插入"选项卡上的"页眉和页脚"选项组中，单击"页脚"按钮，在打开的内置"页脚库"列表中选择合适的页脚设计，即可将其插入到整个文档中。

在文档中插入页眉或页脚后，自动出现"页眉和页脚工具"中的"设计"选项卡，通过该选项卡可对页眉或页脚进行编辑和修改。单击"关闭"选项组中的"关闭页眉和页脚"按钮，即可退出页眉和页脚编辑状态。

在页眉或页脚区域中双击，即可快速进入页眉和页脚编辑状态。

图 1.20 插入预设的页眉

2）为不同节创建不同的页眉或页脚

当文档分为若干节时，可以为文档的各节创建不同的页眉或页脚，例如可以在一个长篇文档的"目录"与"内容"两部分应用不同的页脚样式。为不同节创建不同的页眉或页脚的操作步骤如下：

（1）先将文档分节，然后将鼠标光标定位在某一节中的某一页上。

（2）在该页的页眉或页脚区域中双击，进入页眉和页脚编辑状态。

（3）插入页眉或页脚内容并进行相应的格式化。

（4）在"页眉和页脚工具|设计"选项卡的"导航"选项组中，单击"上一节"或"下一节"按钮进入到其他节的页眉或页脚中，如图 1.21 所示。

（5）默认情况下，下一节自动接受上一节的页眉页脚信息。在"导航"选项组中单击"链接到前一条页眉"（或页脚）按钮，可以断开当前节与前一节中的页眉（或页脚）之间的链接，页眉和页脚区域将不再显示"与上一节相同"的提示信息，此时修改本节页眉和页脚信息不会再影响前一节的内容。

图 1.21 页眉页脚在文档不同节中的显示

（6）编辑修改新节的页眉或页脚信息，在文档正文区域中双击即可退出页眉页脚编辑状态。

3）为奇偶页或首页创建不同的页眉和页脚

有时一个文档中的奇偶页上需要使不同的页眉或页脚。例如，在制作书籍资料时可选择在奇数页上显示书籍名称，而在偶数页上显示章节标题。

令奇偶页具有不同的页眉或页脚的操作步骤如下：

（1）双击文档中的页眉或页脚区域,功能区中自动出现"页眉和页脚工具|设计"选项卡,如图 1.22 所示。

（2）在"选项"选项组中单击选中"奇偶页不同"复选框。

（3）分别在奇数页和偶数页的页眉或页脚上输入内容并格式化,以创建不同的页眉或页脚。

如果希望将文档首页页面的页眉和页脚设置得与众不同,可以按照如下方法操作：

（1）双击文档中的页眉或页脚区域,功能区自动出现"页眉和页脚工具|设计"选项卡。

（2）在"选项"选项组中单击选中"首页不同"复选框,此时文档首页中原先定义的页眉和页脚就被删除了,可以根据需要另行设置首页页眉或页脚。

图 1.22 "页眉和页脚工具|设计"选项卡

3. 页面设置

页面设置功能用于设置打印页面的页边距、纸张方向、纸型以及分栏等页面效果。

在"页面布局"选项卡中可见"页面设置"选项组中的命令。单击相关命令出现下拉列表,可直接选择预设方案或使用下拉列表最后一项命令打开参数设置框自行定义想要的效果。

以"页边距"设置为例,需设置页面的上、下、左、右边距均为 3 厘米,操作如下：

（1）在"页面布局"选项卡的"页面设置"选项组中单击"页边距"命令。

（2）在下拉列表中,单击"自定义边距"命令,出现"页面设置"对话框。

（3）在"页边距"中将"上""下""左""右"的值均设置 3 厘米,如图 1.23 所示。

图 1.23 设置页边距

4. 主题和背景

为丰富页面效果,Word 2010 提供了一系列的主题,它是从配色、字体、效果等方面给出的页面格式整体设计方案。用户只需单击"页面布局"选项卡的"主题"选项组中的命令,即可打开主题库,给当前文档选用适合的主题。

"页面背景"是美化页面的另一工具,在页面布局"选项卡的"页面背景"选项组中可见"页面颜色"、"页面边框"和"水印"三个命令,各命令说明如下：

（1）"页面颜色"命令用于给页面添加背景,此背景可以是纯色,也可以是过渡色、图案、图片或纹理。单击"页面颜色"命令,选择一种颜色便给页面添加了纯色背景。若执行"页面颜色"命令时选用了"填充效果"命令，则打开"填充效果"对话框，可以给页面添加更有趣的背景。如图1.24所示，左图为给页面添加名为"茵茵绿原"的过渡色背景，右图为给页面添加名为"水滴"的纹理背景。

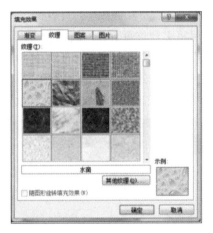

图1.24　给页面背景添加填充效果

（2）"页面边框"命令用于给文档的页面添加边框。

（3）"水印"是衬于文本底部具有一定透明效果的文字或图形，作用于文档的每个页面，是保护文档版权的一种重要技术手段，可通过单击"水印"命令为文档添加水印效果。

1.3.3　文档的浏览与控制

Word 2010将文档的显示方式集中在"视图"选项卡中，可以在此更改视图方式和显示比例、设置标尺及网格线、设定多文档时的窗口排列方式等。另外，Word 2010新增的"导航"窗格不仅可以帮助用户浏览文档结构，实现内容按标题或按页面的快速跳转、编辑，其搜索框还整合了图、文查找和替换功能。熟练掌握文档不同显示格式的应用，能够在编写和编排文档时提高编写质量和阅读效率。下面就文档视图和显示控制作详细介绍。

屏幕上文档窗口的显示方式称为视图。Word 2010提供了页面视图、阅读版式视图、Web版式视图、大纲视图和草稿5种视图方式。在不同的视图下可以进行不同的操作，以方便用户输入文本和排版。

1. 切换视图模式

切换视图模式的方法是单击"视图"选项卡"文档视图"选项组中的视图按钮，如图1.25所示。或使用状态栏右侧的视图选择按钮▤▦▤▤▤。

图1.25　文档视图按钮组

1）页面视图

"页面视图"是最接近打印结果的文档显示方式，如图1.26所示。在页面视图方式下，可以看到文档的外观、图形对象、页眉和页脚、背景、多栏排版等在页面上的效果。因此对文本、格式、版面和外观等修改操作适合在页面视图中完成。

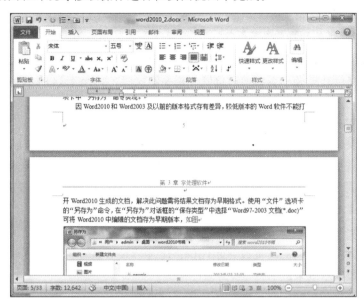

图 1.26 页面视图显示效果

2）阅读版式视图

"阅读版式视图"以书面翻展的样式显示 Word 2010 文档，快速访问工具栏、功能区等窗口元素被隐藏起来。在阅读版式视图中，用户还可以单击"工具"按钮选择各种阅读工具，如图 1.27 所示。

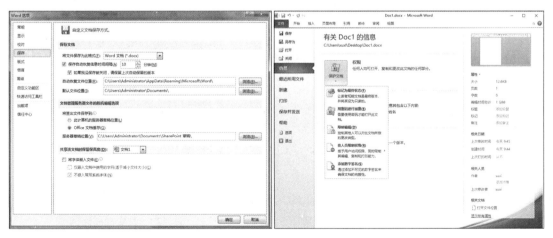

图 1.27 阅读版式视图显示效果

3）Web 版式视图

Web 版式视图主要用于编辑 Web 页。如果选择显示 Web 版式视图，编辑窗口将显示文档的 Web 布局效果，此时显示的画面与使用浏览器打开文档的画面一样。用户可以看到背景和为适应窗口大小而换行显示的文本，并且图形位置与在 Web 浏览器中的位置一致。在 Web 版式视图下，用户可以对文档的背景颜色进行设置，还可以浏览和制作网页等。

4）大纲视图

大纲视图主要用于显示、修改和创建文档的大纲。大纲视图将所有的标题分级显示出来，层次分明，利于长文档的快速浏览和设置。大纲视图中不显示页边距、图形对象、页眉和页脚、背景等。进入大纲视图后，功能区中出现"大纲"选项卡，其中的"大纲工具"选项组可对文档内容按标题进行升降级、调整前后位置、折叠隐藏等，如图 1.28 所示。

5）草稿视图

草稿视图即 Word 软件早期版本中的"普通视图"，它取消了页面边距、分栏、页眉页脚和图片等元素，仅显示标题、正文及字体、字号、字形、段落缩进以及行间距等最基本的文本格式，是最节省计算机系统硬件资源的视图方式。因此，草稿视图适合输入和编辑文字，或者只需要设置简单的文档格式时使用。当需要进行准确的版面调整或者进行图形操作时，最好切换到页面视图方式下进行。

2. 文档的浏览控制

除了文档视图，还可以通过更改显示比例、添加标尺等显示辅助工具，以及重排窗口等方式按需定制屏幕显示效果。

1）改变视图的比例

用户可以根据自己需要随意改变工作区的显示比例。最方便的方法是拖动状态栏右侧的缩放控件滑块100% ⊖————————⊕，应用程序会根据要求自动缩放内容大小，但该操作不影响实际文件内容比例。若需精确指定显示比例，可单击"视图"选项卡"显示比例"选项组中的"显示比例"按钮，在弹出的"显示比例"对话框中进行设置，如图 1.29 所示。

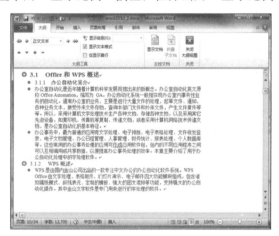

图 1.28　大纲视图显示效果及大纲工具

图 1.29　改变视图比例

2）显示或隐藏网格线

网格线是一组用于对齐文字、图像等元素的平行线。勾选"视图"选项卡"显示"选项组中的"网格线"复选框可以显示网格线，反之隐藏。

3）重排窗口

Word 是一种支持多文档编辑的字处理软件，故用户可在 Word 应用程序中打开多个文档进行编辑和浏览。

默认情况下，多个 Word 文档以"新建窗口"模式排列，可通过单击 Windows 任务栏上

Word 图标，在多文档中选择当前文档。也可在 Word 2010 的"视图"选项卡中单击"窗口"选项组中的"切换窗口"按钮进行文档切换。

若需将多个文档在显示器屏幕上同时显示出来，可通过单击"视图"选项卡"窗口"选项组中的"全部重排"按钮或"并排查看"按钮实现。

1.3.4 分隔设置

1. 分行和分段

在输入文字时，要注意分行与分段操作，如图 1.30 所示。

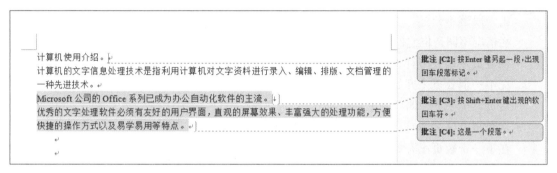

图 1.30　分行与分段

（1）当文字长度超过一行时，Word 会自动按照页面宽度换行，不要按【Enter】键。

（2）当要另起一个新段落时，才按【Enter】键，这时文档出现 ↵ 标记，称硬回车，又称段落标记。如果删除 ↵ 标记（插入点在此标记前按【Delete】键），本段将与下段合并为一段。

（3）如果希望另起一行，但新行仍与上行属同一段，应按【Shift+Enter】组合键，这时文档出现 ↓ 标记，称软回车，又称手动换行符。

↵ 和 ↓ 只在编辑文档时作为控制字符使用，在打印文档时它们都不会被打印出来。

2. 分页和分节

文档的不同部分通常会另起一页开始，通常人们习惯加入多个空行的方法使新的部分另起一页，这种做法会导致修改文档时重复排版，从而增加了工作量，降低了工作效率。借助 Word 的分页或分节操作。可以有效划分文档内容的布局，而且使文档排版工作简洁高效。

1）手动分页

一般情况下，Word 文档都是自动分页的，文档内容到页尾时会自动排布到下一页。按【Enter】键输入段落标记 ↵ ，按【Ctrl+Enter】组合键则可输入分页符开始新页。插入符还可以通过功能区进行，操作步骤如下：

（1）将光标置于需要分页的位置。

（2）在"页面布局"选项卡上的"页面设置"选项组中，单击"分隔符"按钮，打开分隔符选项列表。

（3）单击"分页符"命令集中的"分页符"按钮，即可将光标后的内容布局到一个新页面中，分页符前后页面设置的属性及参数均保持一致。

2）文档分节

在文档中插入分节符，不仅可以将文档内容划分为不同页面，而且还可以分别针对不同的节进行页面设置。插入分节符的操作步骤如下：

（1）将光标置于需要分节的位置。

（2）在"页面布局"选项卡上的"页面设置"选项组中，单击"分隔符"按钮，打开分隔符选项列表。分节符的类型共有4种：

- 下一页：该分节符也会同时强制分页，在下一页开始新的节。一般图书在每一章的结尾都会有一个这样的分节符，使下一章从新页开始，并开始新的一节，以便使后续内容和上一章具有不同的页面外观。

- 连续：该分节符仅分节，不分页。当需要上一段落和下一段落具有不同的版式时，例如，上一段落不分栏，下一段落分栏，可在两段之间插入"连续"分节符。这样两段的分栏情况不同，但它们仍可位于同一页。

- 偶数页：该分节符也会同时强制分页，与"下一页"分节符不同的是，该分节符总是在下一偶数页上开始新节。如果下一页刚好是奇数页，该分节符会自动再插入一张空白页，再在下一偶数页上起始新节。

- 奇数页：该分节符也会同时强制分页，与"下一页"分节符不同的是，该分节符总是在下一奇数页上开始新节。如果下一页刚好是偶数页，该分节符会自动再插入一张空白页，再在下一偶数页上起始新节。

（3）单击选择其中的一类分节符后，在当前光标位置处插入一个分节符。

3. 分栏

有时会觉得文档一行中的文字太长，不便于阅读，此时就可以利用分栏功能将文本分为多栏排列，使版面的呈现更加生动。在文档中为内容创建多栏的操作步骤如下：

（1）在文档中选择需要分栏的文本内容。如果不选择，将对整个文档进行分栏设置。

（2）在"页面布局"选项卡的"页面设置"选项组中，单击"分栏"按钮。

（3）从弹出的下拉列表中，选择一种预定义的分栏方式，以迅速实现分栏排版，如图1.31所示。

（4）如需对分栏进行更为具体的设置，可以在弹出的下拉列表中执行"更多分栏"命令，打开"分栏"对话框（见图1.32），进行以下设置：

- 在"栏数"微调框中设置所需的分栏数值。

- 在"宽度和间距"选项区域中设置栏宽和栏间的距离。只需在相应的"宽度"和"间距"微调框中输入数值即可改变栏宽和栏间距。

- 如果选中了"栏宽相等"复选框，则在"宽度和间距"选项区域中自动计算栏宽，使各栏宽度相等。如果选中了"分隔线"复选框，则在栏间插入分隔线，使得分栏界限更加清晰、明了。

- 若在分栏前未选中文本内容，则可在"应用于"下拉列表框中设置分栏效果作用的区域。

（5）设置完毕，单击"确定"按钮即可完成分栏排版。

如果需要取消分栏布局，只需在"分栏"下拉列表中选择"一栏"选项即可。

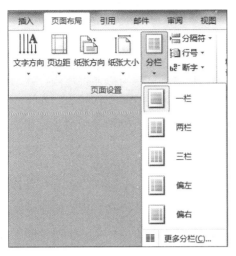

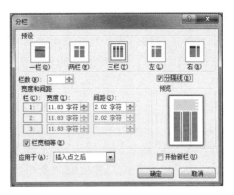

图 1.31　分栏　　　　　　　　　　　　　图 1.32　分栏设置

1.3.5　图表处理

1.表格处理

表格是文档信息的又一种呈现形式，Word 2010 中可以通过插入表格命令来添加表格并对其外观作一些设置。表格中横竖线交叉围成的小区域称为单元格，是表格设置中经常要涉及的对象。Word 中的表格还具有简单的数据排序和计算功能。

1）插入表格

Word 2010 中插入表格的功能在"插入"选项卡的"表格"选项组中，有 3 种方式可以用于创建表格：

（1）单击"表格"命令，在下拉列表中直接拖选单元格，快速创建表格，如图 1.33 所示。

（2）单击"表格"命令，选择"插入表格"命令，在弹出的"插入表格"对话框中通过参数设置创建表格。如图 1.34 所示，创建了一个 2 行 3 列且固定列宽的表格。

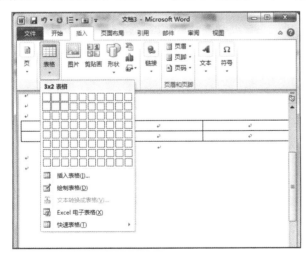

图 1.33　拖选创建表格　　　　　　　　　　图 1.34　对话框方式创建表格

（3）单击"表格"命令，在下拉列表中选择"绘制表格"命令，直接在页面上手绘表格。

2）表格布局

首次插入的表格在后续编辑过程中可能会出现预设行列与实际需求不符，或因表内数据的插入引起表格的变形，或有些单元格需要改变区域范围，这些问题可以通过增删行列，合并、拆分单元格，调整行高、列宽来实现。

具体操作如下：选中需编辑的表格区域（行、列、单元格等），Word 2010 功能区出现"表格工具"，单击"布局"选项卡，根据需要执行相应的命令即可。

其中"表"选项组命令用于表格及其局部的选择以及表格属性的详细设置，如表在文档中的对齐方式、文字环绕方式等；"行和列"选项组命令用于行列的增删；"合并"选项组命令用于单元格的拆分和合并；"单元格大小"选项组命令通过改变行高、列宽的值调整单元格的大小；"对齐方式"选项组命令用于设置表内容和表之间的布局关系。下面举两个简单的例子说明以上命令的使用方法。

（1）删除表格中某一行：先选中该行，然后在"表格工具"的"布局"选项卡"行和列"选项组中执行"删除"→"删除行"操作。

（2）设置表格使单元格的宽度正好容纳内部文本：选中整张表格，在"表格工具"的"布局"选项卡"单元格大小"选项组中执行"自动调整"→"根据内容自动调整表格"命令。

3）设置表格的格式

插入的表格可以通过格式设置作进一步的修饰。"表格工具"的"设计"选项卡中预设了若干不同风格的表格样式，选中表格的情况下，单击其中一种样式，可以迅速改变表格外观，单击"表格样式"选项组右侧的✅按钮可见更多候选样式，为表格套用了一种"浅色列表"的样式，如图 1.35 所示。

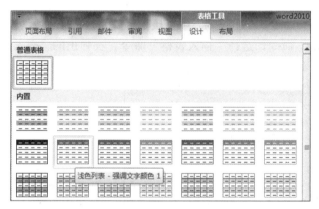

图 1.35　设置表格自动套用样式

结合"表格样式"选项组中的选项及"表格样式"选项组里"修改表格样式"命令，可对已套用样式做出更多的个性化修改。若对软件内置样式不满意，也可通过设置表格的边框和底纹设计自己想要的表格外观。

4）对表格数据进行计算

Word 表格可以对其数据进行一些简单的排序、运算。该功能位于"表格工具"的"布局"选项卡的"数据"选项组中。以表 1.1 为例，各类操作介绍如下：

对表格数据进行排序，要求对表 1.1 按照计算机成绩由高到低进行排序，操作如下：

（1）选中表格除"平均分"以外的行。

（2）依次单击"表格工具"→"布局"→"排序"命令。

（3）在弹出的"排序"对话框中如图设置（见图 1.36）。

（4）单击"确定"按钮完成排序。

表 1.1　数据排序计算原始数据表

姓　　名	计算机成绩
周仁	98
李会	66
赵晓初	70
平均分	

对表格数据进行计算，要求计算表 1.1 中 3 人成绩的平均分，操作如下：

（1）单击要放置计算结果的单元格。

（2）依次单击"表格工具"→"布局"→"公式"命令。

（3）如果 Word 2010 提议的公式非用户所需，请将其从"公式"框中删除（等号保留）。

（4）在"粘贴函数"框中，选择所需的公式。本例为"AVERAGE"。

（5）在公式的括号中输入单元格引用。如果需要计算单元格 B2、B3、B4 中数值的平均值，修改公式为"= AVERAGE (b2:b4)"，如图 1.37 所示。

（6）单击"确定"按钮完成计算。

图 1.36　排序设置

图 1.37　表格计算示例

5）将文本转换成表格

在 Word 中，可以将事先输入好的文本转换成表格，只需向文本中设置分隔符即可。其操作步骤如下：

（1）首先在 Word 中输入文本，并在希望分隔的位置使用分隔符，分隔符可以是制表符、空格、逗号以及其他一些可以输入的符号。每行文本（也有可能是一段文本）对应一行表格内容。

（2）选择要转换为表格的文本，单击"插入"选项卡"表格"选项组中的"表格"按钮。

（3）在弹出的下拉列表中，执行"文本转换成表格"命令，打开"将文字转换成表格"对话框，如图 1.38 所示。

（4）在"文字分隔位置"选项区域中单击文本中使用的分隔符，或者在"其他字符"右侧的文本框中输入所用字符。通常，Word 会根据所选文本中使用的分隔符

图 1.38　"将文字转换成表格"对话框

默认选中相应的单选项，同时自动识别出表格的行列数。

（5）确认无误后，单击"确定"按钮，原先文档中的文本就被转换成了表格。

此外，还可以将某表格置于其他表格内，包含在其他表格内的表格称作嵌套表格。通过在单元格内单击，然后使用任何创建表格的方法就可以插入嵌套表格。当然，将现有表格复制和粘贴到其他表格中也是一种插入嵌套表格的方法。

2. 艺术对象的插入、绘制与编辑

Word 2010 提供了强大的图形图像处理功能，允许在文档中插入并编辑图片、剪贴画、形状、SmartArt 图形、图表、艺术字等艺术对象。在"插入"选项卡的"插图"选项组中和"文本"选项组中可以找到这些对象的插入命令。下面给出各对象插入的操作要点。

1）插入外部图片

（1）将光标定位到准备插入图片的位置。

（2）在"插入"选项卡的"插图"选项组中单击"图片"命令。

（3）在"插入图片"对话框中指定外部图片所在位置，确定插入。

（4）单击插入的图片，功能区出现"图片工具"，单击"格式"选项卡，可用其中命令实现诸如色彩调整、艺术效果添加，图片裁剪、大小布局修改等图片编辑操作。

2）插入剪贴画

（1）将光标定位到准备插入剪贴画的位置。

（2）在"插入"选项卡的"插图"选项组中单击"剪贴画"命令。

（3）在出现的"剪贴画"导航窗格中"结果类型"下拉列表中只勾选"插图"复选框。

（4）单击"搜索"按钮获得 Office 库中剪贴画列表。

（5）单击需要的图片完成插入。

若需有针对性地搜索图片，可在"剪贴画"导航窗格的"搜索文字"框中输入体现图片特征的关键字，如"植物"，再单击"搜索"按钮，会搜索出所有与"植物"相关的图片。

3）绘制形状

（1）在"插入"选项卡的"插图"选项组中单击"形状"命令。

（2）在出现的候选形状列表中单击需要的形状。

（3）通过在文档上拖动鼠标绘制形状。

（4）选中插入的形状，功能区出现"绘图工具"，单击"格式"选项卡，可用其中命令实现添加新形状，以及改变现有形状大小、位置、样式等操作。

4）插入 SmartArt 图形

SmartArt 图形是一种基于图形结构的信息和观点的视觉表示形式，相较于自己绘制的形状，它可以理解为一种面向行业应用的已定义好的结构流程图。可通过以下方式插入 SmartArt 图形。

（1）将光标定位到准备插入 SmartArt 图形的位置。

（2）在"插入"选项卡的"插图"选项组中单击"SmartArt"命令。

（3）在弹出的"选择 SmartArt 图形"对话框中，单击所需的类型和布局，如图 1.39 所示。

（4）在插入的 SmartArt 图形的文本框中输入文字信息，如图 1.40 所示。

（5）单击 SmartArt 图形，Word 2010 功能区出现"SmartArt 工具"。此工具下"设计"

选项卡集中了从整体视角出发对 SmartArt 图形进行编辑的命令，如结点创建、布局和配色方案选择、预定义样式选择等；"格式"选项卡集中了 SmartArt 大小位置及局部结点编辑的格式工具，若对局部结点进行格式设置，需先选中这些结点，然后再执行相应的格式命令。图 1.41 所示为一编辑好的 SmartArt 图形。

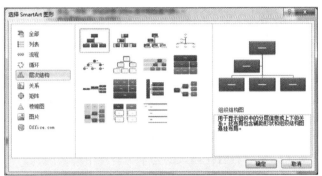

图 1.39 选择 SmartArt 图形

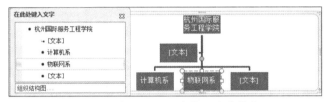

图 1.40 在 SmartArt 中输入文本信息

5）插入图表

（1）将光标定位到准备插入图表的位置。

（2）在"插入"选项卡的"插图"选项组中单击"图表"命令。

（3）在弹出的"插入图表"对话框中，单击所需的图表类型。

（4）在出现的 Excel 表中输入相关数据。

（5）关闭 Excel，完成图表的插入。

（6）单击图表，Word 2010 功能区出现"图表工具"，其下"设计"选项卡中的命令用于修改图表类型，以及图表数据、布局及样式；"布局"选项卡中命令用于增删、修改图表标题、图例、坐标、网格线等；"格式"选项卡用于编辑当前选中图表元素的外观。图 1.42 所示为一编辑好的图表实例。

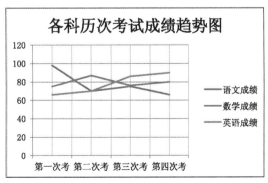

图 1.41 SmartArt 实例

图 1.42 图表实例

6）屏幕截图

屏幕截图是 Word 2010 新增功能，方便编辑 Word 文档时获取屏幕图像。使用方法如下：

（1）将光标定位到准备插入图像的位置。

（2）在"插入"选项卡的"插图"组中单击"屏幕截图"命令。

（3）"可用视窗"中列出了当前打开的应用程序窗口缩略图，单击插入选中视窗，全窗口截图。

（4）单击"屏幕剪辑"命令，当指针变成十字时，按住鼠标左键拖选欲截屏幕区域，插入截图。

7）插入艺术字

（1）将光标定位到准备插入艺术字的位置。

（2）在"插入"选项卡的"文本"选项组中单击"艺术字"命令。

（3）单击任一艺术字样式，然后在插入的艺术字对象中输入内容。

（4）单击插入的艺术字，工作区出现"绘图工具"用于艺术字外观的进一步设置。

（5）若需改变艺术字的字体、字号，需选中艺术字中的文本，然后切换到"开始"选项卡，用"字体"选项组中的相关命令实现。

3. 图文混排

当文档中既有文字又有图片的时候，图片和周围文字之间的位置关系是文档排版时常要考虑的问题。Word 2010 中为图片对象提供了一个"位置"命令用于图文混排。

Word 2010 中，插入的图片相对于文字的位置默认为嵌入式，即图片所在行被图片独占，文字不能在其四周环绕，同时图片也不能随意移动。若要使文字能环绕在图片周围，则需使用"文字环绕"的布局方式。操作步骤如下：

（1）选中图片。

（2）单击该图片工具中的"格式"选项卡，单击"排列"选项组中的"位置"命令。

（3）在"文字环绕"中单击选择一种环绕方式，如图 1.43 所示。

（4）（3）中图片位置是相对于文档当前页面的，若需实现除此以外的"文字环绕"效果，可通过直接拖动图片到指定位置或使用"位置"命令的"其他布局选项"，在"布局"对话框（见图 1.44）的"文字环绕"选项卡中通过设置参数来实现。

图 1.43　基于页面的文字环绕

图 1.44　"布局"对话框

图 1.45 显示了四种不同图文混排的"文字环绕"实际效果。其中，第一种为四周型；第二种为紧密型；第三种为浮于文字上方型；第四种为衬于文字下方型。

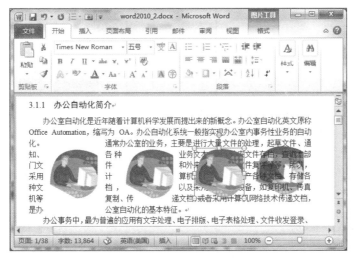

图 1.45 几种文字环绕方式的实际效果

1.4 目录和索引

报告、书本、论文中一般总少不了目录和索引部分。目录和索引分别定位了文档中标题、关键词所在的页码，便于阅读和查找。而在目录和索引的生成过程中，书签起到了很好的定位作用

1.4.1 多级编号列表

1. 应用多级编号列表

为了使文档内容更具层次感和条理性，经常需要使用多级编号列表。例如，一篇包含多个章节的书稿，可能需要通过应用多级编号来标示各个章节。多级编号与文档的大纲级别、内置标题样式相结合时，将会快速生成分级别的章节编号。应用多级编号编排长文档的最大优势在于，调整章节顺序、级别时，编号能够自动更新。为文本应用多级编号的操作方法如下：

（1）在文档中选择要向其添加多级编号的文本段落。

（2）在"开始"选项卡上，单击"段落"选项组中的"多级列表"按钮。

（3）从弹出的"列表库"下拉列表中选择一类多级编号应用于当前文本，如图 1.46 所示。

（4）如需改变某一级编号的级别，可以将光标定位在文本段落之前按【Tab】键，也可以在该文本段落中右击，从快捷菜单中选择"减少缩进量"或"增加缩进量"命令来实现，如图 1.47 所示。

（5）如需自定义多级编号列表，应在"列表库"下拉列表中选择"定义新的多级列表"命令，在随后打开的"定义新多级列表"对话框中进行设置。

图 1.46　多级"列表库"下拉列表

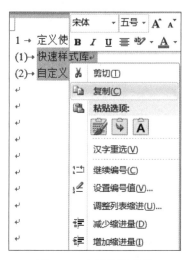

图 1.47　右键快捷菜单

2. 设置多级编号列表

多级编号列表与内置标题样式进行链接之后，应用标题样式即可同时应用多级编号列表，具体操作方法如下：

（1）在"开始"选项卡上，单击"段落"选项组中的"多级列表"按钮。

（2）从弹出的下拉列表中选择"定义新的多级列表"命令，打开"定义新多级列表"对话框。

（3）单击对话框左下角的"更多"按钮，进一步展开对话框。

（4）从左上方的级别列表中单击指定列表级别，在右侧的"将级别链接到样式"下拉列表中选择对应的内置标题样式。例如，级别 1 对应"标题 1"，如图 1.48 所示。

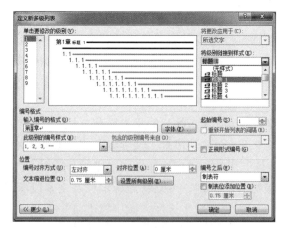

图 1.48　定义新多级列表

（5）在下方的"编号格式"区域中可以修改编号的格式与样式、指定起始编号等。设置编号格式，默认格式为"1，2，3，…"，如希望为"第 1 章、第 2 章…"，可在"输入编号的格式"文本框的带阴影的"1"的左侧、右侧分别输入"第"和"章"，使文本框内容为"第

1 章"。注意其中"1"必须为原来文本框中带阴影的 1，不得自行输入 1。在对话框底部的"位置"组中，还可以分别控制每一级编号的对齐方式、对齐位置、文本缩进位置、编号之后的字符（制表符、空格或不特别标注）等。设置完毕后单击"确定"按钮。

（6）在文档中输入标题文本或者打开已输入了标题文本的文档，然后为该标题应用已链接了多级编号的内置标题样式。

1.4.2 目录

目录通常是长文档中不可缺少的部分，它可以帮读者了解文档章节结构，快速检索文档内容。Word 2010 提供了自动目录的功能，便于快速制作目录。

由于目录是基于样式创建的，故在自动生成目录前需要将作为目录的章节标题应用样式（如"标题 1""标题 2"），一般情况下应用 Word 内置的标题样式即可。

文档目录制作如下：

1）标记目录项

将正文中用作目录的标题应用标题样式。同一层级的标题应用同一种样式。

2）创建目录

（1）将光标定位在需插入目录处，一般为正文开始前。

（2）在"引用"选项卡的"目录"选项组中单击"目录"命令。

（3）从下拉列表中选择一种自动目录样式即可快速生成目录，如图 1.49 所示。

（4）或者在下拉列表中，单击"插入目录"命令，弹出"目录"对话框，如图 1.50 所示。在该对话框中可以设置页码格式、目录格式以及目录中的标题显示级别，默认显示 3 级标题。

图 1.49　快速生成目录

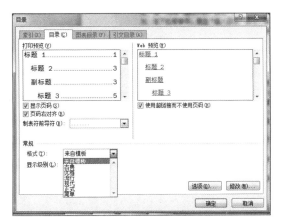

图 1.50　"目录"对话框

（5）在"目录"选项卡中单击"选项"按钮，如图 1.51 所示，打开"目录选项"对话框，在"有效样式"区域中列出了文档中使用的样式，包括内置样式和自定义样式。在样式名称旁边的"目录级别"文本框中输入目录的级别，以指定样式所代表的目录级别。如果希望仅使用自定义样式，则可删除内置样式的目录级别数字，例如删除"标题 1""标题 2""标题 3"样式名称旁边的代表目录级别的数字。

（6）当有效样式和目录级别设置完成后，单击"确定"按钮，关闭"目录选项"对话框。

3）更新目录

目录也是以域的方式插入到文档中的。如果在创建目录后，又添加、删除或更改了文档中的标题或者其他目录项，可以按照如下步骤更新文档目录：

（1）在"引用"选项卡上的"目录"选项组中，单击"更新目录"按钮；或者在目录区域右击，从弹出的快捷菜单中选择"更新域"命令，打开"更新目录"对话框，如图 1.52 所示。

图 1.51　目录选项

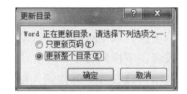

图 1.52　更新目录

（2）在该对话框中选中"只更新页码"单选按钮或者"更新整个目录"单选按钮，然后单击"确定"按钮即可按照指定要求更新目录。

1.4.3　图目录

创建图目录的功能与目录相似，可帮助读者快速检索文档中图的位置。具体操作如下：

（1）将光标定位在需插入图目录处，一般为正文开始前。

（2）在"引用"选项卡的"题注"选项组中单击"插入表目录"命令，出现"图表目录"对话框，如图 1.53 所示。

（3）在"题注标签"中选择"图"，根据具体要求可选择勾选"包括标签和编号""显示页码""页码右对齐"几个复选框。

（4）单击"确定"按钮，生成图目录。

1.4.4　表目录

创建表目录的功能与目录相似，帮助读者快速检索文档中表的位置。具体操作如下：

（1）将光标定位在需插入表目录处，一般为正文开始前。

图 1.53　图表目录

（2）在"引用"选项卡的"题注"选项组中单击"插入表目录"命令，出现"图表目录"对话框。

（3）在"题注标签"中选择"表"，根据具体要求可选择勾选"包括标签和编号""显示页码""页码右对齐"几个复选框。

（4）单击"确定"按钮，生成表目录。

1.4.5 制作索引

索引用于列出一篇文档中讨论的术语和主题以及它们出现的页码。要创建索引，可以通过提供文档中主索引项的名称和交叉引用来标记索引项，然后生成索引。

可以为某个单词、短语或符号创建索引项，也可以为包含延续数页的主题创建索引项。除此之外，还可以创建引用其他索引项的索引。

1. 标记索引项

在文档中加入索引之前，应当先标记出组成文档索引的诸如单词、短语和符号之类的全部索引项。索引项是用于标记索引中的特定文字的域代码。当选择文本并将其标记为索引项时，Word 将会添加一个特殊的 XE（索引项）域，该域包括标记好了的主索引项以及选择的任何交叉引用信息。

标记索引项的操作步骤如下：

（1）在文档中选择要作为索引项的文本。

（2）在"引用"选项卡的"索引"选项组中，单击"标记索引项"按钮，打开"标记索引项"对话框。在"索引"选项区域中的"主索引项"文本框中显示已选定的文本，如图 1.54 所示。

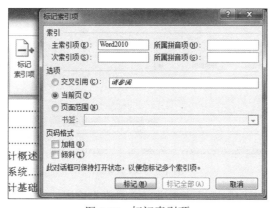

图 1.54　标记索引项

根据需要，还可以通过创建次索引项、第三级索引项或另一个索引项的交叉引用来自定义索引项：

- 要创建次索引项，可在"索引"选项区域中的"次索引项"文本框中输入文本。次索引项是对索引对象的更深一层限制。
- 要包括第三级索引项，可在次索引项文本后输入冒号"："，然后在文本框中输入第三级索引文本。
- 要创建对另一个索引项的交叉引用，可以在"选项"选项区域中选中"交叉引用"单选按钮，然后在其文本框中输入另一个索引项的文本。

（3）单击"标记"按钮即可标记索引项，单击"标记全部"按钮即可标记文档中与此文本相同的所有文本。

（4）在标记了个索引项之后，可以在不关闭"标记索引项"对话框的情况下，继续标记其他多个索引项。

（5）标记索引项之后，对话框中的"取消"按钮变为"关闭"按钮。单击"关闭"按钮即可完成标记索引项的工作。

插入到文档中的索引项实际上也是域代码，通常情况下该索引标记域代码只用于显示，不会被打印。

2. 生成索引

标记索引项之后，就可以选择一种索引设计并生成最终的索引了。Word会收集索引项，并将它们按字母顺序排序，同时引用其页码，找到并删除同一页上的重复索引项，然后在文档中显示该索引。

为文档中的索引项创建索引的操作步骤如下：

（1）将光标定位在需要建立索引的位置，通常是文档的末尾。

（2）在"引用"选项卡上的"索引"选项组中，单击"插入索引"按钮，打开"索引"对话框，如图1.55所示。

图 1.55　设置索引

（3）在该对话框的"索引"选项卡中进行索引格式设置，其中：

• 从"格式"下拉列表中选择索引的风格，选择的结果可以在"打印预览"列表框中查看。

• 若选中"页码右对齐"复选框，索引页码将靠右排列而不是紧跟在索引项的后面，然后可在"制表符前导符"下拉列表中选择一种页码前导符号。

• 在"类型"选项区域中有两种索引类型可供选择，分别是"缩进式"和"接排式"。如果选中"缩进式"单选按钮，次索引项将相对于主索引项缩进；如果选中"接排式"单选按钮，则主索引项和次索引项将排在一行中。

• 在"栏数"文本框中指定分栏数以编排索引，如果索引比较短，一般选择两栏。

- 在"语言"下拉列表中可以选择索引使用的语言，语言决定排序的规则，如果选择"中文"，则可以在"排序依据"下拉列表中指定排序方式。

（4）设置完成后，单击"确定"按钮，创建的索引就会出现在文档中，如图 1.56 所示。

图 1.56　索引

1.5　域

域是 Word 中最具特色的工具之一，它是引导 Word 在文档中自动插入文字、图形、页码或其他信息的一组代码，在文档中使用域可以实现数据的自动更新和文档自动化。在 Word 2010 中，可以通过域操作插入许多信息，包括页码、时间和某些特定的文字、图形等，也可以利用它来完成一此复杂而非常有用的功能，例如自动创建目录、索引、图表目录，插入文档属性信息，实现邮件的自动合并与打印等，还可以利用它来连接或交叉引用其他的文档及项目，也可以利用域实现计算功能等。本节将介绍域的概念、一些常用域和域的使用。

1.5.1　域的概念

域是一组能够嵌入文档中的指令代码，其在文档中体现为数据的占位符。域所表现的内容可以自动变化，而不像直接输入到文档中的内容那样固定不变。在文档中使用特定命令时，如插入页码、插入封面等文档构键基块或创建目录时，Word 会自动插入域。必要时，还可以手动插入域，以自动处理文档外观。例如，当需要在一个包含多个章节的长文档的页眉处自动插入每章的标题内容时，可以通过手动插入域来实现。将插入点定位到域上时，域内容往往以浅灰色底纹显示，以与普通的固定内容相区别。

使用 Word 域可以实现许多复杂的工作。主要有：自动编页码、图表的题注、脚注、尾注的号码；按不同格式插入日期和时间；通过链接与引用在活动文档中插入其他文档的部分或整体；实现无须重新输入即可使文字保持最新状态；自动创建目录、关键词索引、图表目录；插入文档属性信息；实现邮件的自动合并与打印；执行加、减及其他数学运算；创建数学公式；调整文字位置；等等。

域代码一般由三部分组成：域名、域参数和域开关。

域代码的通用格式为：{ 域名 [域参数][域开关]}，其中在方括号中的部分是可选的。域代码不区分英文大小写。

- 域名：域名是域代码的关键字，必选项。域名表示了域代码的运行内容。Word 2010 提供了 9 种类型的域。
- 域参数：域参数是对域名的进一步说明。
- 域开关：域开关是特殊的指令，在域中可引发特定的操作，域通常有一个或多个可选的开关，之间用空格进行分隔。

1.5.2 常用域

Word 2010 支持的域多达 73 个，以下介绍部分常用域的使用。

1. Page 域

代码：{PAGE[* 格式]}。

作用：插入当前页的页码。

说明：单击"插入"→"页码"，或单击"视图"→"页眉和页脚"，单击"页眉和页脚"工具栏上的"页码"按钮，Word 自动在页眉或页脚区插入了 Page 域。要在文档中显示页码，则直接在文档中插入 Page 域。

2.Section 域

代码：{SECTION[\\# 数字格式][* 格式]}。

作用：插入当前节的编号。

说明：节是指 Word 分节的节，而不是一般章节的节。

3. NumPages 域

代码：{NUMPAGES[\\# 数字格式][* 格式]}。

作用：插入文档的总页数。

4.NumChars 域

代码：{NUMCHARS[\\# 数字格式][* 格式]}。

作用：插入文档的总字符数。

5. NumWords 域

代码：{NUMWORDS[\\# 数字格式][* 格式]}。

作用：插入文档的总字数。

6. TOC 域

代码：{TOC[域开关]}。

作用：建立并插入目录

说明：自动化生成目录，所建立的整个目录实际上就是 TOC 域。

7. TC 域

代码：{TC"文字"[域开关]}。

作用：标记目录项。允许在文档任何位置放置可被 Word 收集为目录的文字，可以在 Word 内建"标题 1""标题 2"等样式，或指定样式之外、辅助制作目录内容。

说明：TC 域会被格式化为隐藏文字，而且不会在文档中显示域结果。如果要查看 TC 域，单击"显示 / 隐藏"按钮。

8. Index 域

代码：{INDEX[域开关] }。

作用：建立并插入索引。

说明：Index 域会以 XE 域为对象，收集所有的索引项，1.4 节中建立的索引就是 Index 域。

9. XE 域

代码：{XE"文字"[域开关]}。

作用：标记索引项。经过 XE 域定义过的文字（词条），都会被收集到以 Index 域制作出来的索引中。

如果要查看 XE 域，单击"显示／隐藏"按钮。

说明：与 TC 域类似，XE 域会被格式化为隐藏文字，而且不会在文档中显示域结果。如果要查看 XE 域，单击"显示／隐藏"按钮。

10. StyleRef 域

代码：{StyleRef"样式"[域开关]}。

作用：插入具有指定样式的文本。

说明：将 StyleRef 域插入页眉或页脚，则每页都显不出当前页上具有指定样式的第一处或最后一处文本。

11. PageRef 域

代码：{ PageRef 书签名 [域开关]}。

作用：插入包含指定书签的页码，用于交叉引用。

12. Ref 域

代码：{ REF 书签名 [域开关]}。

作用：插入用书签标记的文本。

13. Seq 域

代码：{ SEQ 名称 [书签][域开关]}。

作用：插入用书签标记的文本。

1.5.3 域的使用

域操作包括域的插入、编辑、更新、删除和锁定等。

1. 插入域

有时，域会作为其他操作的一部分自动插入文档，例如插入"页码"和插入"日期和时间"操作都能自动在文档中插人 Page 域和 Date 域。如果明确要在文档中插入一个域，可以通过"插入"选项卡实行，也可以通过快捷键【Ctrl+F9】产生域特征符后输入域代码。

1）手动插入域

操作方法如下：

（1）在文档中需要插入域的位置单击。

（2）打开"插入"选项卡，单击"文本"选项组中的"文档部件"按钮，打开下拉列表。

（3）从下拉列表中选择"域"命令，打开"域"对话框，如图 1.57 所示。

（4）选择类别、域名，必要时设置相关域属性后，单击"确定"按钮。在对话框的"域名"区域下方显示有对当前域功能的简单说明。

2）键盘输入法

如果熟悉域代码或者需要引入他人设计的域代码，可以用键盘直接输入，操作步骤如下：

（1）把光标定位到需要插入域的位置，按【Ctrl+F9】组合键，将自动插入域特征字符"{}"。

（2）在大括号内从左向右依次输入域名、域参数、域开关等参数。按【F9】键更新域，或者按【Shift+F9】组合键显示域结果。

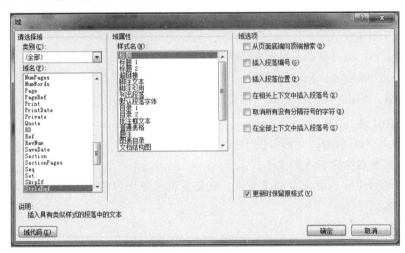

图 1.57　域设置

2. 编辑域

编辑域也就是修改域，用于修改域的设置或修改域代码，可以在"域"对话框中操作，也可以直接在文档的域代码中进行修改。

（1）右击文档中的某个域，在弹出的快捷菜单中选择"编辑域"命令，将弹出"域"对话框，根据需要重新修改域代码或域格式。

（2）将域切换到域代码显示方式下，直接对域代码进行修改，完成后按【Shift+F9】组合键查看域结果。

3. 更新域

更新域就是使域结果根据实际情况的变化而自动更新，更新域的方法有以下两种：

1）手动更新域

右击更新域，在弹出的快捷菜单中选择"更新域"命令即可。也可按【F9】键实现。

2）打印时更新域

单击"文件"选项卡中的"选项"按钮，打开"Word选项"对话框。或者在Word功能区的任意空白处右击，在弹出的快捷菜单中选择"自定义功能区"命令，也能打开"Word选项"对话框。在打开的"Word选项"对话框中切换到"显示"选项卡，在右侧的"打印选项"栏中选择"打印前更新域"复选框，此后，在打印文档前将会自动更新文档中所有的域结果。

4. 删除域

删除域的操作与删除文档中其他对象的操作方法是一样的。首先选择要删除的域，然后按【Delete】键或【Backspace】键进行删除。

5. 域的锁定和断开链接

虽然域的自动更新功能给文档编辑带来了方便，但是如果用户不希望实现域的自动更新，可以暂时锁定域，在需要时再解除锁定。若要锁定域，选择要锁定的域，按【Ctrl+F11】组合键即可；若要解除域的锁定，按【Ctrl+Shift+F11】组合键实现，如果要将选择的域永久性地转换为普通的文字或图形，可选择该域，按【Ctrl+Shift+F9】组合键实现，即断开域的链接。此过程是不可逆的，断开域链接后，不能再更新，除非重新插入域。

6.切换域结果和域代码

域结果和域代码是文档中域的两种显示方式。域结果是域的实际内容，即在文档中插入的内容或图形；域代码代表域的符号，是一种指令格式。对于插入到文档中的域，系统默认的显示方式为域结果，用户可以根据自己的需要在域结果和代码之间进行切换。主要有以下三种切换方法。

（1）单击"文件"选项卡中的"选项"按钮，打开"Word 选项"对话框。或者在 Word 功能区的任意空白处右击，在弹出的快捷菜单中选择"自定义功能区"命令，也能打开"Word 选项"对话框。在打开的"Word 选项"对话框中切换至"高级"选项卡，在右侧的"显示文档内容"栏中选择"显示域代码而非域值"复选框。在"域底纹"下拉列表框中有"不显示""始终显示""选取时显示"3 个选项，用于控制是否显示域的底纹背景，用户可以根据实际需要进行选择。单击"确定"按钮完成域代码的设置，文档中的域会以域代码形式显示。

（2）可以使用快捷键来实现域结果和域代码之间的切换。选择文档中的某个域，按【Shift+F9】组合键实现切换。按【Alt+F9】组合键可对文档中所有的域进行域结果和域代码之间的切换。

（3）击右插入的域，在弹出的快捷菜单中选择"切换域代码"命令实现域结果和域代码之间的切换。

1.6　样式

如果要快速更改文本格式，Word 样式是最有效的工具。将一种样式应用于文档中不同文本之后，只需更改该样式，即可更改这些文本的格式。Word 中包含大量样式类型，其中一些可用于在 Word 中创建引用表。例如，"标题"样式用于创建目录。

1.6.1　样式的概念

样式是指被冠以同一名称的字符或段落格式集合，它包括字体、段落、制表位、边框和底纹、图文框、编号等格式。用户可以将一种样式应用于某个段落，或者段落中选定的字符上，所选定的段落或字符便具有这种样式定义的格式。通过在文档中使用样式，可以迅速、轻松地统一文档的格式；辅助构建文档大纲以使内容更加有条理；简化格式的编辑和修改操作等，并且借助样式还可以自动生成文档目录。

举例来说，如果用户要一次改变使用某个样式的所有文本的格式时，只需修改该样式即可。例如，标题 2 样式最初为"四号、宋体、两端对齐、加粗"，如果用户希望标题 2 样式为"三号、隶书、居中、常规"，此时不必重新定义标题 2 的每一个实例，只需改变标题 2 样式的属性就可以了。

1.6.2　内置样式

在编辑文档时，使用样式可以省去一些格式设置上的重复性操作。利用 Word 2010 提供的"快速样式库"，可以为文本快速应用某种样式。

1. 快速样式库

利用"快速样式库"应用样式的操作步骤如下：

（1）在文档中选择要应用样式的文本段落。

（2）在"开始"选项卡上的"样式"选项组中，单击"其他"按钮，打开"快速样式库"下拉列表，如图 1.58 所示。

图 1.58　快速样式库

（3）在"快速样式库"下拉列表中的各种样式之间轻松滑动鼠标，所选文本就会自动呈现出当前样式应用后的视觉效果。单击某一样式，该样式所包含的格式就会被应用到当前所选文本中。

2. "样式"任务窗格

通过使用"样式"任务窗格也可以将样式应用于选中文本段落，操作步骤如下：

（1）在文档中选择要应用样式的文本段落。

（2）在"开始"选项卡上的"样式"选项组中，单击右下角的"对话框启动器"按钮，打开"样式"任务窗格，如图 1.59 所示。

（3）在"样式"任务窗格的列表框中选择某一样式，即可将该样式应用到当前段落中。

在"样式"任务窗格中选中下方的"显示预览"复选框方可看到样式的预览效果，否则所有样式只以文字描述的形式列举出来。

3. 样式集

除了单独为选定的文本或段落设置样式外，Word 2010 内置了许多经过专业设计的样式集，而每个样式集都包含了一整套可应用于整篇文档的样式组合。只要选择了某个样式集，其中的样式组合就会自动应用于整篇文档，从而实现一次性完成文档中的所有样式设置。应用样式集的操作方法如下：

（1）为文档中的文本应用 Word 内置样式，如标题文本应用内置标题样式。

（2）在"开始"选项卡上的"样式"选项组中，单击"更改样式"按钮。

（3）从下拉列表中选择"样式集"命令，打开样式集列表，从中单击选择某一样式集，如"流行"，该样式集中包含的样式设置就会应用于当前文档中已应用了内置标题样式、正文样式的文本。

图 1.59　"样式"任务窗格

1.6.3　自定义样式

可以自己创建新的样式并给新样式命名。创建后，就可以像使用 Word 自带的内置样式那样使用新样式设置文档格式了。

（1）单击"开始"选项卡"样式"选项组右下角的对话框启动器 ▣ 。

（2）打开"样式"任务窗格，在窗格中单击下面的"新建样式"按钮，弹出"新建样式"对话框。

（3）在弹出的对话框中输入新样式名称。选择样式类型，样式类型不同，样式应用的范围也不同。其中常用的是字符类型和段落类型，字符类型的样式用于设置文字格式。段落类型的样式用于设置整个段落的格式。

（4）如果要创建的新样式与文档中现有的某个样式比较接近，则可以从"样式基准"下拉框中选择该样式，然后在此现有样式的格式基础上稍加修改即可创建新样式。"后续段落样式"也列出了当前文档中所有样式。它的作用是设定将来在编辑套用了新样式的一个段落的过程，按【Enter】键转下一段落时，下一段落自动套用的样式。

（5）设置新样式的格式。例如，字体、字号、段落格式设置等，更多详细设置应单击对话框左下角的 格式 ⌄ 按钮，从弹出的菜单中选择格式类型，在随后打开的对话框中详细设置。除字体和段落格式外，还可设置边框、编号、文字效果等格式。

（6）设置完成后，单击"确定"按钮，新定义的样式会出现在快速样式库中以备调用。

1.7　文档注释和交叉引用

通常在一篇论文或报告中，在首页文章标题下会看到作者的姓名单位，在姓名边上会有一个较小的编号或符号，该符号对应该页下边界或者全文末页处有该作者的介绍；在文档中，一些不易了解含义的专有名词或缩写词边上也常会注有小数字或符号，且可在该页下边界或本章节结尾找到相应的解释，这就是脚注与尾注。

区别于脚注和尾注，题注主要针对文字、表格、图片和图形混合编排的大型文稿。题注设定在对象的上下两边，为对象添加带编号的注释说明，可保持编号在编辑过程中的相对连续性，以方便对该类对象的编辑操作。

在书籍、期刊、论文正文中用于标识引用来源的文字被称为引文。书目是在创建文稿时参考或引用的文献列表，通常位于文档的末尾。

一旦为文档内容添加了带有编号或符号项的注释内容，相关正文内容就需要设置引说明，以保证注释与文字的对应关系。这种引用关系称为交叉引用。

在 Word 2010"引用"选项卡的各组中，提供了关于脚注尾注、题注、引文和交叉引用等各项功能。

1.7.1　插入脚注和尾注

脚注和尾注一般用于在文档和书籍中显示引用资料的来源，或者用于输入说明性或补充性的信息，脚注位于当前页面的底部或指定文字的下方，而尾注则位于文档的结尾处或者指定节的结尾。脚注和尾注均通过一条短横线与正文分隔开。二者均包含注释文本，该注释文本位于页面的结尾处或者文档的结尾处，且都比正文文本的字号小一些。

在文档中插入脚注或尾注的操作步骤如下：

（1）在文档中选择需要添加脚注或尾注的文本，或者将光标置于文本的右侧。

（2）在功能区的"引用"选项卡上，单击"脚注"选项组中的"插入脚注"按钮，即可在该页面的底端加入脚注区域；单击"插入尾注"按钮，即可在文档的结尾加入尾注区域。

（3）在脚注或尾注区域中输入注释文本，如图 1.60 所示。

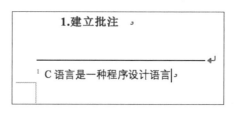

图 1.60　在文档中插入脚注

（4）单击"脚注"选项组右下角的"对话框启动器"按钮，打开"脚注和尾注"对话框，可对脚注或尾注的位置、格式及应用范围等进行设置。

当插入脚注或尾注后，不必向下滚到页面底部或文档结尾处，只需将鼠标指针停留在文档中的脚注或尾注引用标记上，注释文本就会出现在屏幕提示中。

1.7.2　插入题注并在文中引用

题注是一种可以为文档中的图表、表格、公式或其他对象添加的编号标签，如果在文档的编辑过程中对题注执行了添加、删除或移动操作，则可以一次性更新所有题注编号，而不需要再进行单独调整。

1. 插入题注

在文档中定义并插入题注的操作步骤如下：

（1）在文档中定位光标到需要添加题注的位置，例如一张图片下方的说明文字之前。

（2）在"引用"选项卡上，单击"题注"选项组中的"插入题注"按钮，打开"题注"对话框，如图 1.61 所示。

（3）在"标签"下拉列表中，根据添加题注的不同对象选择不同的标签类型。

（4）单击"编号"按钮，打开"题注编号"对话框，如图 1.62 所示，在"格式"下拉列表中重新指定题注编号的格式。如果选中"包含章节号"复选框，则可以在题注前自动增加标题序号。单击"确定"按钮完成编号设置。

图 1.61　"题注"对话框

图 1.62　"题注编号"对话框

（5）单击"题注"对话框中的"新建标签"按钮，打开"新建标签"对话框，在"标签"文本框中输入新的标签名称后，例如"图"，单击"确定"按钮。

（6）所有的设置均完成后单击"确定"按钮，即可将题注添加到相应的文档位置。

2.交叉引用题注

在编辑文档过程中，经常需要引用已插入的题注，如"参见第 1 章""如图 1-? 所示"等。

在文档中引用题注的操作方法是：

（1）在文档中应用标题样式、插入题注，然后将光标定位于需要引用题注的位置。

（2）在"引用"选项卡上，单击"题注"选项组中的"交叉引用"按钮，打开"交叉引用"对话框。

（3）在该对话框中，选择引用类型，设定引用内容，指定所引用的具体题注。

（4）单击"插入"按钮，在当前位置插入引用，如图 1.63 所示。单击"关闭"按钮退出对话框。

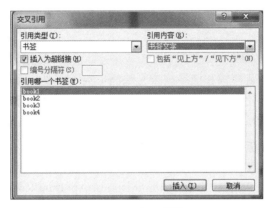

图 1.63　交叉引用

交叉引用是作为域插入到文档中的，当文档中的某个题注发生变化后，只需进行一下打印预览，文档中的其他题注序号及引用内容就会随之自动更新。

1.8　模板

模板是可帮助你设计有趣、引人入胜和具有专业外观的文档的文件。模板包含内容和设计元素，可用于开始创建文档。所有格式都是完整的；你可以为格式添加所需内容。示例包括简历、邀请函和新闻稿。

1.8.1　模板的概念

在 Word 2010 中，模板是一个预设固定格式的文档，模板的作用是保证同一类文本风格的整体一致性。使用模板，能够在生成新文档的时，包含某些特定元素，根据实际需要建立个性化的新文档，可以省时、方便、快捷地建立用户所需要的具有一定专业水平的文档。

1.8.2　常用模板

在新建文档过程中，常用模板可以分为两类：一是可用模板，二是 Office.com 模板。可用模板显示位于本机中的模板，包括已安装的模板和用户的自定义模板。Office.com 模板包括了报表、标签、表单表格等多个分类，但模板需要连接网络到 Office.com 中去获取。

1. 使用已安装的模板

单击"文件"选项卡中的"新建"命令，在右侧的可用模板中将显示博客文章、书法字帖、样本模板等，这些都是系统的内置模板。双击"样板模板"后，还将显示包括信函、简历等多种模板。

2. 使用 Office. com 模板

Word 已安装模板一般只有数十种，而 Office.com 为用户提供了成百上千种免费模板。

只需确保网络连接就可以使用这些在线模板。这些模板都经过了专业设计且包含了众多复合对象。使用在线模板操作步骤如下：

（1）在"文件"选项卡中单击"新建"，选择 Office.com 中的模板，如贺卡。

（2）根据所需的文档类型选择子分类，如节日贺卡。

（3）在显示的列表中选择所需的模板。若有多个模板可供选择，可以参看模板的用户评级和打分。

（4）单击下载，建立文档。

若 Word 2010 的已安装模板和网络模板无法满足实际需要，可自行创建一份模板，让其他用户依据模板进行规范化写作。例如在毕业设计过程中，若希望数百份毕业论文都采用相同的格式要求撰写，最好的方法就是创建一份毕业论文模板，并以此撰写毕业论文。

3. 使用用户自定义模板

在可用模板列表中，"我的模板"文件夹用于存放用户的自定义模板。对于 Windows 7 用户，自定义模板存放的默认路径是 C:\Users\Administrator\AppData\Roaming\Microsoft\Templates 文件夹，放置完成后只需单击"我的模板"按钮，即可在"新建"个人模板中查看自定义模板。

> 注意：在存放路径中包含用户名意味着，如果使用其他用户名登录同一台计算机，该模板将无法正常使用。

4. 使用工作组模板

用户模板都是基于每个用户存储的，Windows 用户有各自的存储路径，但如果用户希望把自己创建的模板变成开放使用，可以把模板放在工作组模板文件夹中，当用户从"我的模板"新建文档时，所有模板将都出现在个人模板位置，且无法辨别来源。操作步骤如下：

（1）创建工作组模板文件夹，单击"文件"选项卡"选项"按钮，在"Word 选项"对话框中选择"高级"。在"常规"部分，单击"文件位置"按钮，打开"文件位置"对话框。Word 默认未设定工作组模板位置，可单击"修改"按钮设定工作组模板文件夹的位置，例如 C:\Templates。

（2）将所需的模板放入工作组文件夹中，即可通过"我的模板"查看到了。

5. 使用现有内容新建模板

一篇毕业论文撰写完成后，若希望另一篇毕业论文可以沿用其内容、页面设置、样式与格式、宏、快捷键等设置，可以将它作为模板来创建文档。单击可用模板列表中的"根据现有内容新建"按钮，即可根据现有文档创建模板。

1.8.3 自定义模板

（1）首先打开 Word，根据需要制作一个 Word 模板。

（2）在空白文档中，设置页面边框，并输入义字"我的模板"，文字居中，字符设置"楷体、小二、加粗"（可根据自身喜好设置）。

（3）单击 Word 功能区的"文件"按钮，然后在"另存为"中选择"Word 模板"。

（4）选择保存的位置，建议保存到 Word 默认的模板文件夹"C:\Users\Administrator\AppData\Roaming\Microsoft\Templates"。

（5）打开 Word 2010 文档窗口，单击"文件"→"新建"按钮。

（6）在模板窗口中选择"我的模版"，选中刚才新建的 Word 模板，然后单击"确定"按钮。

此时就会新打开一个和 Word 模板一样的 Word 文档，创建 Word 模板可以大大提高工作效率。

1.9 批注和修订

在与他人一同处理文档的过程中，审阅、跟踪文档的修订状况将成为最重要的环节之一，作者需要及时了解其他修订者更改了文档的哪些内容，以及为何要进行这些更改。这些都可以通过 Word 的批注与修订功能实现。编辑完成的文档，还可以方便地以不同的方式共享给他人。

1.9.1 批注的概念和操作

在很多人审阅同一文档时，可能需要对文档的一部分内容的变更状况作一个解释，或者向文档作者询问一些问题，这时就可以在文档中插入"批注"信息。批注并不对文档本身进行修改，而是在文档页面的空白处添加相关的注释信息，并用带有颜色的方框括起来。它在表达审阅者的意见或对文本提出质疑时非常有用。

1. 建立批注

先在文档中选择要进行批注的内容，在"审阅"选项卡的"批注"选项组中单击"新建批注"按钮，将在页面右侧显示一个批注框。直接在批注框中输入批注，再单击批注框外的任何区域即可完成批注建立。

2. 编辑批注

如果批注意见需要修改，单击批注框，修改后再单击批注框外的任何区域即可。

3. 删除批注

如果要删除文档中的某一条批注信息，可以右击所要删除的批注，在打开的快捷菜单中执行"删除批注"命令。如果要删除文档中所有批注，则在"审阅"选项卡的"批注"选项组中执行"删除"→"删除文档中的所有批注"命令，如图 1.64 所示。

4.查看批注

1）审阅者

可以有多人参与批注或修订操作，文档默认状态是显示所有审阅者的批注和修订。可以进行指定审阅者操作，指定后，文档中仅显示指定审阅者的批注和修订，便于用户更加了解该审阅者的编辑意见。在"审阅"选项卡的"修订"选项组中，单击"显示标记"→"审阅者"，如图1.65所示，不选中"所有审阅者"复选框，再单击"显示标记"→"审阅者"，选中指定的审阅者前的复选框。

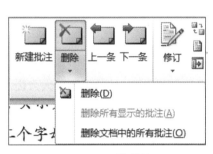

图 1.64　删除批注

图 1.65　选定审阅者

2）查看批注

对于加了许多批注的长文档，直接用鼠标翻页的方法批注查看，既费神又容易遗漏，Word 提供了自动逐条定位批注的功能。在"审阅"选项卡的"批注"选项组中，单击"上一条"或"下一条"按钮，对所有显示的批注进行逐条查看。

在查看批注的过程中，作者可以采纳或忽略审阅者的批注。批注不是文档的一部分，作者只能查看批注的建议和意见。如果要将批注框内的内容直接用于文档，要通过复制粘贴的方法进行操作。

1.9.2　修订的概念和操作

修订用来标记对文档中所做的编辑操作。用户可以根据需要接受或拒绝每处的修订，只有接受修订，文档的编辑才能生效，否则文档将保留原内容。

1.打开/关闭文档修订功能

在"审阅"选项卡的"修订"选项组中，单击"修订"按钮。如果"修订"按钮突出显示，则打开了文档的修订功能，否则文档的修订功能处于关闭状态。

启用文档修订功能后，作者或审阅者的每一次插入、删除、修改或更改格式，都会被自动标记出来。用户可以在日后对修订进行确认或取消操作，防止误操作对文档带来的损害，提高了文档的安全性和严谨性。

2.查看修订

在"审阅"选项卡的"更改"选项组中，单击"上一条"或"下一条"按钮，可以逐条显示修订标记。与查看批注一样，如果参与修订的审阅者超过一个，可以先指定审阅者后进行查看。

在"审阅"选项卡的"修订"选项组中，单击"审阅窗格"→"水平审阅窗格"或"垂直审阅窗格"，在"主文档修订和批注"窗格中可以查看所有的修订和批注，以及标记修订和插入批注的用户名和时间。

3. 审阅修订

在查看修订的过程中，作者可以接受或拒绝审阅者的修订。

（1）接受修订。打在"审阅"选项卡的"更改"选项组中，单击"接受"下拉按钮，可以根据需要选择相应的接受修订命令。

（2）拒绝修订。在"审阅"选项卡的"更改"选项组中，单击"拒绝"下拉按钮，可以根据需要选择相应的拒绝修订命令。

1.10 邮件合并

"邮件合并"是指在邮件文档（主文档）的固定内容中，合并与发送信息相关的一组资料，从而批量生成需要的邮件文档，提高工作效率。"邮件合并"功能除了可以批量处理信函、信封等与邮件相关的文档外，还可以轻松地批量制作标签、工资条、成绩单、获奖证书等。

1. 邮件合并要素

1）建立主文档

主文档是指包括需进行邮件合并文档中通用的内容，如信封上的落款、信函里的问候语等。主文档的建立过程，即是普通 Word 文档的建立过程，唯一不同的是，需要考虑文档布局及实际工作要求等排版要求，如在合适的位置留下数据填充的空间等。

2）准备数据源

数据源就是数据记录表，包含相关的字段和记录内容。一般情况下，使用邮件合并功能都基于已有相关数据源的基础上，如 Excel 表格、Outlook 联系人或 Access 数据库，也可以创建一个新的数据表作为数据源。

3）邮件合并形式

单击"邮件"选项卡"完成"选项组中的"完成并合并"按钮，其下拉列表中的选项可以决定合并后文档的输出方式，合并完成的文档份数取决于数据表中记录的条数。

（1）打印邮件。将合并后的邮件文档打印输出。

（2）编辑单个文档。选择此命令后，可打开合并后的单个文档进行编辑。

（3）发送电子邮件。将合并后的文档以电子邮件的形式输出。

2. 邮件合并操作

下面以批量制作"节日问候"信函为例，介绍邮件合并的操作方法，操作步骤如下：

（1）单击"邮件"选项卡"开始邮件合并"选项组中的"开始邮件合并"按钮，在下拉列表中选择"邮件合并分步向导"命令。打开"邮件合并"导航栏，在"选择文档类型"向导页选中"信函"单选按钮，并单击"下一步"按钮。

（2）在打开的"选择开始文档"向导页中，选中"使用当前文档"单选按钮，并单击"下一步"按钮。

（3）打开"选择收件人"向导页，选中"键入新列表"单选按钮，并单击"创建"按钮，打开"新建地址列表"对话框，将需要收信的联系人信息输入到该对话框中，如图 1.66 所示，单击"确定"按钮。

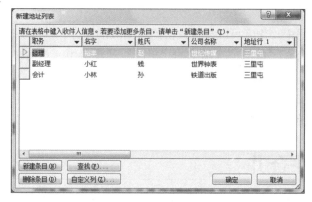

图 1.66　建立数据源

（4）打开"保存到通讯录"对话框，为信函命名，单击"保存"按钮。

（5）打开"邮件合并收件人"对话框，可通过编辑数据源操作，修改收件人信息，单击"确定"按钮。返回"邮件合并"导航栏，单击"下一步"按钮。

（6）在"选取目录"向导页选择"地址块"命令，打开"插入地址块"对话框，选取指定地址元素，确定信息无误后，单击"确定"按钮。此时在文本中显示"地址块"域，输入收信地址，用同样的方法设置"问候语"。

（7）如在信函中还需书写其他信息，选择"其他项目"命令，在打开的"插入合并域"对话框中，插入所需信息，如图 1.67 所示，单击"插入"按钮。完成设置后，单击"下一步"按钮。

（8）在"预览目录"向导页，可进行查看、排除、查找及编辑收件人信息的操作，完成后单击"下一步"按钮。

（9）在"完成合并"向导页，可选择打印或编辑单个信函命令以完成合并操作，或者单击"邮件"选项卡"完成"选项组中的"完成并合并"按钮，在下拉列表中选择相应命令，完成合并。

图 1.67　插入合并域

1.11　主控文档

在 Word 2010 中，系统提供了一种可以包含和管理多个子文档的文档，即主控文档。主控文档可以组织多个子文档，并把它们当作一个文档来处理，可以对它们进行查看、重新组织、格式设置、校对、打印和创建目录等操作。主控文档与子文档是一种链接关系，每个子文档单独存在，子文档的编辑操作会自动反应在主控文档中的子文档中，也可以通过主控文档来编辑子文档。

1. 建立主控文档与子文档

利用主控文档组织管理子文档，应先建立或打开作为主控文档的文档，然后在该文档中再建立子文档（子文档必须在标题行才能建立），具体操作步骤如下：

（1）打开作为主控文档的文档，并切换到"大纲视图"模式下，将光标移到要创建子文档的标题位置（若在文档中某正文段落末尾处建立子文档，可先按【Enter】键生成一空段，然后将此空段通过大纲的提升功能提升为"1"级标题级别），单击"大纲"选项卡"主控文档"选项组中的"显示文档"按钮，将展开"主控文档"选项组，单击"创建"按钮。

（2）光标所在标题周围出现一个灰色细线边框，其左上角显示一个标记，表示该标题及其下级标题和正文内容为该主控文档的子文档。

（3）在该标题下面空白处输入子文档的正文内容。输入正文内容后，单击"大纲"选项卡"主控文档"选项组中的"折叠子文档"按钮，将弹出是否保存主控文档对话框，单击"确定"按钮进行保存，插入的子文档将以超链接的形式显示在主控文档的大纲视图中。同时，系统将自动以默认文件名及默认路径（主控文档所在的文件夹）保存创建的子文档。

（4）单击状态栏右侧的"页面视图"按钮，切换到"页面视图"模式下，完成子文档的创建操作。或单击"大纲"选项卡"关闭"选项组中的"关闭大纲视图"按钮进行切换，或单击"视图"选项卡"文档视图"选项组中的"页面视图"按钮进行切换。

（5）还可以在文档中建立多个子文档，操作方法类似。

可以将一个已存在的文档作为子文档插入已打开的主控文档中，该种操作可以将已存在的若干文档合理组织起来，构成一个长文档，操作步骤如下：

① 打开主控文档，并切换到"大纲视图"模式下，将光标移到要插入子文档的位置。

② 单击"大纲"选项卡"主控文档"选项组中的"展开子文档"按钮，然后单击"插入"按钮，弹出"插入子文档"对话框，如图 1.68 所示，选择所要添加的文件，然后单击"打开"按钮即可。

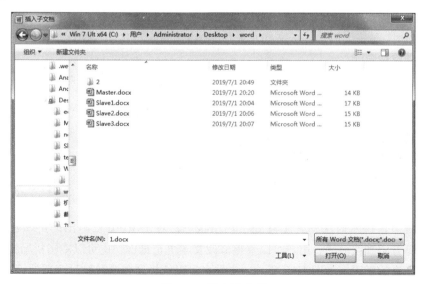

图 1.68　插入子文档

2. 打开、编辑及锁定子文档

可以在 Word 中直接打开子文档进行编辑，也可以在编辑主控文档的过程中对子文档进行编辑，操作步骤如下：

（1）打开主控文档，其中的子文档以超链接的形式显示。若要打开某个子文档，按住【Ctrl】键的同时单击子文档名称，子文档的内容将自动在 Word 新窗口中显示，可直接对子文档的内容进行编辑和修改。

（2）若要在主控文档中显示子文档内容，可将主控文档切换到"大纲视图"模式下，子文档默认为折叠形式，并以超链接的形式显示，按住【Ctrl】键的同时单击子文档名可打开子文档，并对子文档进行编辑。若单击"大纲"选项卡"主控文档"选项组中的"展开子文档"按钮，子文档内容将在主控文档中显示，可直接对其内容进行修改。修改后单击"折叠子文档"按钮，子文档将以超链接形式显示。

（3）单击"大纲"选项卡"主控文档"选项组中的"展开子文档"按钮，子文档内容将在主控文档中显示并可修改，若不允许修改，可单击"主控文档"选项组中的"锁定文档"按钮，子文档标记的下方将显示锁形标记，此时不能在主控文档中对子文档进行编辑，再次单击"锁定文档"按钮可解除锁定。对于主控文档，也可以按此进行锁定和解除锁定。

3. 合并与删除子文档

子文档与主控文档之间是超链接关系，可以将子文档内容合并到主控文档中，而且，对于主控文档中的子文档，也可以进行删除操作。相关操作步骤如下：

（1）打开主控文档，并切换到"大纲视图"模式下，单击"大纲"选项卡"主控文档"选项组中的"显示文档"及"展开子文档"按钮，子文档内容将在主控文档中显示出来。

（2）将光标移到要合并到主控文档的子文档中，单击"主控文档"选项组中的"取消链接"按钮，子文档标记消失，该子文档内容自动成为主控文档的一部分。

（3）单击"保存"按钮进行保存。

若要删除主控文档中的子文档，操作步骤如下：在主控文档"大纲视图"模式下且子文档为展开状态时，单击要删除的子文档左上角的标记按钮，将自动选择该子文档，按【Delete】键，该子文档将被删除。

在主控文档中删除子文档，只删除了与该子文档的超链接关系，该子文档仍然保留在原来位置。

1.12 拼写和语法检查

Word 2010 具有拼写和语法检查功能，能帮助用户进行文本校对，检查出文档中的拼写和语法错误，并给出更改建议。

默认情况下，拼写语法检查工具处于启用状态，对于 Word 检测出的拼写和语法错误，会在该文本下方添加波浪线，用户可以直接修改文本更正错误，也可以右击拼写错误的文本，查看并选用建议的更正，如图 1.69 所示。当然也可以选择"忽略"跳过当前错误。

若拼写检查工具被关闭，可在"文件"选项卡中单击"选项"命令，在弹出的"Word 选项"对话框中选择"校对"，并如图 1.70 所示勾选相关选项，启动拼写检查。

图 1.69　根据拼写检查建议更正错误文本　　　　图 1.70　拼写与语法检查设置

1.13　文字处理实验

通过本章的学习与实验，读者应该掌握如下知识点：

（1）基本操作。Word 文档与表格的创建和编辑；文档字符格式、段落格式、页面格式等格式设置。

（2）图文混排。插入图片、编辑图片、制作艺术字、文本框、图文混排等知识。

（3）长文档的处理。长文档的页面排版、文档结构、标题级别、文档排版、自动生成目录等知识。

（4）文档的合并、样式、分节、交叉引用、索引、多级列表、目录、域、页码、页眉和页脚的设置、文档的批注和修订，以及邮件合并等方面的高级功能。

本章共安排了 11 个实验（40 个任务），使读者能够熟练掌握 Word 中的高级功能并加固了对 Word 基础知识的掌握，强化实际动手能力。

实验 1　贺卡制作

排版的样式和美观程度能够直接影响用户的体验，一份排版整齐的文档，观感更好、可读性更强。本实验通过中秋贺卡的制作，让读者掌握 Word 的排版。贺卡设计分成封面设计、左内页设计、右内页设计以及封底设计四个部分。具体知识点包括字体设置（字体、字号等）、文字排列方向、对齐方式、样式应用、分隔符设置、拼页打印。

任务 1　封面设计

任务描述：

在答题文件夹下，打开空白文档"贺卡 .docx"，设计中秋贺卡。其中页面一：显示"中秋贺卡"字样，文字竖向排列，字体为仿宋，字号为"72"，文字左右居中，上下居中，如图 1.71 所示。

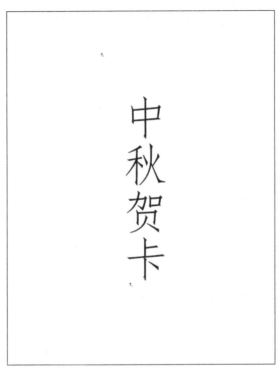

图 1.71　页面一

操作步骤：

（1）打开空白文档"贺卡 .docx"，输入文字"中秋贺卡"。

（2）设置文字方向：选中文字"中秋贺卡"，功能区中切换到"页面布局"选项卡，单击"页面设置"选项组中"文字方向"命令，在出现的下拉列表中单击"垂直"选项。

（3）设置字体字号：选中文字"中秋贺卡"，功能区中切换到"开始"选项卡，在"字体"选项组中选择"仿宋""72"。

（4）文字左右居中：在"开始"选项卡的"段落"选项组中选择"居中"，如图 1.72 所示。

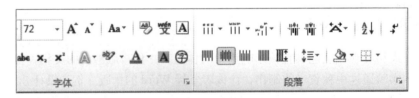

图 1.72　文字居中

（5）文字垂直居中：选中文字，在功能区"页面布局"选项卡的"页面设置"选项组中单击右下角 按钮，打开"页面设置"对话框，如图 1.73 所示，在"垂直对齐方式"右侧下拉列表中选择"居中"，单击"确定"按钮完成设置。

图 1.73　垂直对齐设置

任务 2　左内页设计

任务描述：

页面二：显示"皓魄当空宝镜升，云间仙籁寂无声。平分秋色一轮满，长伴云衢千里明。"文字横向排列，字体字号不限。文字左右居中，上下居中，如图 1.74 所示。

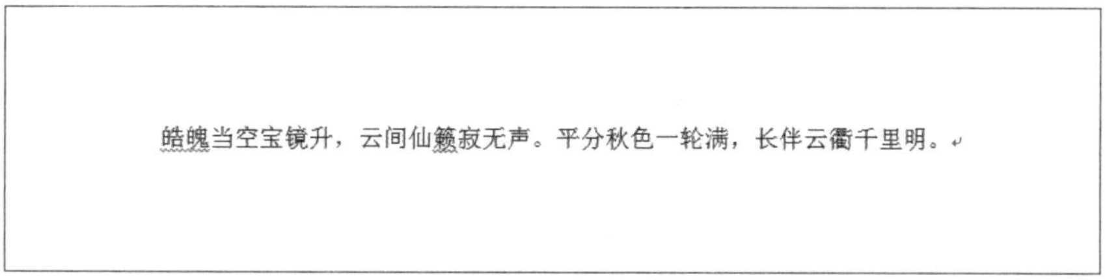

皓魄当空宝镜升，云间仙籁寂无声。平分秋色一轮满，长伴云衢千里明。

图 1.74　页面二

操作步骤：

（1）在功能区"页面布局"选项卡里，单击"页面设置"选项组中的"分隔符"按钮，在下拉列表中选择"下一页"。在页面二中输入文字"皓魄当空宝镜升，云间仙籁寂无声。平分秋色一轮满，长伴云衢千里明。"

（2）设置文字方向：选中文字，功能区中切换到"页面布局"选项卡，单击"页面设置"选项组中的"文字方向"命令，在出现的下拉列表中单击"水平"选项。

（3）文字左右居中：在"开始"选项卡的"段落"选项组中选择"居中"。

（4）文字垂直居中：选中文字，在功能区"页面布局"选项卡的"页面设置"选项组中单击右下角 按钮，打开"页面设置"对话框，在"垂直对齐方式"右侧下拉列表中选择"居中"，单击"确定"完成设置。

（5）在功能区"页面布局"选项卡里，单击"页面设置"选项组中的"分隔符"按钮，在下拉列表中选择"下一页"。

任务3 右内页设计

任务描述：

页面三：显示"这个最美丽的节日，想送你最特别的祝福。试着寻找最华丽的祝词，我没能做到。一句最朴实的话：中秋快乐！"，文字横排，文字上下居中，文字应用样式"标题2"，如图 1.75 所示。

图 1.75　页面三

操作步骤：

（1）在页面三中输入文字"这个最美丽的节日，想送你最特别的祝福。试着寻找最华丽的祝词，我没能做到。一句最朴实的话：中秋快乐！"。

（2）设置文字方向：选中文字，功能区中切换到"页面布局"选项卡，单击"页面设置"选项组中的"文字方向"命令，在出现的下拉列表中单击"水平"选项。

（3）文字垂直居中：选中文字，在功能区"页面布局"选项卡的"页面设置"选项组中单击右下角 按钮，打开"页面设置"对话框，在"垂直对齐方式"右侧下拉列表中选择"居中"，单击"确定"按钮完成设置。

（4）在"开始"选项卡上的"样式"选项组中，从样式库中选择"标题2"，将该样式应用于所选文字。在功能区"页面布局"选项卡中，单击"页面设置"选项组中的"分隔符"按钮，在下拉列表中选择"下一页"。

任务4 封底设计

任务描述：

页面四：显示两行文字，第一行为"2014 年 9 月 8 日，农历甲午年中秋"，第二行为"好友：XXX 祝贺"；文字竖排，字体"微软雅黑"，字号"18"，左右、上下居中显示。如图 1.76 所示。

图 1.76 页面四

操作步骤:

(1)在页面四中第一行输入文字"2014 年 9 月 8 日,农历甲午年中秋",第二行输入文字"好友:XXX 祝贺"。

(2)设置文字方向:选中文字,功能区中切换到"页面布局"选项卡,单击"页面设置"选项组中的"文字方向"命令,在出现的下拉列表中单击"垂直"选项。

(3)文字左右居中:在"开始"选项卡的"段落"选项组中选择"居中"。

(4)文字垂直居中:选中文字,在功能区"页面布局"选项卡的"页面设置"选项组中单击右下角 按钮,打开"页面设置"对话框,在"垂直对齐方式"右侧下拉列表中选择"居中",单击"确定"按钮完成设置。

(5)设置字体字号:选中文字"中秋贺卡",功能区中切换到"开始"选项卡,在"字体"选项组中选择"微软雅黑""18"。

任务5　生成贺卡并打印

任务描述:

页面设置:在一张 A4 纸上,正反面拼页打印,横向对折(如图:);并且"页面一"和"页面四"打印在 A4 纸的同一面,"页面二"和"页面三"打印在 A4 纸的另一面。

操作步骤:

正反面拼页打印贺卡。操作方法如下:

(1)切换到功能区"页面布局"选项卡,单击"纸张方向",在下拉列表中选择"纵向",将所有页面设置为纵向。

(2)在功能区"页面布局"选项卡的"页面设置"选项组中单击右下角 按钮,打开"页面设置"对话框,设置"纸张大小"为"A4"。切换到"页面设置"的"页边距",将"多页"

设置为"书籍折页"，"每册中的页数"设置为"4"，单击"确定"按钮。

（3）所有设置完成后，单击快速访问工具栏中的"保存"按钮，保存文件。

实验 2　文档排版

本实验通过对文档"移动学习.docx"的排版，让读者掌握文档的分节、域的正确插入、分节页眉的设置、左右页边距的设置、装订线设置及行号的添加。

任务 1　文档的分节

任务描述：

在答题文件下，打开文档"移动学习.docx"，文档共有 6 页，将第 1 页和第 2 页设为一节，第 3 页和第 4 页设为一节，第 5 页和第 6 页设为一节，操作中都使用连续分节符，并注意插入的位置。

操作步骤：

打开文档"移动学习.docx"，将光标定位到第 3 页开头，即"2.1.2"之前，在"页面布局"选项卡的"页面设置"选项组中，单击"分隔符"按钮，在下拉列表中选择"连续"，如图 1.77 所示。同样，在第 5 页的开头插入分隔符。这样，第 1 页和第 2 页设为一节，第 3 页和第 4 页设为一节，第 5 页和第 6 页设为一节。

图 1.77　选择"连续"分隔符

任务 2　插入域

任务描述：

在每页黄色底纹处，输入三行内容：第一行显示"这是第 M 节"，第二行显示"这是第

N 页"，第三行显示"本文共 S 页"，样式为"标题 1"。其中 M、N、S 是使用插入的域自动生成的，并以中文数字（壹、贰、叁）的形式显示。

操作步骤：

（1）在第一个黄色底纹处，插入三行文字。第一行插入"这是第 M 节"，第二行插入"这是第 N 页"，第三行插入"本文共 S 页"，如图 1.78 所示。

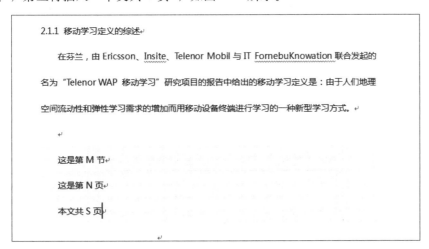

图 1.78　插入文字

（2）选中第一个字母"M"，在功能区"插入"选项卡的"文本"选项组中单击"文档部件"，在下拉列表中选择"域"，弹出对话框如图 1.79 所示，"域名"设置为"Section"，"格式"设置为"壹、贰、叁…"，单击"确定"按钮。同样，选中字母"N"，除了将"域名"设置为"Page"外，其他操作相同。选中字母"S"，除将"域名"设置为"NumPages"外，其他操作相同。

图 1.79　域设置

（3）在"开始"选项上的"样式"选项组中，从样式库中选择"标题 1"，应用于选中三行文字。并将三行文字复制到每一个黄色底纹处。

（4）选中整篇文档，右击，从快捷菜单中选择"更新域"。

任务3　分节页眉的设置

任务描述：

给第1页和第2页设置页眉输入文字"移动学习研究和应用现状"，给第3页和第4页设置页眉输入文字"移动学习的内涵及特点"，页眉居中显示，第5、6页无页眉。

操作步骤：

（1）进入页眉编辑状态：在功能区中切换到"插入"选项卡，在"页眉和页脚"选项组中单击"页眉"命令，在下拉列表中选择"空白"页眉样式（见图1.80），单击，进入"页眉编辑状态"，同时系统自动打开"页眉和页脚工具"。

图1.80　选择"空白"页眉样式

（2）输入页眉文字：在第1页页面上方"输入文字"提示处输入文字"移动学习研究和应用现状"。

（3）页面定位到第3页，选中页眉，单击功能区"设计"选项卡中"导航"选项组中的"链接到前一条页眉"，断开与前面页眉的链接，如图1.81所示。然后在第3页的页眉输入文字"移动学习的内涵及特点"。

图1.81　断开页眉链接

（4）移动到第5页，选中页眉文字，同样断开页眉链接，接着删除第5、6页的页眉。这样第1、2页页眉文字为"移动学习研究和应用现状"，第3、4页页眉文字为"移动学习的内涵及特点"，第5、6页无页眉。

（5）单击"页眉和页脚工具"中"关闭"按钮 ，退出页眉编辑状态。

任务 4　页边距、装订线及行号的设置

任务描述：

仅对第 5、6 页，设置页面左边距为 2 厘米，右边距为 3 厘米，装订线为 1 厘米，装订线位置在"左"，并给每行文字均添加行号，从"1"开始，每节重新编号。

操作步骤：

（1）页边距及装订线设置，操作如下。

对第 5、6 页设置页边距：定位到第 5 页，在功能区"页面布局"选项卡的"页面设置"选项组中单击右下角 按钮，打开"页面设置"对话框，页面左边距设置为 2 厘米，右边距设置为 3 厘米，装订线设置为 1 厘米，装订线位置设置为"左"，如图 1.82 所示。

（2）行号设置，操作如下。

添加行号：从"页面设置"的"页边距"选项卡切换到"版式"选项卡，单击"行号"按钮，在弹出对话框中选中"添加行号"复选框，起始编号为 1，并选择"每节重新编号"单选按钮，单击"确定"按钮完成设置，如图 1.83 所示。

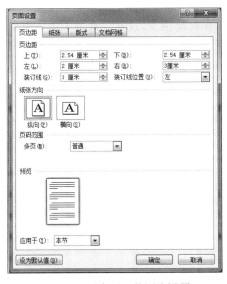

图 1.82　页边距和装订线设置

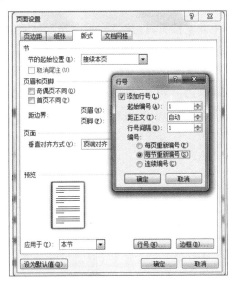

图 1.83　添加行号

实验 3　文档排版（续）

本实验通过文件"Page.docx"的排版，让读者掌握 Word 文档的创建、保存与打开；掌握文档格式设置、字符格式设置、页面格式设置（包括纸张大小、方向、行数设置、样式、对齐方式以及文字方向）等基本文档格式设置；重点掌握页眉设置、利用域进行页脚设置。

任务 1　页面设置

任务描述：

在答题文件夹下，新建"Page.docx"空白操作文档。在第一页的第一行中，输入内容为"页面设置"，样式为"标题"；页面垂直对齐方式为"居中"，页面文字方向为纵向；纸张大小为

A4，纸张方向纵向，每页行数均设置为 28，每行 30 个字符。

操作步骤：

（1）新建文档，操作如下。

打开 Word 2010，单击快速访问工具栏中的"保存"按钮，或功能区中单击"文件"→"保存"命令，以"Page.docx"为名保存文件。

（2）对第一页进行样式、纸张大小、行数设置等页面设置，操作如下。

① 在第一页的第一行，输入文字"页面设置"，在"开始"选项上的"样式"选项组中，从样式库中选择"标题"。

② 页面垂直对齐方式：选中文字，在功能区"页面布局"选项卡的"页面设置"选项组中单击右下角 ▢ 按钮，打开"页面设置"对话框，单击"版式"选项卡，在"垂直对齐方式"右侧下拉列表中选择"居中"，单击"确定"按钮完成设置。

③ 文字方向：功能区中切换到"页面布局"选项卡，单击"页面设置"选项组中的"文字方向"命令，在出现的下拉列表中单击"垂直"选项。

④ 纸张大小方向及行号设置：在功能区"页面布局"选项卡的"页面设置"选项组中单击右下角 ▢ 按钮，打开"页面设置"对话框，单击"纸张"选项卡，设置"纸张大小"为"A4"。切换到"页面设置"的"页边距"选项卡，将"纸张方向"设置为"纵向"。切换到"页面设置"的"文档网格"选项卡，选择"指定行和字符网格"，将每页行数设置为"28"，每行字符数设置为"30"，单击"确定"按钮，如图 1.84 所示。

图 1.84　行设置

任务 2　页眉设置与页面设置的同时应用

任务描述：

第二页中第一行内容为"页眉设置"，样式为"标题 1"；仅第二页页眉内容设置为"Header"，居中显示；页面垂直对齐方式为"顶端对齐"，页面文字方向为横向，纸张大小为 16 开，纸张方向横向；对该页面添加行号，起始编号为"1"、每页重新编号。

操作步骤：

（1）对第二页进行页眉设置，操作如下。

在功能区"页面布局"选项卡里，单击"页面设置"选项组中的"分隔符"按钮，在下拉列表的"分节符"中选择"下一页"。

① 在第二页的第一行，输入文字"页眉设置"，在"开始"选项上的"样式"选项组中，从样式库中选择"标题 1"。

② 进入页眉编辑状态：在功能区中切换到"插入"选项卡，在"页眉和页脚"选项组中单击"页眉"命令，在下拉列表中选择"空白"页眉样式，单击之进入"页眉编辑状态"，同时系统自动打开"页眉和页脚工具"，页眉内容设置为"Header"。单击功能区"设计"选项卡"导航"选项组中的"链接到前一条页眉"，断开与前面页眉的链接，并删去第一页的页眉。

（2）页面设置，操作方法如下。

① 文字方向：功能区中切换到"页面布局"选项卡，单击"页面设置"选项组中的"文字方向"命令，在出现的下拉列表中单击"水平"选项。

② 页面垂直对齐方式：选中文字，在功能区"页面布局"选项卡的"页面设置"选项组中单击右下角 ▣ 按钮，打开"页面设置"对话框，单击"版式"选项卡，在"垂直对齐方式"右侧下拉列表中选择"顶端对齐"，单击"确定"按钮完成设置。

③ 纸张大小和方向：在功能区"页面布局"选项卡的"页面设置"选项组中单击右下角 ▣ 按钮，打开"页面设置"对话框，单击"纸张"选项卡，设置"纸张大小"为"16 开"。切换到"页面设置"的"页边距"选项卡，将"纸张方向"设置为"横向"

④ 添加行号：在功能区"页面布局"选项卡的"页面设置"选项组中单击右下角 ▣ 按钮，打开"页面设置"对话框，在"版式"选项卡中单击"行号"按钮，在弹出对话框中选中"添加行号"复选框，起始编号为"1"，并选择"每页重新编号"单选按钮，单击"确定"按钮完成设置。

任务 3　利用域进行页脚设置

任务描述：

第三页中第一行内容为"页脚设置"，样式为"正文"；页面垂直对齐方式为"底端对齐"；纸张大小为 B5，纵向；仅第 3 页页脚内容设置为"第 X 页 / 共 Y 页"，居中显示（X 和 Y 使用域）。

操作步骤：

（1）页面设置，操作方法如下。

在功能区"页面布局"选项卡中，单击"页面设置"选项组中的"分隔符"按钮，在下拉列表的"分节符"中选择"下一页"。

① 在第三页的第一行，输入文字"页脚设置"，在"开始"选项上的"样式"选项组中，从样式库中选择"正文"。

② 按照任务 2，将页面垂直对齐方式为"底端对齐"，纸张大小为 B5，纸张方向为"纵向"。

（2）页脚设置，操作方法如下。

① 双击页脚位置，打开页眉和页脚工具，并将页脚内容设置为"第 X 页 / 共 Y 页"，选中"X"，在功能区"插入"选项卡的"文本"选项组中单击"文档部件"，在下拉列表中选择"域"，在弹出对话框中，"域名"设置为"Page"，"格式（I）"设置为"1，2，3…"，单击"确定"按钮。同样选中"Y"，除了将"域名"设置为"NumPages"外，其他操作相同。选中页脚内容，在功能区"开始"选项卡"段落"选项组中单击"居中"。

② 选中第三页的页脚内容，单击功能区"设计"选项卡"导航"选项组中的"链接到前一条页眉"，断开与前面页眉的链接，并删除第二页的页脚。选中第三页的页眉内容，单击功能区"设计"选项卡"导航"选项组中的"链接到前一条页眉"，并删除第三页的页眉"Header"。

③ 单击"页眉和页脚工具"中"关闭"按钮，退出页眉编辑状态。并单击"快速访问工具栏"的"保存"按钮，保存最终文件。

实验 4 索引文档

本实验通过对文档"索引 .docx"的操作，让读者掌握 Word 文档的创建、保存与打开、表格的创建，索引的创建，利用域设置页码，脚注的插入等知识点。

任务 1 建立索引自动标记文件

任务描述：

在答题文件夹下，打开已经建立文档"索引 .docx"，其中 1 ~ 5 页为文档内容，第 6 页为空白页。建立索引自动标记文件"auto_index.docx"，其中：

• 标记索引项的文字 1 为"移动设备"，主索引项 1 为"Mobile"。

• 标记索引项的文字 2 为"学习方式"，主索引项 2 为"LearningStyle"。

操作步骤：

（1）打开 Word 2010，单击快速访问工具栏中的"保存"按钮，或功能区中单击"文件"→"保存"命令，以"auto_index.docx"为名保存文件。

（2）打开文档"auto_index.docx"，在功能区中切换到"插入"选项卡，单击"表格"选项组中的"表格"命令，在下拉列表中直接用鼠标拖选单元格，创建 2 列 ×2 行表格。在表格第一行输入"移动设备""Mobile"，第二行输入"学习方式""LearningStyle"，如图 1.85 所示。

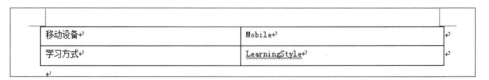

移动设备	Mobile
学习方式	LearningStyle

图 1.85 索引项

任务 2　创建索引

任务描述：

先使用自动标记文件标记索引项；再在文档"索引 .docx"第 6 页中创建索引，要求页码"右"对齐，栏数为"1"。

操作步骤：

（1）标记索引项：打开在同一文件夹下的下载文档"索引 .docx"，在功能区"引用"选项卡的"索引"选项组中单击"插入索引"，弹出对话框图 1.86 所示，单击"自动标记"按钮，打开文件"auto_index.docx"，单击"确定"按钮，标记索引项成功。

图 1.86　插入索引

（2）创建索引：光标定位到第 6 页中，在功能区"引用"选项卡的"索引"组中单击"插入索引"，弹出对话框如图 1.87 所示，选中"页码右对齐"复选框，"栏数"设置为"1"，单击"确定"按钮，索引项设置成功，如图 1.88 所示。

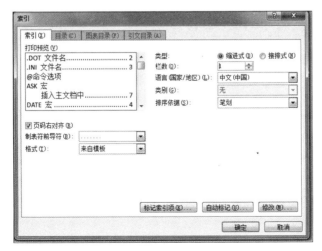

图 1.87　创建索引

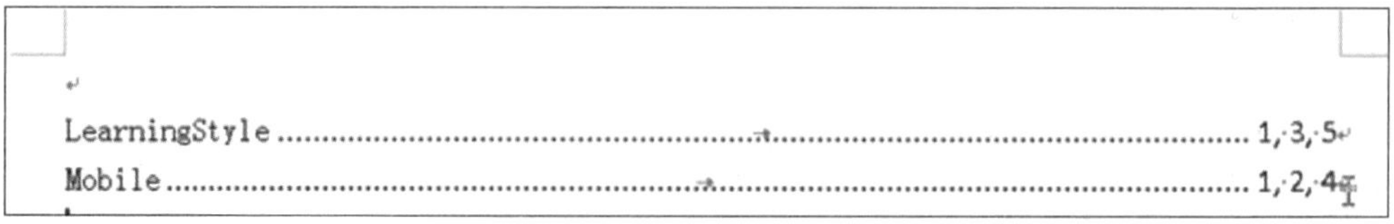

LearningStyle 1,3,5

Mobile 1,2,4

图 1.88　索引创建成功

任务 3　利用插入域设置页码

任务描述：

在文档页脚处插入"X/Y"形式的页码，X 为当前页数，Y 为总页数，格式为"I，II，III，…"（X 和 Y 使用域），居中显示。

操作步骤：

双击页脚位置，打开页眉和页脚工具，并将页脚内容设置为"X/Y"，选中"X"，在功能区"插入"选项卡的"文本"选项组中单击"文档部件"，在下拉列表中选择"域"，在弹出对话框中，"域名"设置为"Page"，"格式"设置为"I，II，III，…"，单击"确定"按钮。同样选中"Y"，除了将"域名"设置为"NumPages"，其他操作相同。

任务 4　插入脚注

任务描述：

第 1 页中，在"移动设备"后插入脚注，内容为"Mobile device"。

操作步骤：

（1）光标定位在第一页中"移动设备"之后，在功能区"引用"选项卡的"脚注"选项组中单击"插入脚注"，在脚注位置输入内容"Mobile device"。

（2）单击"快速访问工具栏"的"保存"按钮，保存最终文件。

实验 5　软件安装说明书

本实验通过对"软件安装说明书"的操作，让读者掌握如何为图添加题注，生成图目录，设置书签并交叉引用，新建多级列表等知识点。

任务 1　新建多级列表

任务描述：

在答题文件夹下，已经建立了文档"软件安装说明书 .docx"，要求删除绿色底纹的手动编号的文本，使"章"和"节"的序号为自动编号，新建这样的多级列表样式，并应用，设置"章"采用样式中的"标题 1"，"节"采用"标题 2"，其他文字为正文。

操作步骤：

（1）打开文档"软件安装说明书 .docx"，删除文档中绿色底纹的手动编号"章"和"节"文本，选中文字"软件安装说明书"，在"开始"选项上的"样式"选项组中，从样式库中选择"标题 1"，将该样式应用于所选文字。选中文字"软件配置要求""安装 IIS"，在"开始"选项上的"样式"选项组中，从样式库中选择"标题 2"，将该样式应用于所选文字。其他文字设置为正文。

（2）在功能区"开始"选项卡的"段落"选项组中单击 🔽，在下拉列表中选择"定义新的多级列表"，单击左下角"更多 >>"，"单击要修改的级别"为"1"，"将级别链接到样式"设为"标题 1"，在"输入编号的格式"设置为"1"，如图 1.89 所示。接着设置节，"单击要修改的级别"为"2"，"将级别链接到样式"设为"标题 2"，在"输入编号的格式"设置为"1.1"，单击"确定"按钮保存设置。

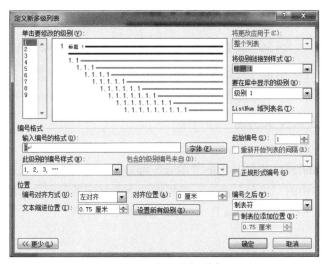

图 1.89　定义多级列表

任务 2　插入图注

任务描述：

删除图片下黄色底纹的手动输入的图注；在每幅图片下插入图注，其中标签名为"图"，编号包含"标题 2"并使用连字符"-"连接，图注文本内容不变，设置插入的图注的样式为"题注"。

操作步骤：

（1）删除手动输入的图注，光标依次定位在"打开服务器""勾选 Web 服务器选项""选择除 FTP 外的角色服务（可选）""安装 .NET Framework4.0"之前，删除"图 1.2-1""图 1.2-2""图 1.2-3""图 1.3-1"。

（2）插入图注：光标定位在"打开服务器"之前，在功能区"引用"选项卡的"题注"选项组中单击"插入题注"，弹出对话，如图 1.90 所示。"标签"选择"图"，然后单击"编号"按钮，弹出对话框如图 1.91 所示，设置"格式"为"1,2,3,…""标题起始样式"选中"标题 2"，"使用分隔符"设置为"-"，单击"确定"按钮。同样，对其他三张图进行相同的操作。

图 1.90　插入题注

图 1.91　题注编号

（3）选中图注，在"开始"选项上的"样式"选项组中，从样式库中选择"题注"，将该样式应用于所选文字。单击"开始"选项卡"字体"选项组中的🖌️，将图注的背景设置为无色。

任务 3　设置书签及其交叉引用

任务描述：

对于每个图片下的图注，选择其中的"编号"部分，定义为书签；并且对于正文中涉及"如图 X.X-X 所示"内容中的"编号"部分，采用对应书签文字的引用，保证图注和正文中编号可同步更新。书签按序命名为：book1、book2、book3、book4。

操作步骤：

（1）定义书签：以图 1 的图注为例，选中图注的编号部分"1.2-1"，在功能区"插入"选项卡的"链接"选项组中选择"书签"，弹出对话框如图 1.92 所示，图 1 图注的书签名命名为 book1（其他图注书签分别命名为 book2、book3、book4），单击"添加"按钮。

（2）交叉引用：删除"如图 1.2-1 所示"中的"编号"，光标定位在"如图"之后，在功能区"插入"选项卡的"链接"选项组中选择"交叉引用"按钮，在弹出对话框中"引用类型"设置为"书签"，"引用内容"为"书签文字"，并且选择相应的"book1"书签，单击"插入"按钮，如图 1.93 所示。同样，对另外 3 个图注和"如图 X.X-X 所示"进行相同的操作，保证图注和正文中编号可同步更新。

图 1.92　定义书签

图 1.93　交叉引用

任务 4 生成图索引并插入页码

任务描述：

在页面底端居中插入页码，并在文档最后插入图的目录，要求"显示页码""页码右对齐""包括标签和编号"。

操作步骤：

（1）插入页码：在功能区"插入""页眉和页脚"选项组中单击"页码"，在下拉列表中选择"页面底端"，并选择居中的样式，单击"页眉和页脚工具"中"关闭"按钮 ×，退出页眉编辑状态。

（2）光标定位在文档末尾，在功能区"引用"选项卡的"题注"选项组中单击"插入表目录"，在弹出对话框中勾选"显示页码""页码右对齐"，在"题注标签"的下拉列表中选择"图"，单击"确定"按钮生成目录，如图 1.94 所示。

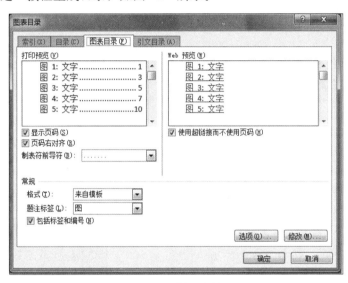

图 1.94 插入表注

（3）并单击"快速访问工具栏"的"保存"按钮，保存最终文件。

实验 6 杭州旅游

本实验通过对文档"杭州旅游.docx"的操作，让读者掌握标注的添加、表目录的生成、页码的插入、书签的设置和交叉引用、样式应用、文本的删除、多级列表的新建等知识点。

任务 1 新建多级列表

任务描述：

在答题文件夹下，已经建立了文档"杭州旅游.docx"，要求删除手动编号的文本，使"章"和"节"的序号为自动编号，新建这样的多级列表样式，并应用，设置"章"采用样式中的"标题 1"，"节"采用"标题 2"，其他文字为正文。

操作步骤：

（1）打开文档"杭州旅游.docx"，删除文档中绿色底纹的手动编号"章"和"节"文本，选中文字"杭州旅游"，在"开始"选项上的"样式"选项组中，从样式库中选择"标题1"，将该样式应用于所选文字。选中文字"著名景点""杭州十景""西湖旧十景""西湖新十景""特产"，在"开始"选项上的"样式"选项组中，从样式库中选择"标题2"，将该样式应用于所选文字，其他文字设置为正文。

（2）在功能区"开始"选项卡的"段落"选项组中单击 ，在下拉列表中选择"定义新的多级列表"，单击左下角"更多 >>"，"单击要修改的级别"为"1"，"将级别链接到样式"设为"标题1"，在"输入编号的格式"设置为"1"。接着设置节，单击左下角"更多 >>"，"单击要修改的级别"为"2"，"将级别链接到样式"设为"标题2"，在"输入编号的格式"设置为"1.1"，单击确定保存设置。

任务2　插入表注

任务描述：

删除表格上黄色底纹的手动输入的表注；在每个表格上插入表注，其中标签名为"表"，编号包含至"标题2"并使用句号"."连接，表注文本内容不变，设置插入的表注的样式为"题注"。

操作步骤：

（1）删除手动输入的表注。光标依次定位在"杭州十景""西湖旧十景""西湖新十景"之前，删除"表1.2.1""图1.3.1""图1.4.1"。

（2）插入表注。光标定位在"杭州十景"之前，在功能区"引用"选项卡的"题注"选项组中单击"插入题注"，弹出对话框，"标签"选择"表"，若不存在"表"，单击"新建标签"按钮，添加"表"。然后单击"编号"按钮，设置"格式"为"1，2，3，…"，"章节起始样式"选中"标题2"，"使用分隔符"设置为"."，单击"确定"按钮，如图1.95所示。同样，另两张表进行相同的操作。

（3）选中图注，在"开始"选项上的"样式"选项组中，从样式库中选择"题注"，将该样式应用于所选文字。单击"开始"选项卡中的 ，将表注的背景设置为无色。

图1.95　插入表注

任务3　表注交叉引用

任务描述：

对于正文中涉及"表X.X.X"所示，采用对应交叉引用，保证表注和正文中内容可同步更新。

操作步骤：

交叉引用。删除"如表1.2.1所示"中的黄色部分"编号"，光标定位在"如"之后，在功能区"插入"选项卡的"链接"选项组中选择"交叉引用"，在弹出对话框中，"引用类型"设置为"表"，"引用内容"为"只有标签和编号"，并且选择相应的题注"表1.2.1杭州十景"，单击"插入"按钮。同样，对另外 2 个表注和"如表 X.X.X 所示"进行相同的操作，保证表注和正文中编号可同步更新。

任务 4　生成表索引并插入页码

任务描述：

页面底端居中插入页码。并在文档最后插入表的目录，要求"显示页码""页码右对齐""包括标签和编号"。

操作步骤：

（1）插入页码。在功能区"插入"选项卡"页眉和页脚"选项组中单击"页码"，在下拉列表中选择"页面底端"，并选择居中的样式，单击"页眉和页脚工具"中"关闭"按钮 ❎，退出页眉编辑状态。

（2）光标定位在文档末尾，在功能区"引用"选项卡的"题注"选项组中单击"插入表目录"，勾选"显示页码""页码右对齐"复选框，在"题注标签"的下拉列表中选择"表"，单击"确定"按钮生成目录。

（3）并单击"快速访问工具栏"的"保存"按钮，保存最终文件。

实验 7　毕业论文

论文的格式向来是论文考查的一个重要部分，也是对学生的能力的一种考查。本实验通过论文文档格式的修改，让读者掌握如何合理分节、利用域添加页眉和设置页码、自动生产目录。

任务 1　文档分节

任务描述：

在答题文件夹下，已经建立了文档"本科生毕业论文 .docx"，合理使用分节，为每一章分节，使正文中每章都能够从奇数页开始。

操作步骤：

打开文档"本科毕业生论文 .docx"，光标定位在"第一章"之前，在功能区"页面布局"选项卡的"页面设置"选项组中单击"分隔符"，在下拉列表中选择"奇数页"，完成分节。对其他几章的章节开头进行相同的操作，保证正文中每章都能够从奇数页开始。

任务 2　利用域添加页眉

任务描述：

封面除外，使用域为每章添加页眉，内容为该章的章标题（如：第一章 绪论），字体宋体五号，居中显示。

操作步骤：

（1）进入页眉编辑状态。在功能区中切换到"插入"选项卡，在"页眉和页脚"选项组中单击"页眉"命令，在下拉列表中选择"空白"页眉样式，单击之进入"页眉编辑状态"，同时系统自动打开"页眉和页脚工具"。

（2）编辑页眉内容。在功能区"插入"选项卡的"文本"选项组中单击"文档部件"，在下拉列表中选择"域"，"域名"设置为"StyleRef"，"样式名"中选择"标题1"，最后单击"确定"按钮。这样每章的页眉内容为该章的章标题。

（3）去除封面的页眉。页面定位到第2页，选中页眉"第一章 绪论"，单击功能区"设计"选项卡"导航"选项组中的"链接到前一条页眉"，断开与前面页眉的链接，然后删除封面的页眉"绪论"。

任务3 利用插入域设置页码

任务描述：

在论文正文部分，页面底端的居中位置添加页码，页码的格式为X/Y，其中X为页码，Y为总页数。要求：使用插入域的方法实现，显示如：3/15，封面页计入总页码数量，但不显示页码。

操作步骤：

（1）插入页码。在功能区"插入"选项卡"页眉和页脚"选项组中单击"页码"，在下拉列表中选择"页面底端"，并选择居中的样式，删除自动生成的页码。

（2）用插入域方法添加页码，在功能区"插入"选项卡的"文本"选项组中单击"文档部件"，在下拉列表中选择"域"，"域名"设置为"Page"，"格式"设置为"1，2，3，…"，单击"确定"按钮。输入"/"，同样，在功能区"插入"选项卡的"文本"选项组中单击"文档部件"，在下拉列表中选择"域"，将"域名"设置为"NumPages"，"格式"设置为"1，2，3，…"，单击"确定"按钮。添加的格式即为页码的格式为X/Y，其中X为页码，Y为总页数。

（3）设置当前页码。选中第二页的页码，在功能区"插入"选项卡的"页眉和页脚"选项组中单击"页码"，在下拉列表中选择"设置页码格式"，选中"续前节"单选按钮，单击"确定"按钮，如图1.96所示。依次修改每一页页码。

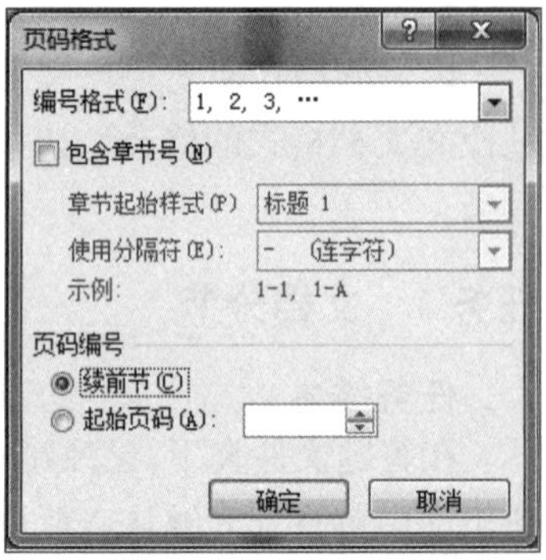

图1.96 页码格式

（4）去除封面的页码。页面定位到第2页，选中页码，单击功能区"设计"选项卡"导航"选项组中的"链接到前一条页眉"，断开与前面页眉的链接。然后删除封面的页码。

任务4 生成目录

任务描述：

在文章的最后处添加本文的目录，要求目录仅显示到"1级"。

操作步骤：

（1）光标定位在文档最后，在功能区"引用"选项卡的"目录"选项组中单击"目录"，在下拉列表中选择"插入目录"，"显示级别"设置为1，单击"确定"按钮，自动生成的目录。

（2）并单击"快速访问工具栏"的"保存"按钮，保存最终文件。

实验 8 城市介绍

本实验通过对文档"城市介绍 .docx"的操作,让读者掌握新建多级列表、生成目录、新建样式、添加批注和修订等知识点。

任务 1 新建多级列表

任务描述:

在答题文件夹下,对已存在的文档"城市介绍 .docx"进行如下操作:删除红框内的手动编号的文本,使"章"和"节"的序号为自动编号,新建这样的多级列表样式,并应用,设置"章"采用样式中的"标题 1","节"采用"标题 2",其他文字为正文。

操作步骤:

(1) 删除文档中的手动编号"章"和"节"文本,选中文字"朝阳区""海淀区""通州区""东莞市""广州市""中山市""济南市""青岛市""临沂市"(见图 1.97),在"开始"选项上的"样式"选项组中,从样式库中选择"标题 2",将该样式应用于所选文字。选中文字"北京市""广东省""山东省",在"开始"选项上的"样式"选项组中,从样式库中选择"标题 1",将该样式应用于所选文字。其他文字设置为正文。

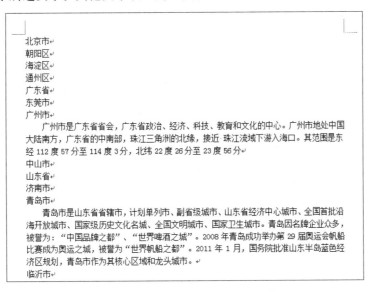

图 1.97 删除手动编号"章"和"节"

(2) 在功能区"开始"选项卡的"段落"选项组中单击 ≡,在下拉列表中选择"定义新的多级列表",单击左下角"更多 >>",设置"单击要修改的级别"为"1","将级别链接到样式"设为"标题 1","此级别的编号样式"设置为"1,2,3…",在"输入编号的格式"中在"1"的前面输入"第",在"一"的后面输入"章",如图 1.98 所示。接着设置节,"单击要修改的级别"为"2","将级别链接到样式"设为"标题 2","输入编号的格式"设置为"1.1",单击"确定"按钮保存设置。

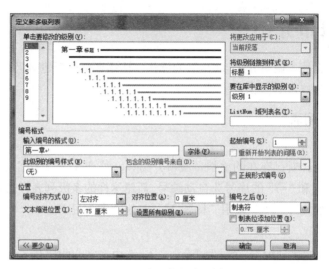

图 1.98   定义新多级列表

任务 2   新建样式

任务描述：

新建样式"TitleA"，使其与样式"标题 2"在文字格式外观上完全一致，并应用于"3.3 临沂市"。

操作步骤：

（1）在"开始"选项上的"样式"选项组中单击右下角 按钮，在下拉列表中选择 ，新建一个样式。"名称"设置为"TitleA"，"样式基准"设置为"标题 2"，单击"确定"按钮应用，如图 1.99 所示。

图 1.99   新建新样式"TitleA"

（2）选中"3.3 临沂市"，在"开始"选项上的"样式"选项组中选择"TitleA"。

任务 3　生成目录

任务描述：

在文档的末尾自动生成目录，目录包含"标题 1"和"标题 2"样式（两级目录），但不含"TitleA"样式。

操作步骤：

光标定位在文档最后，在功能区"引用"选项卡的"目录"选项组中单击"目录"，在下拉列表中选择"插入目录"，弹出对话框如图 1.100 所示，"显示级别"设置为"2"，然后单击"选项"按钮，删除弹出对话框中"TitleA"的"目录级别"，使目录不包含"TitleA"样式。自动生成的目录，如图 1.101 所示。

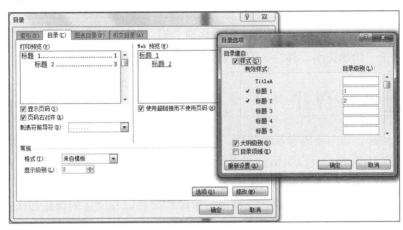

图 1.100　目录插入

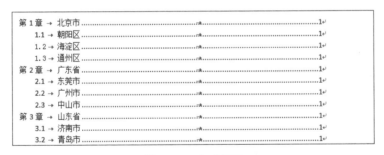

图 1.101　生成目录

任务 4　添加批注和修订

任务描述：

对"北京市"添加一条批注，内容为"首都"；对"广州市地处中国大陆南方"添加一条修订，方法：删除"广州市"，在大陆后加"东"字，成为"地处中国大陆东南方"。

操作步骤：

（1）选中"北京市"，在功能区"审阅"选项卡的"批注"选项组中单击"新建批注"按钮，添加批注"首都"，如图 1.102 所示。

图 1.102　添加批注

（2）单击功能区"审阅"选项卡"批注"选项组中的"修订"按钮，在下拉列表中选择"修订"，删除"广州市地处中国大陆南方"中的"广州市"，然后光标定位在"大陆"后，添加一个"东"字。使文本内容变为"地处中国大陆东南方"，如图 1.103 所示。

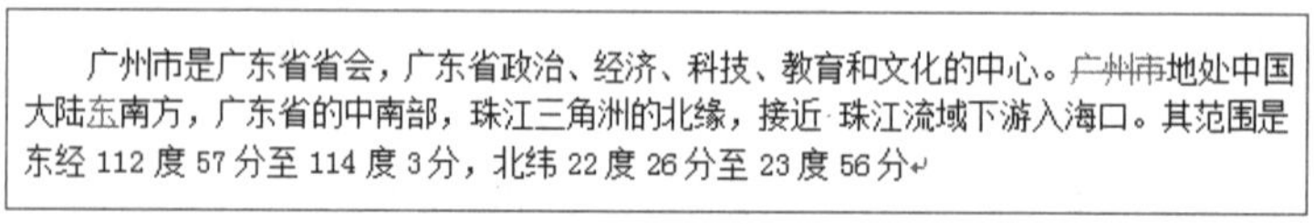

> 广州市是广东省省会，广东省政治、经济、科技、教育和文化的中心。~~广州市~~地处中国大陆东南方，广东省的中南部，珠江三角洲的北缘，接近 珠江流域下游入海口。其范围是东经 112 度 57 分至 114 度 3 分，北纬 22 度 26 分至 23 度 56 分。

图 1.103　添加"修订"

（3）并单击"快速访问工具栏"的"保存"按钮，保存最终文件。

实验 9　邮件合并

在处理文件时，当主要内容基本相同，只是具体数据有变化，或者在填写大量格式相同，只修改少数相关内容时，可以灵活运用 Word 邮件合并功能，不仅操作简单，而且还可以设置各种格式，可以满足许多不同的需求。

本实验通过批量话费单的生成，让读者掌握邮件合并以及文件的新建与保存、表格的创建与编辑、插入域的使用、特殊符号插入等知识点。

任务 1　建立话费范本文件

任务描述：

在答题文件夹下，打开文件"Phone_Cost.docx"，在样本文档中输入话费单的正文内容，利用数据源"通话费 .xlsx"，使用邮件合并功能，建立话费范本。

操作步骤：

（1）输入文本内容并创建表格。操作方法如下。

① 打开空白文档"Phone_Cost.docx"，在文档编辑区中输入文本"先生 / 女士:"，另起一行，输入"您好! 您本季度的通话费用如下 :"。

② 另起一行，在功能区中切换到"插入"选项卡，单击"表格"选项组中"表格"命令，在下拉列表中直接用鼠标拖选单元格创建 2 列 ×4 行表格。

③ 在第一列单元格中依次输入"月份"、"一月"、"二月"和"三月"，在第二列第一个单元格中输入"通话费"。并将调整表格调整至合适的大小。

④ 在表格下方，输入文本"……通信公司营业厅"。光标定位在"通"之前，在功能区中切换到"插入"选项卡，在"符号"选项组中单击"符号"按钮，在下拉列表中选择"其他符号"，在弹出对话框中选择符号"×"，如图 1.104 所示。换行，输入文本"…×× 年 ×× 月 ×× 日"，如图 1.105 所示。

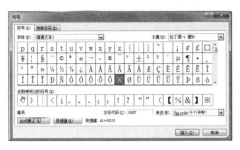

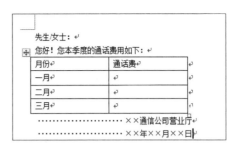

图 1.104　插入符号　　　　　　　　　　　图 1.105　文本部分

（2）建立客户通话费范本，保存在答题文件夹下。

① 光标定位到"先生"前，在功能区"邮件"选项卡的"开始邮件合并"选项组中单击"选择收件人"，在下拉列表中单击"使用现有列表"，弹出对话框如图 1.106 所示。打开文件"通话费 .xlsx"，并选择"sheet1"，单击"确定"按钮，如图 1.107 所示。

图 1.106　打开文件"通话费 .xlsx"

② 在功能区"邮件"选项卡的"编写和插入域"选项组中单击"插入合并域"，在下拉列表中选择"姓名"，结果如图 1.108 所示，同样给表格中"一月""二月""三月"分别插入表格当中对应的月份。

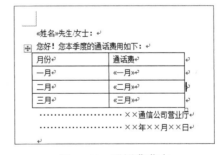

图 1.107　选择"sheet1"　　　　　　　　图 1.108　通话费范本

任务 2　批量生成话费单

任务描述：

生成所有客户的通话费文件"All_Cost.docx"，保存在答题文件夹下。

操作步骤：

（1）功能区"邮件"选项卡的"完成"选项组中单击"完成邮件合并"，在下拉列表中选择"编辑单个文档"，弹出"合并到新文档"对话框，单击"确定"按钮，如图 1.109 所示。

（2）最后得到的通话费文档如图 1.110 所示。所有设置完成后，单击快速访问工具栏中的"保存"按钮，或功能区中单击"文件"→"另存为"命令，选择路径，以"All_Cost.docx"为名保存文件。

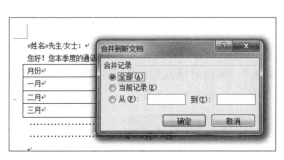

图 1.109　合并到新文档

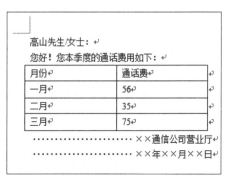

图 1.110　话费文档

实验 10　主控文档

主控文档 [主控文档是一组单独文件（或子文档）的容器。使用主控文档可创建并管理多个文档，例如，包含几章内容的一本书] 是包含一系列相关子文档的文档。并以超链接方式显示这些子文档。使用主控文档将长文档分成较小的、更易于管理的子文档，为用户组织和维护长文档提供了便利。

本实验通过文档的编辑、文档的合并，让读者掌握主文档和子文档的编辑和合并、文本样式设置、字符格式设置、书签设置、特殊符号插入、域使用等知识点。

> 提示：新建文件时，若文件扩展名为隐藏的，则命名时不需要加扩展名，后面的实验不再重复提醒。

任务 1　创建子文档

任务描述：

在答题文件夹下，按序创建子文档"Slave1.docx""Slave2.docx""Slave3.docx"。"Slave1.docx"中第一行内容为"矩阵的表示"，样式为正文，将该文字设置为书签（名为 BookTag1）；第二、三行为空白行；在第四行引用书签 BookTag1 标记的文本。"Slave2.docx"中第一行内容为 $M_{1,2}=X_2*Y_2$，第二行内容为☝符号（"Wingdings 2"字体中），样式均为正文。"Slave3.docx"中第一行内容为 $a^2-b^2=(a+b)(a-b)$，样式为正文。

操作步骤：

（1）新建并保存文件。在自己的文件夹中新建三个文件，分别以"Slave1.docx""Slave2.docx""Slave3.docx"为名加以保存。操作方法如下：

在答题文件夹下，右击，在弹出的快捷菜单中选择"新建"命令，在下拉列表中单击"Microsoft Word 文档"，将新建文件名修改为"Slave1.docx"保存。在同一文件夹下，以同样的方法创建"Slave2.docx""Slave3.docx"。

（2）"Slave1.docx"中文本录入及书签的设置和引用，操作方法如下：

① 打开文档"Slave1.docx"，第一行输入文字"矩阵的表示"。选中第一行的文字，在功能区"开始"选项卡的"样式"选项组中单击"正文"，将内容样式设置为正文。

② 将文字设置为书签。在功能区切换到"插入"选项卡，在"链接"选项组中单击"书签"。将文字书签名设置为 BookTag1，并单击"添加"按钮，如图 1.111 所示。

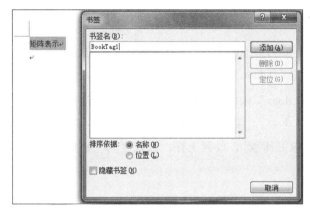

图 1.111　将文字设置为书签

③ 引用书签 BookTag1 标记的文本。光标定位到第四行起始位置，将第二、三行设置为空白行。在功能区"插入"选项卡的"文本"组中单击"文档部件"，并选择下拉列表中的"域"。设置"类别"为"链接和引用"，单击"域名"中的"Ref"，在"书签名称"中选中"BookTag1"，单击"确定"，如图 1.112 所示，图 1.113 所示为结果。

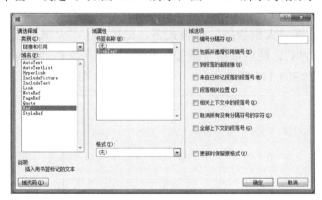

图 1.112　域设置

图 1.113　书签的引用

（3）编辑"Slave2.docx"内容，如图 1.114 所示。操作方法如下：

打开文档"Slave2.docx"。第一行输入公式"M1,2=X1*Y2"，选中公式中的数字，单击字体工具栏中的下标工具，设置下标，公式变为"$M_{1,2}=X_1*Y_2$"。光标定位在第二行，在功能区"插入"选项卡"符号"选项组中找到"符号"后单击，选择"其他符号"，将"字体"

设置为"Wingdings 2"后，找到符号并单击"插入"按钮（见图 1.115 所示），其中内容样式均为正文。

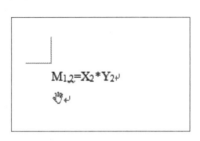

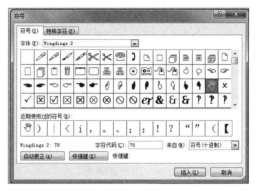

图 1.114　文档"Slave2.docx"的内容　　　　图 1.115　插入符号

（4）编辑"Slave3.docx"内容，并应用样式。操作方法如下。

打开文档"Slave3.docx"。第一行输入公式"a2-b2=(a+b)(a-b)"，选中公式中的数字，单击字体工具栏中的下标工具 $\mathbf{X^2}$，设置上标，公式变为"$a^2\text{-}b^2\text{=}(a+b)(a\text{-}b)$"。其中内容样式均为正文。

任务 2　文档合并

任务描述：

在已经建立的主控文档"Master.docx"中，插入子文档"Slave1.docx""Slave2.docx""Slave3.docx"，构成一个完整的文档，并在最后一行插入文档创建的日期（使用域，日期格式为"yyyy 年 M 月 d 日星期 W"）。

操作步骤：

（1）打开在文件夹下已经建立的主控文档"Master.docx"，在功能区"视图"选项卡"文档视图"选项组中选择"大纲视图"。在"大纲视图"的模式下，在功能区"大纲"选项卡"主控文档"选项组中单击"显示文档"，然后单击"插入"按钮，插入子文档"Slave1.docx""Slave2.docx""Slave3.docx"，如图 1.116 所示。

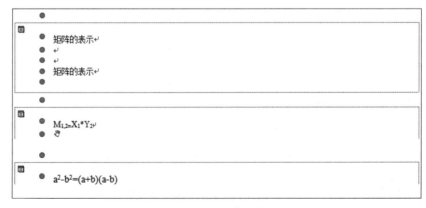

图 1.116　合并文档

（2）光标定位在文档最后一行。单击功能区"插入"选项卡"文本"选项组中的"文档部件"，在下拉列表中单击"域"，选择"日期和时间"类别，"域名"为"CreateDate"，并设置日期格式为"yyyy 年 M 月 d 日星期 W"，单击"确定"按钮。

实验 11 长文档排版

在许多办公学习过程中会涉及长文档的排版，比如撰写论文、投标书或书籍等。这些文档比短文档有着更复杂的排版要求，如封面、目录与各章间要设置不同的页眉页脚，正文要分成很多章节且章节题目要设置成统一的格式、每一章节对应的页眉要和章节名相同等，需要使用特殊、便捷的操作方法。

本实验通过长文档"word01.docx"的操作，让读者掌握文章及长文档的页面排版、文档结构、标题级别、文档排版、设置脚注尾注、自动生成目录、版式、修订功能等知识点。

任务 1   正文排版

任务描述：

在答题文件夹中，打开"word01.docx"文件：

（1）使用多级符号对章名、小节名进行自动编号，代替原始的编号。章号的自动编号格式为：第 X 章（例：第 1 章），其中：X 为自动排序。阿拉伯数字序号。对应级别 1，标题 1。修改"标题 1"样式，居中显示。小节名自动编号格式为 X.Y，X 为章数字序号，Y 为节数字序号（例 1.1），X，Y 均为阿拉伯数字序号。对应级别 2，标题 2。修改"标题 2"样式，左对齐显示。

（2）自动编号。对出现"1）""2）"…处，进行自动编号，编号格式不变。

（3）对正文中的图添加题注"图"，位于图下方，文字样式为"题注"，居中。编号为"章序号"-"图在章中的序号"，（例如第 1 章中的第 2 幅图，题注编号为 1-2）。图的说明使用图下一行的文字，格式同编号，图居中。改为"图 X-Y"，其中"X-Y"为图题注的编号。

（4）对正文中出现"如下图所示"（或"下图"）中的"下图"两字，使用交叉引用。改为"图 X-Y"，其中"X-Y"为图题注的编号。

（5）对正文中的表添加题注"表"，位于表上方，文字样式为"题注"，居中。编号为"章序号"-"表在章中的序号"，（例如第 1 章中的第 1 张表，题注编号为 1-1）。表的说明使用表上一行的文字，格式同编号。表居中，表内容文字不要求居中。

（6）对正文中出现"如下表所示"（或"下表"）中的"下表"两字，使用交叉引用。改为"表 X-Y"，其中"X-Y"为表题注的编号。

（7）对正文中首次出现"C 语言"的地方插入脚注。添加文字"C 语言是一种流行且功能强大的程序设计语言"。

（8）新建样式，样式名为"我的样式"。字体：中文字体为"楷体"，西文字体为"Times New Roman"，字号为"小四"；段落：首行缩进 2 字符，段前 0.5 行，段后 0.5 行，行距 1.5 倍；两端对齐；其余默认设置。

（9）将（8）中的新建样式应用到正文中无编号的文字。不包括章名、小节名、表文字、表和图的题注、脚注。

操作步骤：

（1）打在文档"word01.docx"，功能区"开始"选项卡的"段落"选项组中单击 ，在下拉列表中选择"定义新的多级列表"。单击要修改的级别为"1"，此级别的编号样式设置为"1,2,3…"，"输入编号的格式"设置为"第1章"，单击"更多 >>"，"将级别链接到样式"设为"标题1"。接着设置节，"单击要修改的级别"为"2"，"输入编号的格式"设置为"1.1"，"将级别链接到样式"设为"标题2"，"要在库中显示的级别"设置为"级别2"，单击"确定"按钮保存设置。在"样式"选项组中单击"快速样式"，选中"标题1"右击，在快捷菜单选择"修改"，修改标题样式为" "（居中）形式，单击"确定"按钮，如图1.117所示。同样，在"样式"选项组中单击"快速样式"，选中"标题2"右击，在快捷菜单选择"修改"，修改标题样式为" "（左对齐）形式，单击"确定"按钮。

图 1.117　修改样式

（2）按住【Ctrl】键，选中所有章标题，单击"快速样式"中的"标题1"样式应用。同样，按住【Ctrl】键，选中所有节标题，单击"快速样式"中的"标题2"样式应用。并手动删除，章和小节中的原始的编号。

（3）自动编号。选中出现"1)"、"2)"…处的内容（见图1.118），在功能区"开始"选项卡的"段落"选项组中单击 ，在下拉列表中选择跟之前相同的编号格式，单击"应用"按钮。

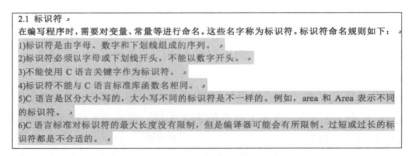

图 1.118　自动编号

（4）插入图注。以第一张图为例，光标定位在图下文字"计算机硬件结构图"之前，在功能区"引用"选项卡的"题注"选项组中单击"插入题注"，弹出对话框，"标签"选择"图"，若没有该标签，单击"新建标签"按钮，新建一个名为"图"的标签。然后，单击"编号"按钮，设置"格式"为"1，2，3，…"，勾选"包含章节号"复选框，"标题起始样式"选中"标题 1"，"使用分隔符"设置为"-"，单击"确定"按钮。同样，对其他两张图进行相同的操作。

（5）插入表注。以第一张表为例，光标定位在表格上方文字"关键字"之前，在功能区"引用"选项卡的"题注"选项组中单击"插入题注"，弹出对话框，"标签"选择"表"，若没有该标签，单击"新建标签"按钮，新建一个名为"表"的标签。然后，单击"编号"按钮，设置"格式"为"1，2，3，…"，勾选"包含章节号"复选框，"标题起始样式"选中"标题 1"，"使用分隔符"设置为"-"，单击"确定"按钮。同样，对其他一张表进行相同的操作。

（6）交叉引用。选中文中的"下图"字样，在功能区"插入"选项卡的"链接"选项组中选择"交叉引用"，在弹出对话框中，"引用类型"设置为"图"，"引用内容"为"只有标签和编号"，选择相应的题注，如文中第一个"下图"，对应的题注为相应图的题注"图 1-1 计算机硬件结构图"，单击"插入"按钮。同样，对另外"下图"字样进行相同的操作，保证图注和正文中编号可同步更新。选中文中"下表"，在功能区"插入"选项卡的"链接"选项组中选择"交叉引用"，在弹出对话框中，"引用类型"设置为"表"，"引用内容"为"只有标签和编号"，选择相应的题注，如文中第一个"下表"，对应的题注为相应图的题注"表 2-1 关键字"，单击"插入"按钮。对另个"下表"字样进行相同的操作。

（7）依次选中图、表和题注，在"开始"选项卡的"段落"选项组中选择"居中"。

（8）选中第一次出现的文字"C 语言"，在功能区"引用"选项卡的"脚注"选项组中单击"插入脚注"，在脚注位置输入内容"C 语言是一种流行且功能强大的程序设计语言"。

（9）定位在正文部分，在"开始"选项上的"样式"选项组中单击右下角 按钮，在下拉列表中选择 ，新建一个样式。"名称"设置为"我的样式"，单击下方的"格式"，选择下拉列表中的"字体"。在弹出对话框中，将"中文字体"设置为"楷体"，"西文字体"设置为"Times New Roman"，"字号"设置为"小四"，单击"确定"按钮。在"格式"的列表中切换到"段落"，"特殊格式"设置为"首行缩进"，"磅值"设置为"2 字符"，"段前"为"0.5 行"，"段后"为"0.5 行"，"行距"为"1.5 倍行距"，其他均为默认值。

（10）选中这正文部分，应用"我的样式"样式（注意出现"1）""2）"…处，进行自动编号处，不应用）。

任务 2　插入节并生成目录、图索引以及表索引

任务描述：

（1）第 1 节：目录。其中，输入"目录"文字。

（2）第 2 节：图索引。其中，输入"图索引"文字，使用样式"标题 1"，删除自动编号，并居中；"图索引"文字下为图索引项。

（3）第 3 节：表索引。其中，输入"表索引"文字，使用样式"标题 1"，删除自动编号，并居中；"表索引"文字下为表索引项。

操作步骤：

在正文前按序插入三节，使用 Word 提供的功能，自动生成索引和目录，操作方法如下：在"第一章"标题前空行，定位于空行，在功能区"页面布局"选项卡"页面设置"选项组中单击"分隔符"，在下拉列表的"分节符"中选择"下一页"。同样在第二页，利用分节符再插入"下一页"。当"第一章"位于第三页时，插入一个"奇数页"。

（1）第一页第一行输入"目录"，应用样式"标题1"，删除自动编号，在"段落"选项组中选择居中。换行，在功能区"引用"选项卡的"目录"选项组中单击"目录"，在下拉列表中选择"插入目录"，在弹出对话框中，"显示级别"设置为2，单击"确定"按钮，自动生成的目录。

（2）第二页第一行输入"图索引"，应用样式"标题1"，删除自动编号，在"段落"选项组中选择居中。换行，在功能区"引用"选项卡的"题注"选项组中单击"插入表目录"，在弹出对话框中，"题注标签"设置为"图"，单击"确定"按钮。

（3）第三页第一行输入"表索引"，应用样式"标题1"，删除自动编号，在"段落"选项组中选择居中。换行，在功能区"引用"选项卡的"题注"选项组中单击"插入表目录"，在弹出对话框中，"题注标签"设置为"表"，单击"确定"按钮。

任务3 对正文分节，并利用域插入页码

任务描述：

（1）在正文前的节，页码采用"i，ii，iii，…"格式，页码连接。

（2）正文中的节，页码采用"1，2，3，…"格式，页码连接。

（3）正文中每章为单独一节，页码总是从奇数开始。

（4）更新目录、图索引和表索引。

操作步骤：

（1）给正文前的节添加页码，操作方法如下。

① 进入页脚编辑状态。在功能区中切换到"插入"选项卡，在"页眉和页脚"选项组中单击"页脚"命令，在下拉列表中选择"编辑页脚"，单击之进入"页脚编辑状态"，同时系统自动打开"页眉和页脚工具"。

② 页面定位到第一章正文页的页眉，单击功能区"设计"选项卡中"导航"选项组的"链接到前一条页眉"，断开与前一页的链接。然后光标定位到当前页的页脚，单击功能区"设计"选项卡"导航"选项组中的"链接到前一条页眉"。

③ 编辑页脚内容。定位到第一页的页脚，在功能区"插入"选项卡的"文本"选项组中单击"文档部件"，在下拉列表中选择"域"，在弹出对话框中，"域名"设置为"Page"，"格式"中选择"i，ii，iii，…"，最后单击"确定"按钮。选中页脚的页码，单击"居中"。并依次选中页码"i，ii，iii"右击，在弹出的下拉列表中单击"设置页码格式"，在弹出对话框中将"编码格式"设置为"i，ii，iii，…"。

（2）给正文的节，添加页码，操作方法如下。

编辑页脚内容。定位到第一章正文页的页脚，在功能区"插入"选项卡的"文本"组中单击"文档部件"，在下拉列表中选择"域"，在弹出对话框中，"域名"设置为"Page"，"格式"

中选择"1，2，3，…"，最后单击"确定"按钮。选中页脚的页码，右击，在下拉列表中选择"设置页码格式"，起始页设置为"1"，单击"确定"按钮。选中页脚的页码，单击"居中"。

（3）正文中每章为单独一节，页码总是从奇数开始，操作方法如下。

光标定位在第 2 章标题编号和标题之间，例如"第 2 章"和"C 语言程序设计入门"之间，在功能区"页面布局"选项卡"页面设置"选项组中单击"分节符"，选择"奇数页"，选中页脚的页码，右击，在快捷菜单中选择"设置页码格式"，在弹出对话框中选择"续前节"，单击"确定"按钮。在每一章的第一页进行如上操作，设置分节符，调整页码。

（4）更新目录、图索引和表索引，操作方法如下。

依次选中"目录"，"图索引"和"表索引"，右击，在快捷菜单中选择"更新域"，在弹出的对话框中选择"更新整个目录"，单击"确定"按钮。

任务 4　利用域插入页眉

任务描述：

（1）对于奇数页，页眉中的文字为：章序号 章名（例如：第 1 章 ×××）。

（2）对于偶数页，页眉中的文字为：节序号 节名（例如：1.1×××）。

使用样式"标题 1"，删除自动编号，并居中；"目录"文字下为目录项。

操作步骤：

（1）给奇数页设置页眉，操作方法如下。

① 进入页眉编辑状态。在功能区中切换到"插入"选项卡，在"页眉和页脚"选项组中单击"页眉"命令，在下拉列表中选择"编辑页眉"，单击之进入"页眉编辑状态"，同时系统自动打开"页眉和页脚工具"。

② 编辑页眉内容。定位到第一章首页的页眉，在功能区"插入"选项卡的"文本"选项组中单击"文档部件"，在下拉列表中选择"域"，弹出对话框如图 1.119 所示，"域名"设置为"StyleRef"，"样式名"中选择"标题 1"，勾选"插入段落编号"，单击"确定"按钮。

③ 在功能区"插入"选项卡的"文本"选项组中单击"文档部件"，在下拉列表中选择"域"，在弹出对话框中，"域名"设置为"StyleRef"，"样式名"中选择"标题 1"，单击"确定"按钮，这样奇数页的页眉变为"章序号 章名"。

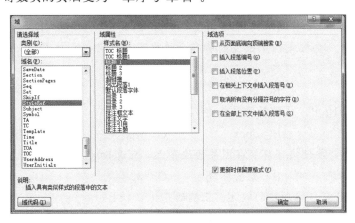

图 1.119　域设置

（2）给偶数页设置页眉，操作方法如下。

① 编辑页眉内容。光标定位在下一页偶数页的页眉处，并在功能区"设计"选项卡的"选项"选项组中勾选复选框"奇偶页不同"。切换到功能区"插入"选项卡的"文本"选项组中，单击"文档部件"，在下拉列表中选择"域"，在弹出对话框中，"域名"设置为"StyleRef"，"样式名"中选择"标题 2"，勾选"插入段落编号"，单击"确定"按钮。

② 在功能区"插入"选项卡的"文本"选项组中单击"文档部件"，在下拉列表中选择"域"，在弹出对话框中，"域名"设置为"StyleRef"，"样式名"中选择"标题 2"，单击"确定"按钮。

课后习题

一、单选题

1. 在 Word 文档中，选中某段文字，然后两次单击"开始"选项卡上的"倾斜"按钮，则（　　）。

    A. 产生错误　　　　　　　　　　　　B. 这段文字向左倾斜

    C. 这段文字向右倾斜　　　　　　　　D. 这段文字的字符格式不变

2. 在 Word 中进行文档编辑时，要插入分页符来开始新的一页，应按（　　）键。

    A.【Ctrl+Enter】　　B.【Delete】　　C.【Insert】　　D.【Enter】

3. 在 Word 中进行文档编辑时，要开始一个新的段落按（　　）键。

    A.【Back Space】　　B.【Delete】　　C.【Insert】　　D.【Enter】

4. 在 Word 中，如果用户选中了大段文字，不小心按了空格键，则大段文字将被一个空格所代替。此时可用（　　）操作还原到原先的状态。

    A. 替换　　　　B. 粘贴　　　　C. 撤销　　　　D. 恢复

5. Word 中打开一个文件，编辑后若要把它储存在其他文件夹下，可以选择"文件"选项卡中（　　）命令。

    A. 保存　　　　B. 另存为　　　　C. 版本　　　　D. 属性

6. 编辑 Word 表格时，用鼠标指针拖动垂直标尺上的行标记，可以调整表格的（　　）。

    A. 行高　　　　B. 单元格高度　　C. 列宽　　　　D. 单元格宽度

7. 在 Word 中，要把文档中出现的所有"学生"两字都以粗体显示，可以选择（　　）操作实现。

    A. 样式　　　　B. 改写　　　　C. 替换　　　　D. 粘贴

8. 在 Word 2010 中，文件的默认保存名字是（　　）。

    A. doc　　　　B. docx　　　　C. wps　　　　D. htm

9. 在 Word 中，要使文字环绕在图片的边界上，应选择（　　）方式。

    A. 四周环绕　　B. 紧密环绕　　C. 无环绕　　　D. 上下环绕

10. 关于 Word 窗口标题栏的叙述，正确的是（　　）。

    A. 通过标题栏可以任意调整窗口大小

    B. 由七个菜单项组成，如文件、编辑、查看、转到、收藏、工具、帮助

C. 显示当前编辑文档的名称

D. 当前文档正在编辑时，标题栏呈灰色

11. 在 Word 中，要实现首字下沉功能，应（　　）创建。

A. 执行"插入"→"首字下沉"命令

B. 执行"插入"→"图片"命令

C. 使用"绘图"工具栏中的"插入艺术字"按钮

D. 执行"格式"→"首字下沉"命令

12. 在 Word 中，要查看文档各级标题，应选用（　　）方式。

A. 大纲视图　　　B. 页面视图　　　C. Web 版式视图　　D. 阅读版式视图

13. 在 Word 中，使用（　　）命令可以对文本快速应用标题、项目符号和编号列表、边框、数字、符号和分数等格式。

A. 应用样式　　　B. 格式刷　　　　C. 自动更正　　　　D. 自动计算

14. 在 Word 中，利用（　　）栏目内的功能区，可以插入艺术字，文本框，剪贴画和自选图形。

A. 图片　　　　　B. 插入　　　　　C. 设计　　　　　　D. 格式

15. 编辑 Word 文档的过程中，如果要调整纸张的大小，可以通过（　　）菜单命令实现。

A. 页面设置　　　B. 字体　　　　　C. 段落　　　　　　D. 打印预览

16. 一篇文档中需要插入分节符，可使用（　　）选项卡的"分隔符"按钮。

A. 引用　　　　　B. 开始　　　　　C. 页面布局　　　　D. 插入

17. 在文档中如果每个页面都要出现少量相同的内容，则应放在（　　）中。

A. 页眉页脚　　　B. 文本　　　　　C. 文本框　　　　　D. 表格

18. 对当前文档的页眉页脚进行格式设置时，要求奇偶页格式不同则必须勾选"页眉和页脚工具"中的（　　）。

A. 显示文档文字　B. 转到页眉　　　C. 奇偶页不同　　　D. 首页不同

19. 对当前可编辑文档的页眉页脚进行格式设置时，在功能区发现找不到"页眉和页脚工具"选项卡，可能是（　　）。

A. 系统设置造成不能显示　　　　　B. 文档没有页眉页脚

C. 文档格式有错　　　　　　　　　D. 未进入页眉页脚编辑状态

20. 在 Word 2010 中，格式化文档时使用的预先定义好的多种格式的集合，称为（　　）。

A. 样式　　　　　B. 项目符号　　　C. 格式组　　　　　D. 母版

21. 对已经使用内置样式的文档还可以使用样式集，具体操作是选择（　　）选项卡，单击"样式"组中的"更改样式"按钮，选择所需的样式集。

A. 插入　　　　　B. 引用　　　　　C. 编辑　　　　　　D. 开始

22. Word 2010 中如果要在指定文档中插入脚注，则需单击（　　）选项卡的"脚注"组中的"插入脚注"按钮。

A. 开始　　　　　B. 引用　　　　　C. 目录　　　　　　D. 插入

23. 文档中如果要在指定地方插入目录，应单击（　　）选项卡的"目录"组的"目录"按钮。

A. 引用　　　　B. 插入　　　　C. 开始　　　　D. 视图

24. 下面对域表述不正确的是（　　　）。

A. 更新域的快捷键是【F9】

B. 选中域后右击，可选择"编辑域"功能

C. 编辑时输入 { } 即可建立一个域

D. 选中域后右击，可选择"切换域代码"功能

25. Word 2010 中，下面对分节描述不正确的是（　　　）。

A. 默认方式下 Word 将整个文档视为一节

B. 可以根据需要插入不同的分节符，如不同部分下一页、连续、偶数页和奇数页开始

C. 插入分节符后文档内容不能从下页开始

D. 每一节可根据需要设置不同的页面格式

26. 在修订过程中如果需要表明修订者身份并在文档中区分与其他人风格不同，需要设定（　　　）。

A. 不同的文本格式　　　　　　　　B. 用户名

C. 修订选项及更改用户名　　　　　D. 修订选项

27. 在修订状态时，下面说法正确的是（　　　）。

A. 格式改动不能显示　　　　　　　B. 可以显示批注

C. 在批注框中不能显示修订　　　　D. 只能显示最终状态和标记

28. Word 2010 中，正确的邮件合并基本方法是（　　　）。

A. 创建主文档→选择编辑数据源→设定邮件合并规则→插入域→合并生成结果

B. 设定邮件合并规则→创建主文档→选择编辑数据源→插入域→合并生成结果

C. 创建主文档→选择编辑数据源→插入域→设定邮件合并规则→合并生成结果

D. 选择编辑数据源→创建主文档→插入域→设定邮件合并规则→合并生成结

29. 给每位家长发送一份"期末成绩通知单"，用（　　　）功能最简便。

A. 信封　　　　B. 标签　　　　C. 邮件合并　　　　D. 复制

30. Word 2010 中，将两版本文档进行合并时，不正确的说法是（　　　）。

A. 合并后内容可保存到新文档

B. 合并后新内容可保存到原文档

C. 合并后原文档和修订的文档都被修改了

D. 合并后新内容可保存到修订的文档

二、操作题

【第 1 题】

1. 给文章加标题"生物计算机"，并将标题的文字设为二号，居中显示。

2. 将正文（标题除外）中的"计算机"改为"COMPUTER"。

3. 以居中格式在本文档底端插入页码，起始页码为 2。

4. 给第一段文字加上"15%"的底纹（应用于文字）。

5. 在文章当中插入第一张"树木"的剪贴画（j0285444.wmf），设置环绕方式为"紧密型"。

【第 2 题】

1. 将第一段中的"更不容忽视……来了困难。"文字移到全文最后，另起一段，段首空 2 个字，并将该新段文字设置"点 - 短线"细下画线。

2. 给第二段中《计算机应用基础教程》一串文字加上着重号。

3. 给标题"计算机应用基础教程"添加超链接，链接到"http://www.sina.com.cn"。

4. 在文章最后插入艺术字体"计算机等级考试"，选择第一种样式，设置字体为黑体。

5. 插入页眉，内容为"计算机应用基础教程改革"，插入页脚，内容为"第一页"，都居中显示。

【第 3 题】

1. 给文章加标题"网络数据库应用"，设置为二号字、颜色为红色、居中放置。

2. 将正文第一段和第二段中的"数据库"替换成"Database"。

3. 给第一段开头的"网络 Database"添加超链接，链接到"http://www.sina.com.cn"。

4. 将最后一段内容分三栏排版，有分隔线，栏宽相等。

5. 将整篇文档设置页面的左边距为 3.5 厘米，右边距为 3 厘米，并在本文档底端插入页码，居中显示。

【第 4 题】

1. 在文档底部插入页码，居中显示，起始页码为 3。

2. 将"20 世纪……分送。"这串文字设置文本效果：渐变填充 - 蓝色，强调文字颜色 1。

3. 将正文设置成字符间距为加宽 0.2 磅，行间距为 1.4 倍行距。

4. 将第二段文字的"首行缩进"设为"0"，并且设置"首字下沉"，下沉行数为 2 行。

5. 给最后一段落的文字添加 3 磅的蓝色边框（应用于文字）。

【第 5 题】

1. 将正文（标题除外）中的"电子邮件"替换成"E-mail"。

2. 将文中"NetWare MHS"字体的颜色设置为蓝色，并加粗。

3. 插入页眉，内容为"E-mail 的发展"；插入页脚，内容为"电子邮件"，居中显示。

4. 在文章最后插入艺术字体"E-mail 的飞速发展"，选择第一种样式，设置字体为黑体。

5. 给标题加着重号，并给第一段文字底纹填充为绿色（应用于文字）。

【第 6 题】

1. 输入文字"我爱中华"，字体为仿宋，字号为"72"。

2. 将文字横向排列，文字左右居中，上下居中。

3. 插入页眉，内容为"爱国青年"。

4. 在页面二中输入文字"五十六族兄弟姐妹是一家"。应用样式"我的样式"，新建"我的样式"格式为：字体为花文中宋、三号、黑色。

5. 给页面二中的文字添加红色底纹。

【第 7 题】

1. 新建空白文档"美图处理 .docx"，插入一张自己喜欢的美图。

2. 在图片样式库中选择"厚重亚光，黑色"。

3. 图片效果设置为阴影，并设置为向右下斜偏移。

4. 艺术效果设置为铅笔素描。

【第 8 题】

1. 在 A4 纸上绘制表格，如图 1.120 所示。

2. 调整相应的行高和列宽，设置第 1 ~ 5 行行高为 0.8 厘米。

3. 输入相应的内容，表格中的文字对齐方式也如图 1.120 所示设置。

4. 自定义样式“栏目”：“宋体、加粗、五号字”，各栏目名称的格式应用此样式。栏目内容应用样式“内容”，样式具体内容为“楷体、常规、五号字”。

5. 整张表在 A4 纸上居中，结果以“个人简历 .docx”为文件名保存在自己的文件夹中。

个人简历

姓　名	张鸿运	性　别	男	出生年月	1982.2	照片
籍　贯	山东	民　族	汉	身　高	1.72 米	
专　业	计算机应用	健康情况	良好	政治面貌	党员	
毕业学校	中国某某学院			学历学位	本科、学士	
通信地址	中国某某学院			邮政编码	310012	
教育情况	1994. 9——2000. 7　山东第一中学 2000. 9——现在　中国某某学院计算机系					
专业特长	熟练地应用 Windows 系列和 Linux 系列的各种操作系统 能熟练地进行常用局域网的组建与维护以及 Internet 的接入、调试与维护 通过了国家计算机等级考试程序员证书					
工作经历	2001—2002 学年暑假参加了电子公司的局域网组建与维护 2003 年 7 月参与了本学院校园网建设的一期工程					
联系方式	手机：12345678890 电子邮件：ffggggg@asdaas.edu.cn					

图 1.120 “个人简历表”样式

【第 9 题】

1. 插入页码，编码格式为 -1-，-2-，-3-…，起始页码为 -1-。

2. 为正文设置样式，设置字体宋体，字号为小四，正文首行缩进 2 字符，两端对齐。

3. 为正文的图添加题注“图”，位于图下方，文字样式为“题注”，居中。

4. 正文中出现“如图所示”字样，选中“图”，使用交叉引用，引用类型为图，引用内容为“只有标签和编号”。

【第 10 题】

1. 在 Word 中以表格形式输入所示的人员信息，如图 1.121 所示。

姓名	部门	职务	联系电话	手机
郝燕芬	图书出版	技术经理	85100822	13302268521
苏花	技术培训	产品经理	88188234	13302268522
王鹏	在线学习	讲师	87111378	13302244421

图 1.121 "通讯簿"数据源

2. 对该表格进行外观设计，包括表格边框、底纹以及表格中文字的布局方式等格式设置。

3. 参考图 1.122 所示样本，为该"通讯簿"中的人员创建名片样本，并将每人的设计样本发送到各自的电子邮件信箱进行审核。其中的公司 Logo 图片可自行设计或从其他途径获取。

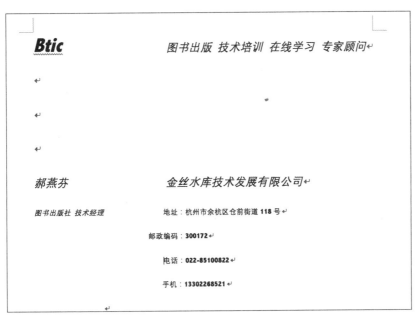

图 1.122 名片设计样式

数据处理及高级应用

数据处理是办公自动化的重要组成部分，也是人们在日常工作、学习和生活中经常进行的一项工作，内容包括数据的输入输出，利用公式、函数进行复杂的运算，以及制作各种表格文档，进行烦琐的数据计算，并能对数据进行分类汇总、筛选和排序。同时可以形象地将各种数据变成可视化图表。

2.1 概述

目前常见的数据处理软件有 Microsoft 的 Excel、OriginLab 的 Origin、IBM 的 SPSS 以及金山公司的 WPS Office 等。本章以 Microsoft Excel 2010 为例，介绍数据处理及高级应用。

2.1.1 功能概述

Excel 2010 作为一款成熟的数据处理软件，它提供了十分出色的功能。只要将数据输入到 Excel 按规律排列的单元格中，便可依据数据所在单元格的位置，利用多种公式进行算术和逻辑运算，分析汇总单元格中的数据信息，并且可以把相关数据用各种统计图的形式直观地表示出来。详细的功能如图 2.1 所示。

由图 2.1 可见，Excel 基本功能主要分布于图的右侧，包括工作簿、工作表、单元格的基本操作，数据的一般处理，函数的基本应用。高级功能主要集中于图的左侧和右下角区域，包括数据的高级处理、函数的高级应用、复杂公式、多功能图表以及数据透视表等。

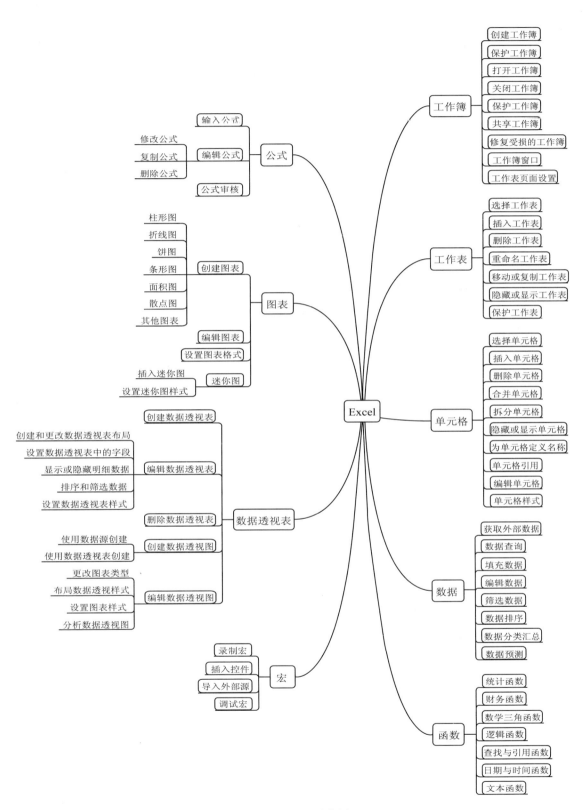

图 2.1　Excel 功能图

2.1.2 高级功能

Excel 的整体操作趋于简单，绝大部分基础功能，用户都可以轻松地理解和掌握。但是 Excel 中也包含很多高级功能，这些功能使得数据处理变得轻松高效。其中主要几个高级功能如下：

（1）强大的计算能力：提供公式输入功能和多种内置函数，便于用户进行复杂计算。

（2）丰富的图表表现：能够根据工作表数据生成多种类型的统计图表，并对图表外观进行修饰。

（3）快速的数据库操作：能够对工作表中的数据实施多种数据库操作，包括排序、筛选和分类汇总等。

（4）数据共享：可实现多个用户共享同一个工作簿文件，即与超链接功能结合，实现远程或本地多人协同对工作表的编辑和修饰。

2.2 数据及运算

数据是 Excel 处理的基本元素，运算则是对数据依某种模式而建立起来的关系进行处理的过程。最基本的数据运算有：①算术运算，如加、减、乘、除、取余；②关系运算，如等于、不等于、大于、大于等于、小于、小于等于；③逻辑运算，如与、或、非。

2.2.1 数据与数据类型

数据 (data) 是事实或观察的结果，是对客观事物的逻辑归纳，是用于表示客观事物的未经加工的原始素材。数据可以是连续的值，比如声音、图像，称为模拟数据，也可以是离散的，如符号、文字，称为数字数据。在计算机系统中，数据以二进制信息单元 0、1 的形式表示。事实上，数据可以分为整型、浮点型、字符型、布尔型、日期型等。以下分别介绍各种数据类型的特点。

（1）整型。它用于存储一个整数值，整型数据一般占据 4 个字节的存储空间。

（2）浮点型。它用于存放一个浮点数（实数），例如 12.345、16.88 这样带小数点的数。浮点型又分为"单精度浮点型"和"双精度浮点型"，单精度浮点型一般占据 4 个字节的存储空间，"双精度浮点型"则占据 8 个字节的存储空间。

（3）字符型。一般将一个字符是 'A'、'B'、'C'、'#'、'!' 这样的数据称为字符类型，占据 1 个字节的存储空间。而由西文双引号括起来的字符序列通常称为字符串，如 "Hello!"、"0123456789"。

（4）布尔型。布尔型的值一般只有两个，FALSE（假）和 TRUE（真）。布尔值一般与逻辑运算和关系运算（比较运算）相关联。

（5）日期型。类似于 2019 年 6 月 30 日、2019/6/30、2019-6-30、2019-6 的格式，这样格式的数据均为日期型数据。

（6）Excel 中有数值型和文本型类型，数值型指整型和浮点型，文本型则指字符串。

2.2.2 运算符

运算符是对要进行运算的原始数据进行各种加工处理的运算符号。除加、减、乘、除、取余等算术运算符外，还有比较运算符、逻辑运算符等丰富的运算符。常用运算符及范例如表 2.1 所示。

表 2.1 常用运算符及范例

类 别	运 算	运算符	范 例	范例运算结果
算术运算符	加法	+	9+6	15
	减法	-	6-4	2
	乘法	*	3*4	12
	除法	/	10/3	3.3333…
	除法（整除）	/	10/3	3
	取余（仅整数）	%	10%3	1
比较运算符	等于	=	4=2	FALSE
	大于	>	4>2	TRUE
	小于	<	4<2	FALSE
	大于等于	>=	4>=2	TRUE
	小于等于	<=	4<=2	FALSE
	不等于	!=	4!=2	FALSE
逻辑运算符	逻辑与	&&	(4>2)&&(2>1)	TRUE
	逻辑或	||	(4>2)||(2<1)	TRUE
	逻辑非	!	!1	FALSE

1．算术运算符

算术运算通常包括加、减、乘、除四则运算，对于整数运算还有第五种运算——取余运算，取余运算符为"%"，即取两个整数相除的余数。例如"10%3=1"。加法运算符为"+"，使运算符两侧的值相加。减法运算符为"-"，使运算符左侧的值减去右侧的值。乘法运算符为"*"，使运算符两侧的值相乘。除法运算符为"/"，使运算符两侧的值相除，"/"左侧的值是被除数，右侧的值是除数。

2．比较运算符

比较运算符（关系运算符）用于对两个值之间的大小进行比较，结果为逻辑值，结果只有两种——TRUE 和 FALSE，分别表示比较结果为"真"或为"假"。一般的比较运算符有">"">="" "<"" "<="" "=="" "!="六种运算符。例如"4>2"的结果为 TRUE。

3．逻辑运算符

逻辑运算符又称布尔运算符，分别表示逻辑与、逻辑或、逻辑非，逻辑运算符有"&&""||""!"。

（1）a&&b：只有 a 和 b 都是真时，表达式结果为真，有一个为假，结果为假。

（2）a||b a：或 b 有一个为真，表达式结果为真，a 和 b 都为假，表达式结果为假。

（3）!a a：为真时，表达式结果为假，a 为假时，表达式结果为真。

4．括号运算符

要改变运算次序，也可以使用括号，但必须都使用小括号（），不能用中括号[]、大括号{}。如希望实现数学上的中括号、大括号的功能，须逐层嵌套小括号（）。小括号（）的外面在嵌套一层小括号（）就相当于中括号，"中括号"的外面再嵌套一层小括号（）就相当于大括号，"大括号"的外面还可再嵌套小括号（）相当于更大的大括号。

例如：((2*(3+5)-6)*3+10)/2，(3+5) 相当于小括号，(2…6) 相当于中括号，(…10) 相当于大括号，运算结果为 20。

2.2.3 表达式

同时由数字、运算符和括号以有意义的排列方式组合起来的式子称为表达式。表达式的求值过程实际上是一个数据加工的过程，通过各种不同的运算符可以实现不同的数据加工。例如用算术运算符构成的表达式称为算术表达式，逻辑运算符构成的表达式称为逻辑表达式。

1．算术表达式

由算术运算符将数值连接起来的表达式，例如"3+10%3+2*3"，表达式结果为 10。

2．关系表达式

用关系运算符将数值或表达式连接起来的式子就是关系表达式，满足关系表达式运算符关系的结果称为"真"，否则为假。例如"4>2"，表达式结果为真。

3．逻辑表达式

有时多个关系表达式组合起来更有用，这时需要逻辑运算符将关系表达式连接起来，用逻辑运算符连接运算值组成的表达式就是逻辑表达式。例如表达式"(4>2)&&(2>1)"，表达式结果为真。

2.3 函数

日常工作、学习和生活中，或多或少都会接触到函数，例如购物金额计算，平均成绩计算，竞赛结果排名，最大值、最小值计算，字符串替换等。

函数（function）通常表示输入值与输出值的一种对应关系。如，函数 f(x)，表示给定 x 值，可以得到 f(x) 的值，又如 f(x,y)，则表示给定 x 和 y 值，可以得到 f(x,y) 的值。

函数的基本格式：函数名（参数 1，参数 2，参数 3，…）

函数一般都有函数名、参数和返回值，称之为函数的三要素。例如，在 MAX(a,b,c) 中，MAX 为函数名，表示求最大值函数，其作用是求 3 个数中的最大值。a、b、c 为参数，表示在这次计算中有 3 个参数，参数要写在一对英文小括号中（不能是中文），这对小括号必不可少。函数的求解结果也称为函数的返回值。有的函数只有一个参数，而有的函数可以有多个参数，有的甚至不需要参数（称为无参函数）。为什么会存在多个参数的情况呢？当 1 个参数不足以提供足够的信息时，就要用到多个参数了，多个参数之间用英文逗号分隔，共同写在括号中，即用法是：函数名（参数 1，参数 2，参数 3，…）。

2.4　数据的输入及控制

Excel 工作表中的数据编辑与 Word 中表格内容的编辑并没有太大区别，只是 Excel 单元格可以限定数据类型，所有数据类型可以在"单元格格式"对话框中预设。

Excel 工作表与 Word 文档在编辑中的最大差别就是在 Excel 工作表中可以同时选定不连续的行、列和单元格。选定不连续区域时，需要键盘【Ctrl】键与鼠标的配合。

2.4.1　数据的复制与移动

与其他 Windows 应用程序一样，选中要复制的区域，然后通过"复制"＋"粘贴"或者"剪切"＋"粘贴"操作，即可完成复制或移动操作。

另外，键盘＋鼠标的配合也可以快捷地完成复制和移动的操作：首先选中需要复制或移动的单元格区域，将鼠标指针移到区域边缘处，当鼠标指针呈现 4 个方向的形状 ✛ 时，按下键盘上【Ctrl】键的同时拖动鼠标到目标位置，就可以实现选定区域的复制；如果配合的是【Shift】键，那么执行的就是移动操作。

2.4.2　数据的智能填充

除了标准的复制方法以外，Excel 还提供了一种智能填充的数据复制方法。

简单复制：如果要将一个单元格中的数据复制到相邻的单元格或区域中，只要选中该单元格，将鼠标指针指向其右下角的填充柄（见图 2.2）拖动，释放鼠标后，可以看到凡是拖过的单元格中都写入了相同的内容（见图 2.3）。

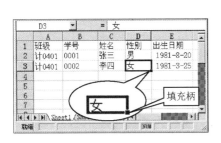

图 2.2　复制前

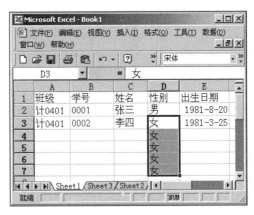

图 2.3　复制后

智能填充：如果活动单元格中的数据是枚举类型的（如"星期一""January"等），则拖动后得到的结果并不是简单复制，而是被智能地填充为"星期二、星期三……"和"February、March，……"等（见图 2.4）。

智能填充不是武断的，在假设填充操作后，填充区右下角会出现一个"智能填充选项"图标，单击它会展开填充选项列表（见图 2.5），用户可以根据自己的意愿推翻 Excel 的判断而选择需要的操作。

图 2.4　枚举型数据填充效果　　　　　　图 2.5　填充选项列表

更多填充方式：如果改用鼠标右键拖动，那么当释放鼠标时，就会弹出一个快捷菜单，其中列出了更多填充功能（见图 2.6），选择其中的"序列"菜单项，随即会弹出一个"序列"对话框（见图 2.7），选中"等差序列"单选按钮，同时设置"步长"为"2"，单击"确定"按钮后，就可以得到一个步长为 2 的等差数列（见图 2.8）。

图 2.6　快捷菜单　　　　　图 2.7　"序列"对话框　　　　图 2.8　等差数列填充效

2.4.3　窗口的冻结

一般在工作表第一行都会有一个标题行，而在第一列也通常会有关键字列（比如姓名、品名、编号等）。在浏览或编辑一个行、列数很多的工作表时会发现，当表格滚动之后，标题行或关键字列往往就看不见了，这样就会很不方便，可能造成编辑错位，将一个人的某一属性记到另一个人名下，或将语文成绩记到数学列下去了。为了解决这个问题，除了可以用窗口拆分的方法解决以外，Excel 还提供了一个专门的工具，那就是冻结窗格。利用这个方法，可以使得标题行或关键字列"冻结"住，不随其他数据一起滚动。下面来介绍具体实现方法。

打开一个工作表，如果要使第一行冻结，就将活动单元格置于第二行第一个单元格（也就是单击"A2"），再选择"视图"选项卡下"窗口"选项组中的"冻结窗格"选项，这样，第一行就被冻结了。试拖动垂直滚动条，第一行标题行始终坚守岗位，而下面的记录与标题行的关系一一对应，也就不容易造成错位了。如果要使第一列冻结，就将活动单元格置于第一行第二个单元格（"B1"）；如果要使第一行和第一列同时冻结，就将活动单元格置于第二行第二个单元格（"B2"），图 2.9 所示即冻结 1 行 1 列的情形。当然也可以冻结多行多列，以适应标题占用多行多列的情形。

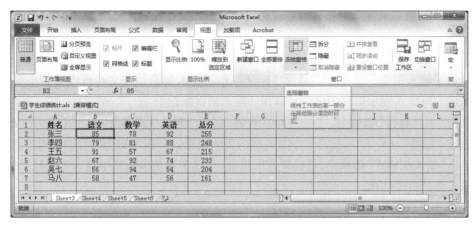

图 2.9 冻结 1 行 1 列

2.4.4 控制数据的有效性

在 Excel 中，为了避免在输入数据时出现过多错误，可以在单元格中设置数据有效性来进行相关的控制，从而保证数据输入的准确性，提高工作效率。

数据有效性，用于定义可以在单元格中输入或应该在单元格中输入的数据类型、范围、格式等。可以通过配置数据有效性以防止输入无效数据，或者在输入无效数据时自动发出警告。

数据有效性可以实现以下常用功能：

- 将数据输入限制为指定序列的值，以实现大量数据的快速、准确输入。
- 将数据输入限制为指定的数值范围，如指定最大最小值、指定整数、指定小数、限制为某时段内的日期、限制为某时段内的时间等。
- 将数据输入限制为指定长度的文本，如身份证号只能是 18 位文本。
- 限制重复数据的出现，如学生的学号不能相同。

设置数据有效性的操作步骤如下：

（1）选定要定义数据有效性的单元格或区域。

（2）单击"公式"选项卡"数据工具"选项组中的"数据有效性"按钮，在下拉列表中选择"数据有效性"命令，打开"数据有效性"对话框，如图 2.10 所示。

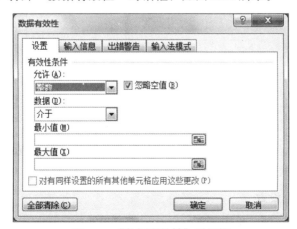

图 2.10 "数据有效性"对话框

（3）在"数据有效性"对话框中完成相应选项卡的操作设置。

- 单击"设置"选项卡，在"允许"下拉列表框中设置该单元格允许的数据类型，数据类型包括整数、小数、序列、日期、时间、文本长度以及自定义等。
- 单击"输入信息"选项卡，通过"标题"和"输入信息"中文本框内容的设置，使数据输入时将有提示信息出现，可以预防输入错误数据。
- 单击"出错警告"选项卡，通过"样式"设置，实现当输入无效数据时，可采取的处理措施。通过"标题"和"输入信息"中文本框内容的设置，可提示更为明确的错误信息。
- 单击"输入法模式"选项卡，通过模式的设置，可以实现在单元格中输入不同数据类型时，输入法的自动切换。

（4）单击"确定"按钮。

2.5　工作表的格式化

建立一张工作表后，可以建立不同风格的数据表现形式。通过对工作表的格式化可以更好地将工作表中的数据展现出来，更加清晰地显示出需要的数据，更好地提高工作效率。工作表的格式化，包括设置单元格的格式，如设置单元格中数据的数字格式、字体字号、条件格式、文字颜色等，以及设置单元格的边框、底纹（背景颜色）、对齐方式等。

2.5.1　单元格格式的设置

单元格格式包括数据类型、对齐方式、字体、边框、填充和保护等的设置。

单元格格式的设置在"设置单元格格式"对话框中进行（见图2.11），选择"开始"选项卡"单元格"选项组中的"格式"→"设置单元格格式"可打开该对话框，更方便的是通过快捷菜单中的"设置单元格格式"命令（见图2.12）。

图2.11　"设置单元格格式"对话框

图2.12　单元格格式入口

多数的格式如字体、字号、颜色、边框、底纹和背景等的设置与 Word 中的方法大同小异，以下就 Excel 特有的格式设置进行介绍。

1．单元格数据类型设置

选中一个单元格或区域，单击"开始"选项卡"单元格"选项组中的"格式"→"设置单元格格式"，打开"单元格格式"对话框，选择"数字"选项卡，左边可以看到"分类"列表框中列出了所有的预定义格式。其中最常用的是"数值"、"文本"和"日期"等，单击选中某一格式，再单击"确定"按钮，即完成了对所选单元格区域的格式设置。

2．单元格的合并与拆分

在许多场合中，表格中的内容需要突破默认表格线的限制（比如表头），可能会占据整个表格的宽度，而不是仅仅局限在某一个小小的单元格范围内。

（1）单元格的合并。单元格的合并即去掉多个单元格之间的表格线，并将其作为一个单元格来处理。将需要合并的单元格选中，然后在"设置单元格格式"对话框中选择"对齐"选项卡，选中下方的"合并单元格"复选框（见图 2.13），即可完成合并。

如果希望合并后内容居中显示，也可以通过单击"开始"选项卡下"对齐方式"选项组中的"合并后居中"按钮来实现（见图 2.14）。

图 2.13　对齐选项卡之合并单元格选项

图 2.14　"合并后居中"选项按钮

（2）单元格的拆分：如果要将合并过的单元格拆分，只需将上述"设置单元格格式"对话框中的"合并单元格"复选框前的对钩去掉即可。但是要注意，工作表创建时的默认单元格是 Excel 的最小数据存放单元，不能够再进行拆分，只有合并过的单元格才能拆分，故准确地说，应该是"取消合并"。

2.5.2　条件格式的使用

通过为单元格定义条件格式，可以赋予所有满足条件的单元格特殊的外观。现举例来说明条件格式的应用。本例是要将成绩表中小于 60 分的成绩单元格的用特殊颜色的文字和背景色突出显示。

（1）选择施加条件区域。选中所有的成绩数据。

（2）选择条件格式。单击"开始"选项卡"样式"选项组中的"条件格式"按钮，弹出条件格式下拉列表，如图 2.15 所示。

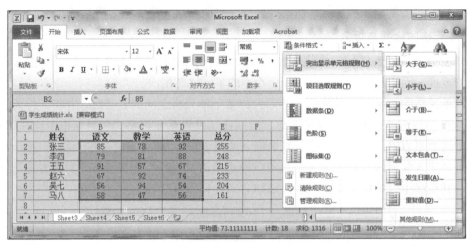

图 2.15　条件格式下拉列表

（3）定义条件表达式。单击"小于"选项，在弹出的"小于"条件格式对话框（见图 2.16）中，在"为小于以下值的单元格设置格式"的文本框中，输入"60"，然后在"设置为"下拉列表中选择一种现成的格式，或选择"自定义格式"来定义一种格式，

图 2.16　"小于"对话框

然后单击"确定"按钮即可使得满足条件的单元格突出显示，如图 2.17 所示。

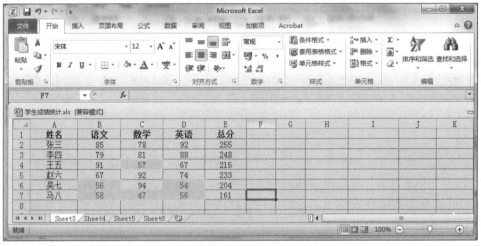

图 2.17　突出显示满足条件的单元格

2.5.3　行与列的格式化

1. 设置行高与列宽

新建工作表中行的高度与列的宽度都是默认的，如果需要改变行高与列宽，有三种方法。

（1）手动调整。将鼠标指针移动到相邻行号之间的分隔线上，当鼠标指针变成上下双向箭头时，拖动鼠标到适当的位置，就可以重新定义行高；同理可以改变列宽。

（2）设置行、列格式。先选中需要改变的行（可以选择多行），在"开始"选项卡"单元格"选项组中打开"格式"下拉列表，在其中选择"行高"或"列宽"选项（见图 2.18），然后在弹出的对话框中输入宽度或高度值（见图 2.19），确认后即可改变行高或列宽。

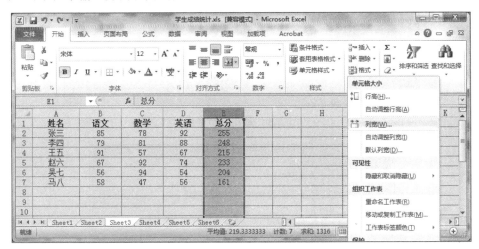

图 2.18　行高与列宽设置

（3）自动调整行高与列宽。先选中所有列，然后在"格式"菜单中选择"自动调整列宽"或"自动调整行高"菜单项，确认后，Excel会根据单元格内容的多少而自动确定每列的列宽度与行的高度。

上述操作同样可以使用快捷菜单命令实现。

图 2.19　自定义列宽值

2．行、列的隐藏与再现

在某些场合下，需要将某些数据隐藏起来，Excel 提供了现成的方法。

（1）行、列的隐藏。先选中需要隐藏的列（例如 B 列），然后在"格式"下拉列表中选择"隐藏和取消隐藏"→"隐藏列"，确认后即可发现 B 列不见了；同理可以隐藏选定的行。

（2）行、列的再现。同时选中被隐藏列的左右两列（如 A、C 两列），然后在"格式"下拉列表中选择"隐藏和取消隐藏"→"取消隐藏列"，发现 B 列又出现了；同理可以再现被隐藏的行。

上述操作同样可以使用快捷菜单命令实现。

2.5.4　预定义格式的套用

对 Excel 工作表的格式和外观有较高要求时，设置所有的格式需要较多的步骤。好在Excel 为准备好了许多预定义的格式模板，可以很方便地拿来套用。

（1）选定需要套用预定义的格式的数据区，通常是整个表格区域。

（2）在"开始"选项卡下"样式"选项组中打开"套用表格格式"下拉列表，会列出多个现成的模板，如图 2.20 所示。

（3）选择其中一个，确认后即可一次性快速完成全部格式的设置，如图 2.21 所示。

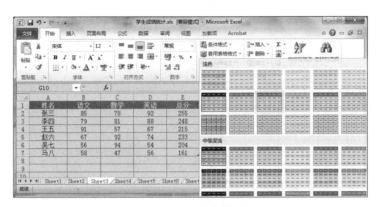

图 2.20 套用表格格式

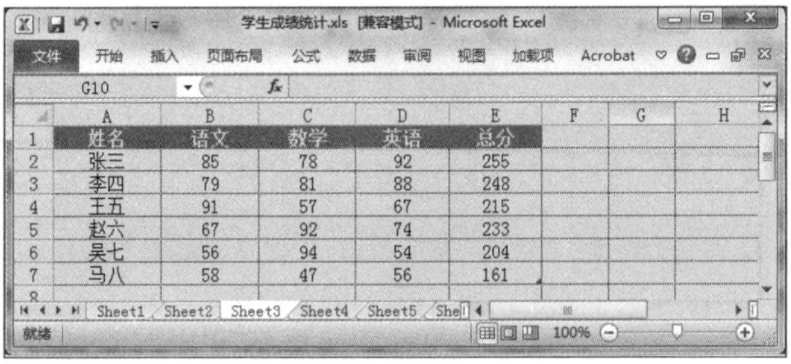

图 2.21 套用表格格式效果

2.5.5 页面设置与打印预览

要将 Excel 工作表的内容整齐、美观地制作成报表，不仅需要对工作表进行单元格层次上的格式化，还需要进行整个页面层次上的格式化，即"页面设置"。页面设置完成后，可以通过"打印预览"功能对输出效果进行检验，最后再进行打印。

在"页面布局"选项卡"页面设置"选项组中可以看到许多选项，可用于调整页边距、纸张方向、纸张大小、打印区域、打印标题等选项，如图 2.22 所示。

图 2.22 "页面设置"组

单击页面设置工具区右下角的小图标 ，可以弹出"页面设置"对话框，如图 2.23 所示，在其 4 个选项卡中也可以对页面设置的各个选项进行更改。

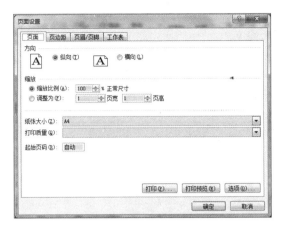

图 2.23 "页面设置"对话框

（1）纸张方向与缩放设置。可将纸张设置成"纵向"或"横向"；如果纸张容纳不下内容，可以进行缩小打印；可以选择标准的纸张大小，也可以自定义纸张的尺寸。

（2）页边距设置。在"页面设置"对话框中选择"页边距"选项卡，在其中可以调整页面的上下左右边距、表格在页面上的水平及垂直对齐方式等。

（3）页眉 / 页脚的自定义。在"页面设置"对话框中选择"页眉 / 页脚"选项卡，单击"自定义页眉"或"自定义页脚"按钮，即可以设计自己的页眉和页脚。

（4）工作表设置。在"页面设置"对话框中选择"工作表"选项卡，在打印区域选择框中可以选择需要打印的数据区域；在"打印标题"选择区中可以选择在每页都需要打印的构成表头的若干行；如果在单元格格式中未设置边框，在此还可以选择是否打印边框。

打印预览。在"页面设置"对话框中单击"打印预览"按钮，或选择"文件"→"打印"命令，可以进入打印预览视图，在其中可以再次设置页边距，或单击预览界面右下角的 图标，可以显示出边距，此时直接用鼠标拖动边距分界线，可以可视化地进行页边距和列宽的调整。

2.6 公式与函数

Excel 具有很强的计算能力，只要在单元格中创建所需要的计算公式，就可以动态地计算出相应的结果。通过 Excel 的公式，不仅可以执行各种普通数学运算与统计，还可以进行因果分析和回归分析等复杂运算。Excel 的函数实际上就是 Excel 预先定义好的一些复杂的计算公式，可以供用户通过简单的调用来实现某些复杂的运算，而无须用户再自己去书写公式。

2.6.1 公式

1. 公式的构成

公式由等号（"="）、常量、变量（单元格名称引用，如 B2）、运算符和函数等组成。Excel 可使用的运算符有"+"（加）、"-"（减）、"*"（乘）、"/"（除）、"∧"（乘方）、"%"（百分比）、双引号和左右括弧等。

2．公式的创建

选择一个单元格，输入等号"="，然后依次输入需要计算的数据（或单元格引用）和运算符，最后确认输入，此时单元格中显示的公式已经变成计算所得的结果了，不过只要选中该单元格，在编辑栏中看到的还是原始公式"=B2+C2+D2"（见图 2.24）。编辑公式可以在编辑栏中进行，也可以双击公式所在单元格，然后直接在其中编辑。

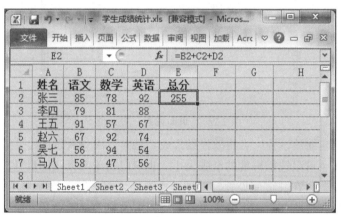

图 2.24　公式与编辑栏

3．单元格的引用

每一个单元格都有一个名字，如 A2、C5 等，单元格的名字就是变量名，单元格的内容则是变量的值。如果在公式中需要引用某单元格的值进行运算，可以直接输入该单元格的名字，也可以单击该单元格而自动完成引用。

4．相对引用与绝对引用

（1）相对引用。引用单元格时不是使用其绝对地址来定位，而是引用其相对地址（即被引用单元格相对于公式所在单元格的位置）来定位，如 C4 中的公式要引用 A1 单元格，公式中虽然写的是 A1，而实际引用的地址是左边第 2 列、上方第 3 行的位置。凡是直接书写单元格名字的引用都是相对引用。

（2）绝对引用。引用单元格时使用其绝对地址来定位，假如公式中要引用 A1 单元格，那么不论公式放在哪一个单元格中，被引用单元格的地址始终是 A1。绝对引用在公式中的书写规定是在单元格名字的列标和行号前各加上一个 $ 符号，即 $A$1。

（3）混合引用。引用单元格时列标使用绝对地址而行号使用相对地址，或者列标使用相对地址而行号使用绝对地址的引用方式，例如 $A1、B$3。

（4）跨表引用。前面讨论的单元格引用都是在同一张表中进行的，如果引用的单元格在另一张表中，则在引用时就需要加上表的名字和一个叹号，如 Sheet2!C4，引用的是 Sheet2表中的 C4 单元格。编辑公式时可以先单击被引用的工作表标签打开工作表，然后单击需要引用的单元格，最后按下【Enter】键即可完成引用。

> 注意：公式中所使用的所有表达式符号如运算符、引号、括号、函数名等必须为半角符号，运算数如文本常量、变量名等可以使用中文符号。

5．公式的复制与移动

公式的复制与移动的方法和单元格的复制与移动的方法相同，同样也可以通过填充方式进行批量复制。所不同的是，如果公式中含有单元格的相对引用，则复制或移动后的公式会根据当前所在的位置而自动更新。例如 E2 单元格中的公式为 =B2+C2+D2（见图 2.24），将其复制到 E3 后，公式变成了 =B3+C3+D3（见图 2.25），而 E4 中公式则为 =B4+C4+D4。这正是相对引用的妙处，使得公式的复制成为可能。

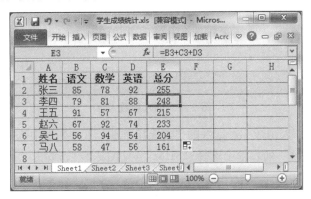

图 2.25　公式复制后的自动更新

思考：如果将 E2 中的公式向右方复制到 F2，公式会变成什么样？

2.6.2　常见函数的使用

在 Excel 中有 400 多个函数可供使用，以下介绍几个常用函数的调用方法，读者可以举一反三，学习掌握其他函数的使用。

1．求和函数 SUM()

类别：数学与三角函数。

功能：计算多个数字之和。

调用语法：SUM(Number1, Number2，...)

其中 Number1, Number2, ... 分别为需要求和的数据参数，参数可以是常数、单元格或连续单元格区域引用，如果是区域的引用，则参数应该是 REF1:REF2 的形式，其中 REF1 代表区域左上角单元格的名字，REF2 代表右下角单元格名字，例如 "A1:A30" "A1:F8"。

例如："=SUM(3, 2)" 的结果为 5。

如果单元格 "A1" 的值为 3，"A2" 的值为 5，则："=SUM(A1:A2)" 的结果为 8。

如果单元格 "A2" 至 "E2" 分别存放着 5，15，30，40 和 50，则："=SUM(A2:C2)" 的结果为 50；"=SUM(A1,B2:E2)" 的结果为 138。

下面通过一个实例来说明插入函数的步骤。

（1）选中要存放结果的单元格。

（2）选择 "公式" 选项卡下 "函数库" 选项组中的 "插入函数" 选项（见图 2.26），或者单击 "编辑栏" 左边的 f_x 按钮（单击 "Σ 自动求和" 按钮也可以快速生成求和公式）。

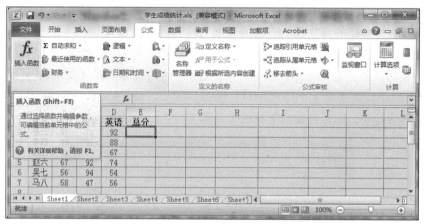

图 2.26　插入函数入口

（3）在弹出的"插入函数"对话框的"或选择类别"下拉列表中选择"数学与三角函数"，然后在下方"选择函数"列表框中选择"SUM"（见图 2.27），单击"确定"按钮。

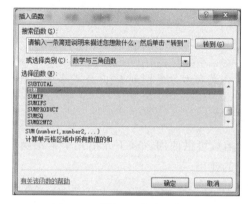

图 2.27　"插入函数"对话框

（4）此时弹出"函数参数"对话框（见图 2.28），在"Number1"输入框中输入需要求和的单元格区域（如"B2:D2"），最后单击"确定"按钮，即可完成公式的编辑。

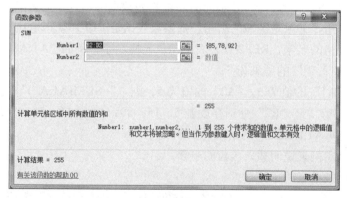

图 2.28　"函数参数"对话框

现在可以看到，公式为"=SUM（B2:D2）"，求得 3 门课的总分为 255（见图 2.29）。

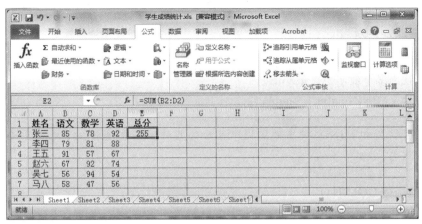

图 2.29　完成计算

（5）将公式向下复制，即可完成所有学生总分的自动计算。

技巧：如果不知道区域的引用名称，可以直接用鼠标在工作表中选取：单击"函数参数"对话框中"Number1"右侧的"折叠"按钮，对话框就会缩成一个横条，显露出工作表来，用鼠标选择需要求和的区域后，再次单击"折叠"按钮，则对话框又会展开，此时发现所选择的区域已经自动填写好，等所有参数选择完毕后，单击"确定"按钮，即可关闭对话框。如果事后还想通过"函数参数"对话框来修改公式，则需先选中公式所在单元格，再单击"编辑栏"左边的按钮 f_x 即可。

注意：参数区域中包含的非数值单元格和空单元格不参加求和运算。

2．求平均值函数 AVERAGE()

类别：统计。

功能：计算多个数字之平均值。

调用语法：AVERAGE(Number1, Number2, ...)

例如："=AVERAGE (7, 5)"的结果为 6。

如果单元格"A1"的值为 3，"A2"的值为 5，则："=AVERAGE (A1:A2)"的结果为 4。

如果单元格 A2 至 E2 分别存放着 10，15，30，45 和 50，则"=AVERAGE (A2:D2)"的结果为 25；"=AVERAGE (A2:B2, D2:E2)"的结果为 30。

注意：参数区域中包含的非数值单元格和空单元格不参加求平均值运算。

同样可以使用"函数参数"对话框编辑含有平均值函数的公式，以下不再重复。

3．求最大值函数 MAX()

类别：统计。

功能：找出多个数字中之最大值。

调用语法：MAX(Number1, Number2, ...)

例：设单元格 A2 至 E2 分别存放着 10，15，30，45 和 50，则"=MAX (A2:E2)"的结

果为 50。

4．求最小值函数 MIN()

类别：统计。

功能：找出多个数字中之最小值。

调用语法：MIN(Number1, Number2, ...)

> 注意：MAX 和 MIN 函数参数区域中包含的非数值单元格和空单元格不参加求最大（最小）值运算。

5．计数函数 COUNT()

类别：统计。

功能：计算数单元格区域中数值项的个数。

调用语法：COUNT (Value1, Value2, ...)

例：设单元格 A2 至 E2 分别存放着 10，15，Name，45 和 50，则"=COUNT (A2:E2)"的结果为 4。因为"Name"为非数字项。

6．条件选择函数 IF()

类别：逻辑。

功能：执行条件判断，根据逻辑测试的真假值返回不同的结果。该函数通过"函数参数"对话框来添加比较方便。

调用语法：IF(logical_test, value_if_true, value_if_false)

参数 Logical_test 为一个逻辑表达式，表示判断条件，其计算结果可以为 TRUE（真）或 FALSE（假）。例如表达式"5>3"的值为 TRUE，而表达式"5=3"的值为 FALSE。

参数 Value_if_true 是当 logical_test 为 TRUE 时返回的值，参数 Value_if_false 是当 logical_test 为 FALSE 时返回的值。

例：设单元格 A1 的值为 58，则"=IF(A1>59," 及格 "," 不及格 ")"的结果等于"不及格"，因为条件"A1>59"不成立，所以输出 Value_if_false 的值"不及格"。

> 注意：参数 Value_if_true 和 Value_if_false 可以是常量，也可以是函数和公式。

例：IF(A1>59," 及格 ",IF(A1>=40," 补考 "," 重修 "))。含义是：大于 59 分的输出"及格"，小于 60 分的输出由公式"IF(A1>=40," 补考 "," 重修 ")"来确定，大于等于 40 分的输出"补考"，小于 40 分的输出"重修"。

7．日期函数 TODAY、YEAR、MONTH、DAY

类别：日期与时间。

常用日期函数主要有以下几个：

（1）当前日期函数 TODAY()。

功能：返回计算机系统的当前日期，如果系统日期设置正确，则返回当天日期。

调用语法：TODAY()，没有参数，但括号不能省略。

例："=TODAY()"的返回值为系统的当前日期，如"2020-3-28"。

（2）求年份函数 YEAR()。

功能：返回某日期中的年份分量。

调用语法：YEAR(serial_number)，参数 serial_number 是一个日期型的量。

例："=YEAR（"2019-12-25"）"的返回值为"2019"，"=YEAR(TODAY())"的返回值为
"2019"（假定读者的系统时间为 2019 年）。

> 注意：参数也可以为变量，如果参数为常量，则必须用双引号限定。

（3）求月份函数 MONTH()。

功能：返回某日期中的月份分量。

调用语法：MONTH(serial_number)，参数 serial_number 是一个日期型的量。

例："=MONTH（"2019-9-25"）"的返回值为"9"。

（4）求日子函数 DAY()。

功能：返回某日期中的日子分量。

调用语法：DAY(serial_number)，参数 serial_number 是一个日期型的量。

例："=DAY(A1)"的返回值为"25"（假设"A1"单元格中为"2019-12-25"）。

2.7　数据处理的高级应用

计算机的主要功能之一是数据处理，将看似杂乱的数据经过处理后得到有用的信息。在
Excel 中，就提供了许多数据处理的工具，如排序、筛选和分类汇总等。

2.7.1　数据的排序

在多数情况下，工作表中的数据记录都是按照录入的时间顺序排列的，通常这并不是需
要的顺序，有时虽然是按某个关键字顺序录入的，但并不能满足使用中的多种需要。比如学
生成绩登记表，最初可能是按照学号的顺序录入的，当需要对某门考试成绩进行比较时，这
个顺序就没有意义了，就需要针对该门成绩进行排序；当需要对总分进行排队时，单科成绩
的次序又没有意义了，又需要重新排序。

经过 Microsoft 的多年努力，排序在 Excel 中已经是非常容易的事情了，再多的数据，只
需经过几个简单步骤便可轻松完成。主要的排序方法有三种：单字段排序、多字段排序和自
定义排序。

1．单字段排序

排序之前，先在待排序字段中单击任一单元格，然后排序。排序的方法有如下两种：

（1）单击"数据"选项卡下"排序和筛选"选项组中的"升序"按钮 或"降序"按钮
，即可实现该字段内容进行排序操作。

（2）单击"数据"选项卡下"排序和筛选"组中的"排序"按钮 ，打开"排序"对话
框，如图 2.30（a）所示。在对话框的"列"下的"主要关键字"下拉列表中，选择某一字
段名作为排序的主关键字，如职称。在"排序依据"下选择排序类型，若要按文本、数字或
日期和时间进行排序，可选择"数值"，若要按格式进行排序，可"单元格颜色"、"字体颜色"

或"单元格图标"。在"次序"下拉列表中选择"升序"或"降序"以指明记录按升序或降序排列。单击"确定"按钮，完成排序。

2．多字段排序

如果要对多个字段排序，则应使用"排序"对话框来完成。在"排序"对话框中首先选择"主要关键字"，指定排序依据和次序；而后单击"添加条件"按钮，此时在"列"下则增加了"次要关键字"及其排序依据和次序，如图 2.30（b）所示，可根据需要依次进行选择。若还有其他关键字，可再次单击"添加条件"按钮进行添加。在多字段排序时，首先按主要关键字排序，若主要关键字的数值相同，则按次要关键字进行排序，若次要关键字的数值也相同，则按第三关键字排序，以此类推。

（a）单字段排序 　　　　　　　　　　　（b）多字段排序

图 2.30 "排序"对话框

在图 2.30 所示的"排序"对话框中单击"选项"按钮，可弹出"排序选项"对话框（见图 2.31）。在该对话框中，还可设置区分大小写、按行、列排序，以及按字母、笔划排序等选项。

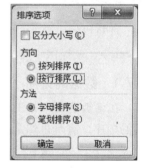

3．自定义排序

在实际的应用中，有时需要按照特定的顺序排列数据清单中的数据，特别是在对一些汉字信息的排列时，就会有这样的要求。例如，对图 2.32 所示职工档案管理工作表的职称列进行降序排序时，Excel 给出的排序顺序是"教授—讲师—副教授"，如果用户需要按照"教授—副教授—讲师"的顺序排列，这时就要用到自定义排序功能了。

图 2.31 "排序选项"对话框

1）按列自定义排序

具体操作步骤如下：

（1）打开图 2.32 所示的"职工档案管理"工作表，并将光标置于数据清单的一个单元格中。

（2）选择"文件"选项卡下的"选项"命令，在打开的"Excel 选项"对话框的左侧窗格选择"高级"，在右侧窗格中单击"常规"组中的"编辑自定义列表"按钮，弹出"自定义序列"对话框，如图 2.33 所示。在"自定义序列"列表框中选择"新序列"选项，在"输入序列"列表框中输入自定义的序列"教授""副教授""讲师"。输入的每个序列之间要用英文逗号隔开，或者每输入一个序列就按一次【Enter】键。

图 2.32 "职工档案管理"工作表

图 2.33 "自定义序列"对话框

（3）单击"添加"按钮，则该序列被添加到"自定义序列"列表框中，单击"确定"按钮，返回到"Excel 选项"对话框，再次单击"确定"按钮，则可返回到工作表中。

（4）单击"数据"选项卡下"排序和筛选"选项组中的"排序"命令按钮，在打开的"排序"对话框中单击"次序"下拉按钮，从下拉列表中选择"自定义序列"，打开"自定义序列"对话框。

（5）在"自定义序列"列表框中选择刚刚添加的排序序列，单击"确定"按钮，返回到"排序"对话框中。此时，在"次序"下拉列表框中则显示为"教授，副教授，讲师"，同时，在"次序"下拉列表中显示了"教授，副教授，讲师"和"讲师，副教授，教授"两个选项，分别表示降序和升序，如图 2.34 所示。

图 2.34 "排序"对话框

（6）选择"教授，副教授，讲师"，单击"确定"按钮，记录就按照自定义的排序次序进行排列，如图 2.35 所示。

图 2.35 按列自定义排序结果

2）按行自定义排序

按行自定义排序的操作过程和按列自定义排序的操作过程基本相同。在图 2.31 所示的"排序选项"对话框的"方向"选项组中选中"按行排序"单选按钮即可。

2.7.2 记录的筛选

筛选（或过滤）是 Excel 提供的一个非常有用的数据处理工具，其功能是将指定区域中满足条件的记录挑选出来单独处理或浏览，而将不满足条件的记录隐藏起来。例如，可以在成绩登记表中将考试成绩不及格的记录挑选出来；可以从职工档案表中将职称为"工程师"的记录查找出来；也可以从工资表中将"基本工资"小于 1 000 元的记录过滤出来。

Excel 提供了两种筛选工具：自动筛选和高级筛选。下面分别举例说明两种筛选的基本操作方法，请读者举一反三，自己练习不同应用中的数据筛选。

假设有一工资表如图 2.36 所示，现在要将其中职称为"讲师"或者"工资"少于或等于 1 000 元的记录筛选出来。

1. 自动筛选

（1）首先单击工资表中任何一个单元格（必要步骤，表示要对这个表格进行操作），再单击"数据"选项卡的"排序和筛选"选项组中的"筛选"按钮，此时可以看到每列的列标题右侧多出来一个下拉按钮（见图 2.37）。

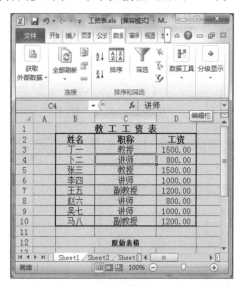

图 2.36 原始工资表

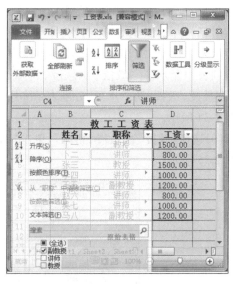

图 2.37 自动筛选

（2）在"职称"下拉列表中取消"（全选）"，勾选"讲师"，这时，除了 4 名讲师外，其余不满足筛选条件的记录都被隐藏了（见图 2.38）。如果要去掉筛选结果而恢复原表，在下拉列表中勾选"（全选）"即可。

（3）现在要将"讲师"中"工资"少于 1 000 元的记录过滤出来，就需要再对"工资"列进行筛选：在"工资"下拉列表中选择"数字筛选"，并且在子菜单中选择"小于"选项（见图 2.39）。

图 2.38 "讲师"筛选结果

图 2.39 "数字筛选"选项

(4) 在弹出的"自定义自动筛选方式"对话框（见图 2.40）的"小于"条件后中输入"1000"，单击"确定"按钮，就筛选出了所有满足"工资"少于 1 000 元条件的记录（见图 2.41）。这样就实现了一种在不同列上的组合筛选。

图 2.40 "自定义自动筛选方式"对话框

图 2.41 "工资小于 1 000 元的讲师"筛选结果

如果要在同一列上进行多条件筛选，比如要筛选"工资"小于1 000元同时又大于等于900元的记录，就可以在图2.42所示对话框的第二行定义第二个条件"大于或等于""900"，然后选择两个条件之间的逻辑关系为"与"，最后单击"确定"按钮即可完成。

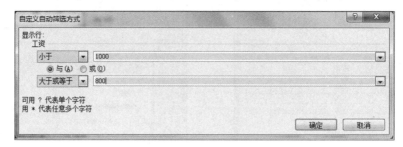

图2.42　组合条件筛选

2．高级筛选

还是同一个例子，将职称为"讲师"或者"工资"少于或等于1 000元的记录筛选出来。

（1）构建条件区域。在原数据表区域之外随意找一个区域（不要与原数据表区域相连），按筛选条件构建一个图2.43所示的条件区域（最上方的标题"条件区域"不是必须的）。

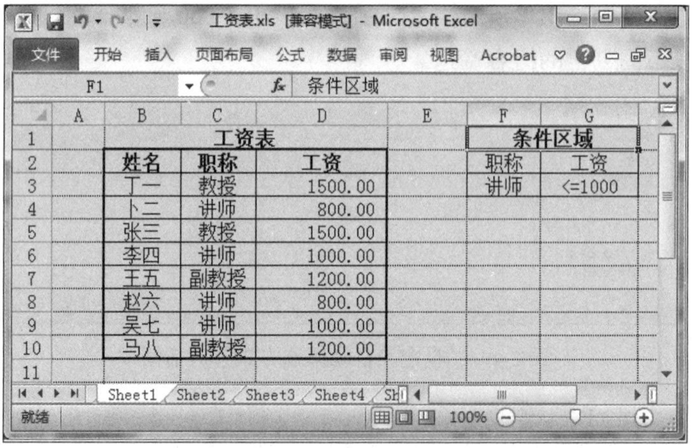

图2.43　构建条件区域

注意：条件区域的列标题和条件数据必须与原数据表中的完全相同，假如原始表中的列标题文本带有空格（例如"职称"），那么条件区域中也必须带有空格，因此，为了避免错误的发生，最好是从原数据区中复制列标题和条件数据。

（2）选中数据表区域。首先单击数据表区域中任意单元格，然后在"数据"选项卡下"排序和筛选"选项组选择"高级"（见图2.44），此时弹出"高级筛选"对话框，同时自动选中了数据表区域"$B$2:$D$10"（见图2.45）。

（3）选择条件区域。单击"高级筛选"对话框"条件区域"右侧的文本框，然后选中条件区域"F2:G3"（不要包含标题行"条件区域"），此时文本框中自动加入了"Sheet1!Criteria"或"$F$2:$G$3"（见图2.46）。

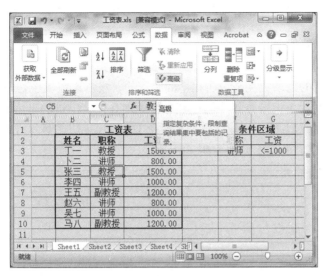

图 2.44 "高级筛选"入口

图 2.45 "高级筛选"对话框

图 2.46 选择条件区域

单击"确定"按钮,即可得到筛选结果(如图 2.47)。此时一些不符合条件的行被隐藏了,看左边行号便可知,所以条件区域有时只能看到一部分内容。

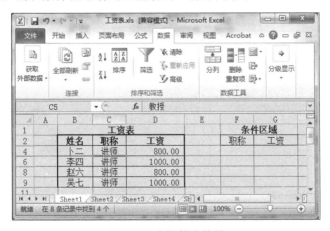

图 2.47 高级筛选结果

(4)恢复原数据表。如果想要去掉筛选效果,复原到完整的原数据表,可以单击"数据"选项卡下"排序和筛选"选项组中的"清除"按钮即可完成。

2.7.3 分类汇总

分类汇总是数据处理中经常需要用到的一种操作，例如在书店的图书月销售报表中需要知道本月每本图书的销售总量，而教材订购汇总表则需要将每个出版社的总销量和总金额统计出来，但是要统计的记录往往是分布在不同时段的，或者说在表中是不连续的，要靠人工在成千上万条记录中逐条记录查找并累计是非常烦琐且极易出错的事情，好在 Excel 为提供了现成的工具，可以非常方便快捷地实现分类汇总工作。下面以"教材订购汇总表"为例（见图 2.48），介绍分类汇总的基本操作方法。

图 2.48 教材订购汇总表

1．按分类关键字排序

首先将需要汇总的依据字段（例如"出版社"）进行排序（升序或降序均可），将同一关键字段的记录连续排列。如果同一关键字段的记录穿插在不同区域，那么将会进行多处汇总。排序后的表如图 2.49 所示。

图 2.49 按关键字段"出版社"排序的结果

2．进入分类汇总对话框

选择“数据”选项卡下的“分级显示”选项组，单击“分类汇总”图标（见图 2.50），即可弹出“分类汇总”对话框（见图 2.51）。

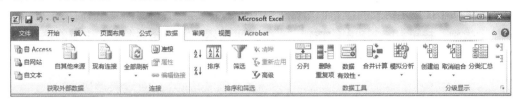

图 2.50　分类汇总入口

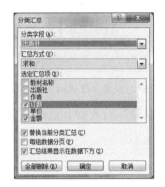

图 2.51　“分类汇总”对话框

3．分类汇总选项设置

在“分类字段”下拉列表中选择“出版社”，在“汇总方式”下拉列表中选择“求和”，在“选定汇总项”列表中勾选“订数”和“金额”，单击“确定”按钮，分类汇总即告完成（见图 2.52）。

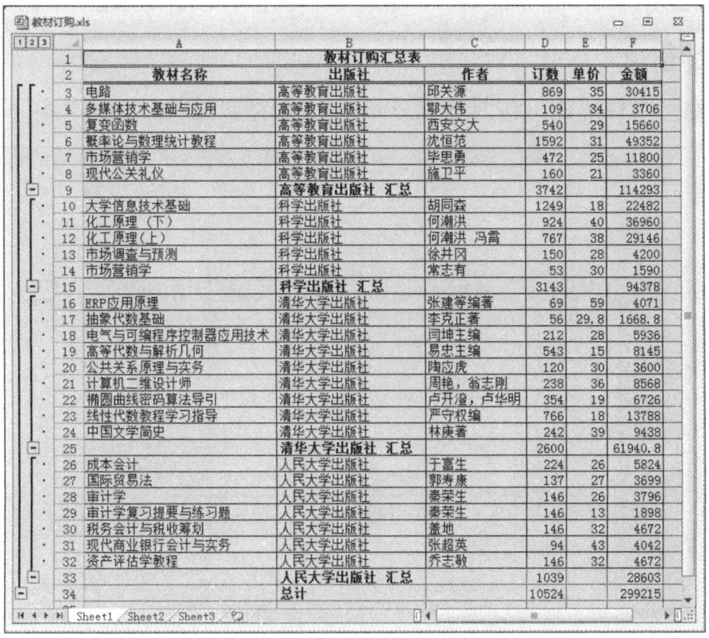

教材订购.xls

	A	B	C	D	E	F
1	教材订购汇总表					
2	教材名称	出版社	作者	订数	单价	金额
3	电路	高等教育出版社	邱关源	869	35	30415
4	多媒体技术基础与应用	高等教育出版社	鄂大伟	109	34	3706
5	复变函数	高等教育出版社	西安交大	540	29	15660
6	概率论与数理统计教程	高等教育出版社	沈恒范	1592	31	49352
7	市场营销学	高等教育出版社	毕思勇	472	25	11800
8	现代公关礼仪	高等教育出版社	施卫平	160	21	3360
9		高等教育出版社 汇总		3742		114293
10	大学信息技术基础	科学出版社	胡同森	1249	18	22482
11	化工原理（下）	科学出版社	何潮洪	924	40	36960
12	化工原理(上)	科学出版社	何潮洪 冯霄	767	38	29146
13	市场调查与预测	科学出版社	徐井冈	150	28	4200
14	市场营销学	科学出版社	常志有	53	30	1590
15		科学出版社 汇总		3143		94378
16	ERP应用原理	清华大学出版社	张建等编著	69	59	4071
17	抽象代数基础	清华大学出版社	李克正著	56	29.8	1668.8
18	电气与可编程序控制器应用技术	清华大学出版社	闫坤主编	212	28	5936
19	高等代数与解析几何	清华大学出版社	易忠主编	543	15	8145
20	公共关系原理与实务	清华大学出版社	陶应虎	120	30	3600
21	计算机二维设计师	清华大学出版社	周艳，翁志刚	238	36	8568
22	椭圆曲线密码算法导引	清华大学出版社	卢开澄，卢华明	354	19	6726
23	线性代数教程学习指导	清华大学出版社	严守权编	766	18	13788
24	中国文学简史	清华大学出版社	林庚著	242	39	9438
25		清华大学出版社 汇总		2600		61940.8
26	成本会计	人民大学出版社	于富生	224	26	5824
27	国际贸易法	人民大学出版社	郭寿康	137	27	3699
28	审计学	人民大学出版社	秦荣生	146	26	3796
29	审计学复习提要与练习题	人民大学出版社	秦荣生	146	13	1898
30	税务会计与税收筹划	人民大学出版社	盖地	146	32	4672
31	现代商业银行会计与实务	人民大学出版社	张超英	94	43	4042
32	资产评估学教程	人民大学出版社	乔志敏	146	32	4672
33		人民大学出版社 汇总		1039		28603
34		总计		10524		299215

Sheet1 Sheet2 Sheet3

图 2.52　“分类汇总”结果

4．查看汇总结果

从图 2.52 显示的分类汇总结果中可以看见"总计"（1级）、"×× 出版社汇总"（2级）和所有原始记录（3级）共三个级别的内容。其实在实际工作中，只看汇总结果就可以了，如果将大量的干扰显示结果的原始记录隐去，看上去会更清晰。操作方法很简单：单击左上方"显示级别"按钮组 1 2 3 中的按钮"2"，便可显示 2 级的分类汇总和 1 级的总计结果，而隐藏其他信息，看上去更清晰（如图 2.53）。

图 2.53　只显示 2 级以上汇总结果

单击级别 1 按钮可以仅显示"总计"行数据，单击级别 3 按钮则可以显示所有级别的数据和汇总数据。

2.8 数据图表化

图表具有较好的视觉效果，可方便用户查看数据的分布、走向、差异、交点、拐点和预测趋势。例如，用户不必分析工作表中的多个数据列就可以立即看到各个季度销售额的升降，或很方便地对实际销售额与销售计划进行比较。

Excel2010 中创建图表步骤非常简单，通过一个学生开支表来创建一个柱形图和一个饼图。

2.8.1　柱形图的创建

本小节来创建一个柱形图（按月开支分布图），原始数据表，如图 2.54 所示。

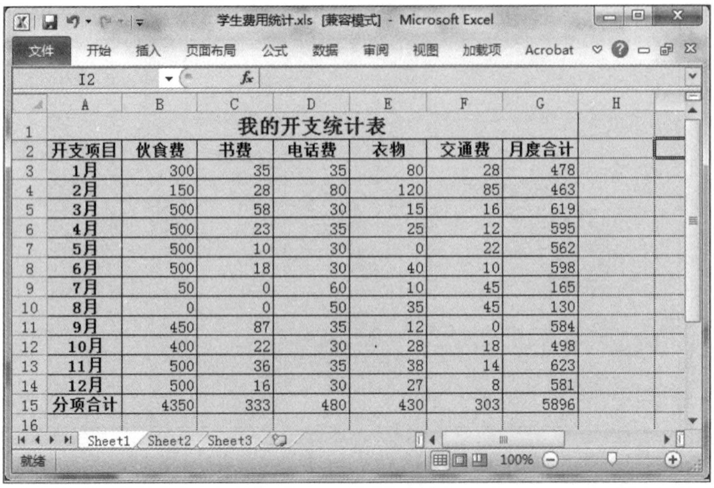

图 2.54　原始数据表

1．选择图表类型

展开"插入"选项卡下"图表"选项组，可以看见多种图表类型可供选择，单击"柱形图"，在展开的柱形图类型中选择"二维柱形图"，如图 2.55 所示。

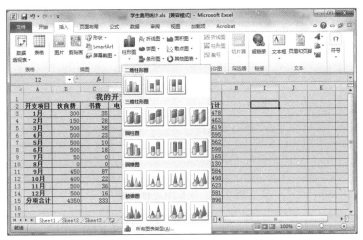

图 2.55　选择图表类型—柱形图

2．选择图表数据

先将图表占位符拖动到右下角，免得挡住数据区域。单击"图表工具"→"设计"选项卡"数据"选项组中的"选择数据"选项，弹出"选择数据源"对话框，如图 2.56 所示，单击"折叠"按钮，选择"电话费"列（包含列标题，不包含合计行），再取消折叠，即可看见图表的草稿，如图 2.57 所示。

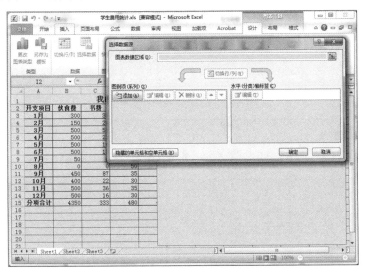

图 2.56　"选择数据源"对话框

3．选择 X 轴标志数据

单击"选择数据源"对话框"水平（分类）轴标签"下的"编辑"按钮，弹出"轴标签"对话框（见图 2.58），将"轴标签区域"选定为数据表 A 列的"1 月～ 12 月"12 个单元格，单击两次"确定"按钮，即可看到完成的图表，如图 2.59 所示。

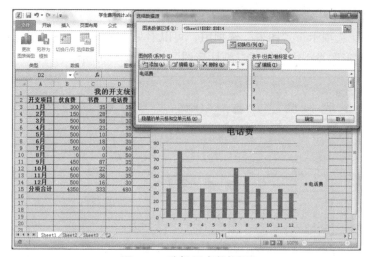

图 2.57　选择图表数据源

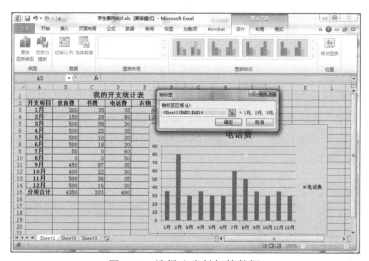

图 2.58　选择分类轴标签数据

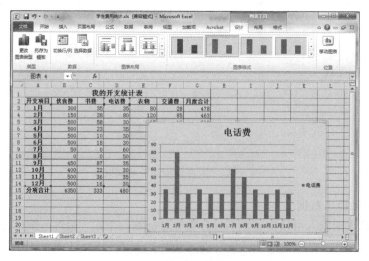

图 2.59　电话费按月开支分布图

2.8.2 三维饼图

本小节来创建一个三维饼图（某月份项开支比例图），这次选择"分离式三维饼图"，如图 2.60 所示。

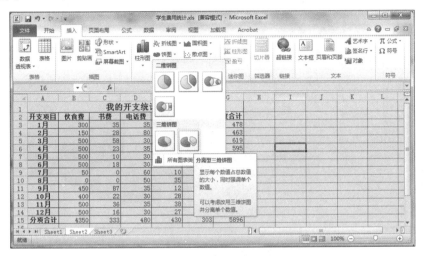

图 2.60　选择图表类型—饼图

1. 选择图表数据源

先将图表占位符移到右下角，免得挡住数据区域。选择 2 月这一行数据（不包含月度合计），如图 2.61 所示。

图 2.61　选择图表数据源

2. 选择分类轴标签

选中各项费用（B ~ F 列）的列标题行，如图 2.62 所示。

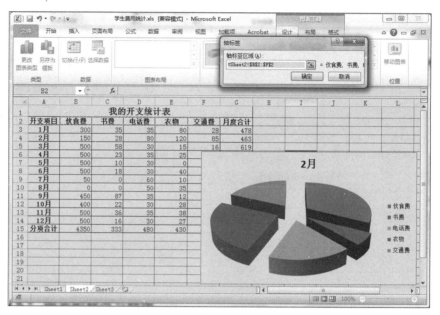

图 2.62 选择分类轴标签

3．改变图表布局

在"图表布局"选项组选择最左边的布局格式，预览新的图表布局样式，如图 2.63 所示。

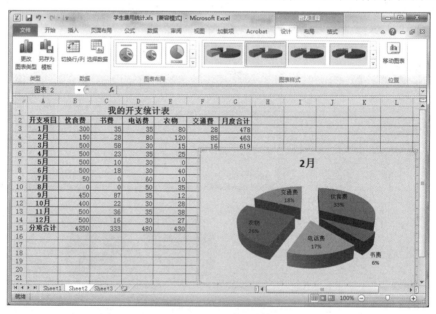

图 2.63 改变图表布局

4．编辑图表标题

单击图表标题，将"2 月"改写成"2 月份分项开支比例图"，如图 2.64 所示。至此，大功告成。

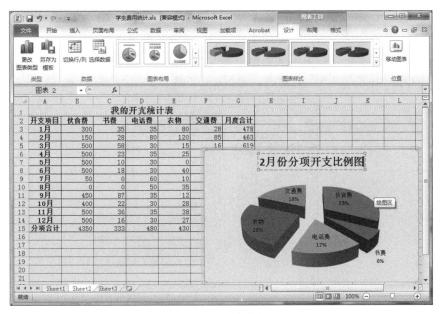

图 2.64　编辑图表标题

2.9　数据透视图表

数据透视表是一种可以从源数据列表中快速提取并汇总大量数据的交互式表格。使用数据透视表可以汇总、分析、浏览数据以及呈现汇总数据，达到深入分析数值数据、从不同的角度查看数据，并对相似数据的数值进行比较的目的。

2.9.1　数据透视表

创建数据透视表的步骤如下：

（1）单击数据区域任意单元格。

（2）单击"插入"选项卡"表格"选项组中的"数据透视表"按钮，在下拉列表中选择"数据透视表"命令，打开"创建数据透视表"对话框。

（3）通过"选择一个表或区域"或"使用外部数据源"选项按钮选择要分析的数据，选择"新工作表"或"现有工作表"的具体单元格来选择放置数据透视表的位置，单击"确定"按钮。

（4）生成透视表显示区域及"数据透视表字段列表"对话框，如图 2.65 所示。

在对话框的上部有相应的复选框，分别是数据列表中的字段。每一个复选框都可拖动到"数据透视表字段列表"对话框中下部的"报表筛选"、"行标签"、"列标签"和"数值"相应区域内，作为数据透视表的行、列、数据。

- "报表筛选"是数据透视表中指定报表的筛选字段，它允许用户筛选整个数据透视表，以显示单项或者所有项的数据。
- "行标签"用来放置行字段。行字段是数据透视表中为指定行方向的数据清单的字段。
- "列标签"用来放置列字段。列字段是数据透视表中为指定列方向的数据清单的字段。
- "数值"用来放置进行汇总的字段。

若要删除已拖至表内的字段，只需将字段拖到表外即可，或取消对相应的复选框的勾选。或单击字段名右侧的下拉按钮，选择"删除字段"命令。数值区默认的是求和项。如果采用新的计算方式，可以单击"数值"文本框中要改变的字段，在弹出的列表中选择"值字段设置"命令，打开"值字段设置"对话框，进行相应的操作。

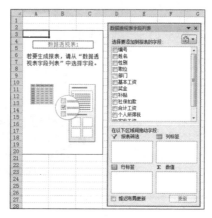

图 2.65 "数据透视表字段列表"对话框

2.9.2 数据透视图

通过数据透视表分析数据后，为了直观查看数据情况，可以根据数据透视表进一步制作数据透视图。

（1）基于工作表数据创建数据透视图。"数据透视图"的操作步骤与方法和"数据透视表"基本相似。只需在步骤（2）中选择"数据透视图"，其余操作步骤不变。

（2）基于现有的数据透视表创建数据透视图。选择数据透视表，单击"数据透视表工具"→"选项"选项卡"工具"选项组中的"数据透视图"按钮，打开"插入图表"对话框，如图 2.66 所示，在左侧窗格中选择需要的模板，在右侧窗格中选择具体样式，单击"确定"按钮，制作出数据透视图。

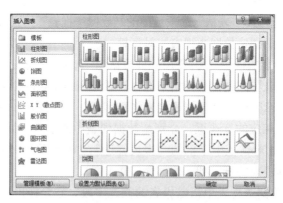

图 2.66 "插入图表"对话框

数据透视图和数据透视表是相互联系的，改变数据透视表，数据透视图将发生相应的变化；反之，若改变数据透视图，则数据透视表也发生相应变化。

2.10　模拟分析和运算

模拟分析是指通过更改某个单元格中的数值来查看这些更改对工作表中引用该单元格的公式结果的影响的过程。通过使用模拟分析工具，可以在一个或多个公式中试用不同的几组值来分析所有不同的结果。

Excel 附带了三种模拟分析工具：方案管理器、模拟运算表和单变量求解。方案管理器和模拟运算表可获取一组输入值并确定可能的结果。单变量求解则是针对希望获取的结果确定生成该结果的可能的各项值。

2.10.1　单变量求解

单变量求解用来解决以下问题：先假定一个公式的计算结果是某个固定值，当其中引用的变量所在单元格应取值为多少时该结果才成立。实现单变量求解的基本方法如下：

（1）为实现单变量求解，在工作表中输入基础数据，构建求解公式并输入到数据表中。

（2）单击选择用于产生特定目标数值的公式所在的单元格。

（3）在数据"选项"选项卡上的"数据工具"选项组中，单击"模拟分析"按钮，从下拉列表中选择"单变量求解"命令，如图 2.67 所示，打开"单变量求解"对话框。

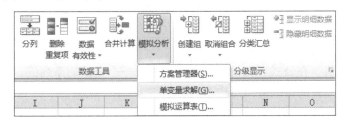

图 2.67　选择"单变量求解"

（4）在该对话框中设置用于单变量求解的各项参数。

（5）单击"确定"按钮，弹出"单变量求解状态"对话框，同时数据区域中的可变单元格中显示单变量求解值。

（6）单击"单变量求解状态"对话框中的"确定"按钮，得出计算结果。

2.10.2　模拟运算表

模拟运算表的结果显示在一个单元格区域中，它可以测算将某个公式中一个或两个变量替换成不同值时对公式计算结果的影响。模拟运算表最多可以处理两个变量，但可以获取与这些变量相关的众多不同的值。模拟运算表依据处理变量个数的不同，分为单变量模拟运算表和双变量模拟运算表两种类型。

1. 单变量模拟运算表

若要测试公式中一个变量的不同取值如何改变相关公式的结果，可使用单变量模拟运算表。在单列或单行中输入变量值后，不同的计算结果便会在公式所在的列或行中显示。

（1）为了创建单变量模拟运算表，首先要在工作表中输入基础数据与公式。

（2）选择要创建模拟运算表的单元格区域，其中第一行（或第一列）需要包含变量单元格和公式单元格。

（3）在"数据"选项卡上的"数据工具"选项组中，单击"模拟分析"按钮，从下拉列表中选择"模拟运算表"命令，如图 2.68 所示，打开"模拟运算表"对话框。

（4）指定变量值所在的单元格。如果模拟运算表变量值输入在一列中，应在"输入引用列的单元格"框中选择第一个变量值所在的位置。如果模拟运算表变量值输入在一行中，应在"输入引用行的单元格"框中选择第一个变量值所在的位置。

（5）单击"确定"按钮，选定区域中自动生成模拟运算表。在指定的引用变量值的单元格中依次输入不同的值，右侧将根据设定公式测算不同的目标值。

图 2.68　选择"模拟运算表"

2．双变量模拟运算表

若要测试公式中两个变量的不同取值如何改变相关公式的结果，可使用双变量模拟运算表。在单列和单行中分别输入两个变量值后，计算结果便会在公式所在区域中显示。

（1）为了创建双变量模拟运算表，首先要在工作表中输入基础数据与公式，其中所构建的公式至少需要包括两个单元格引用。

（2）输入变量值。在公式所在的行从左向右输入一个变量的系列值，沿公式所在的列由上向下输入另一个变量的系列值。

（3）选择要创建模拟运算表的单元格区域，其中第一行和第一列需要包含公式单元格和变量值。公式应位于所选区域的左上角。

（4）在"数据"选项卡上的"数据工具"选项组中，单击"模拟分析"按钮，从下拉列表中选择"模拟运算表"命令，打开"模拟运算表"对话框。

（5）依次指定公式中所引用的行列变量值所在的单元格。

（6）单击"确定"按钮，选定区域中自动生成一个模拟运算表。此时，当更改模拟运算表中的单价或销量时，其对应的利润测算值就会发生变化。

2.11　宏的简单应用

宏是可运行任意次数的一个操作或一组操作，可用来自动执行重复任务。如果总是需要在 Excel 中重复执行某个任务，则可以录制一个宏来自动执行这些任务。在创建一个宏后，可以编辑宏，对其工作方式进行轻微更改。

2.11.1　录制宏前的准备工作

宏作为一类特殊的应用，在创建并运行之前，需要进行一些准备工作。

1．显示"开发工具"选项卡

录制宏需要用到"开发工具"选项卡，但是默认情况下，"开发工具"选项卡不会显示，因此需要进行下列设置。

（1）在"文件"选项卡上单击"选项"，打开"Excel 选项"对话框。

（2）在左侧的类别列表中单击"自定义功能区"，在右上方的"自定义功能区"下拉列表中选择"主选项卡"。

（3）在右侧的"主选项卡"列表中，单击选中"开发工具"复选框，如图 2.69 所示。

（4）单击"确定"按钮，"开发工具"选项卡显示在功能区中。

图 2.69 选中"开发工具"复选框

2．临时启用所有宏

由于运行某些宏可能会引发潜在的安全风险，具有恶意企图的人员（也称为黑客）可以在文件中引入破坏性的宏，从而导致在计算机或网络中传播病毒。因此，默认情况下，Excel禁用宏。为了能够录制并运行宏，可以设置临时启用宏，方法如下：

（1）在"开发工具"选项卡上的"代码"选项组中，单击"宏安全性"按钮，打开图 2.70所示的"信任中心"对话框。

图 2.70 在"信任中心"对话框

（2）在左侧的类别列表中单击"宏设置"，在右侧的"宏设置"区域下选择"启用所有宏"单选按钮。

（3）单击"确定"按钮。

2.11.2　录制宏

录制宏的过程就是记录鼠标点击操作和键盘键击操作的过程。录制宏时，宏录制器会记录下宏执行操作时所需的一切步骤，但是记录的步骤中不包括在功能区上导航的步骤。

（1）打开需要记录宏的工作簿文档，在"开发工具"选项卡上的"代码"选择组中，单击"录制宏"按钮，打开图2.71所示的"录制新宏"对话框。

（2）在"宏名"文本框中，为将要录制的宏输入一个名称。

（3）在"保存在"下拉列表中选择要用来保存宏的位置。

（4）在"说明"文本框中，可以输入对该宏功能的简单描述。

图2.71　"录制新宏"对话框

（5）单击"确定"按钮，退出对话框，同时进入宏录制过程。

（6）运用鼠标、键盘对工作表中的数据进行各项操作，这些操作过程均被记录到宏中。

（7）操作执行完毕后，在"开发工具"选项卡上的"代码"选项组中单击"停止录制"按钮。

（8）将工作簿文件保存为可以运行宏的格式。在"开始"选项卡上单击"另存为"命令，打开"另存为"对话框，在"保存类型"下拉列表中选择"Excel 启用宏的工作簿（*.xlsm）"，输入文件名，然后单击"保存"按钮。

2.11.3　运行宏

（1）打开包含宏的工作簿，选择运行宏的工作表（注意：包含宏的文档以 *.xlsm 为扩展名）。

（2）在"开发工具"选项卡上的"代码"选项组中，单击"宏"按钮，打开"宏"对话框。

（3）在"宏名"列表框中单击要运行的宏。

（4）单击"执行"按钮，Excel 自动执行宏并显示相应结果。

2.11.4　将宏分配给对象、图形或控件

（1）打开包含宏的工作簿，在工作表的适当位置创建对象、图形或控件。

（2）右击该对象、图形或控件，从弹出的快捷菜单中单击"指定宏"命令，打开"指定宏"对话框。

（3）在"指定宏"对话框的"宏名"列表框中，选择要分配的宏，然后单击"确定"按钮。

（4）单击已指定宏的对象、图形或控件，即可运行宏。

2.11.5　删除宏

不需要的宏可以删除，基本操作方法是：

（1）打开包含有宏的工作簿。

（2）在"开发工具"选项卡上的"代码"选项组中，单击"宏"按钮，打开"宏"对话框。

（3）在"位置"下拉列表中，选择含有需要删除宏的工作簿。

（4）在"宏名"列表框中，单击要删除的宏名称。

（5）单击"删除"按钮，弹出一个提示对话框。

（6）单击"是"按钮，删除指定的宏。

2.12　数据处理实验

本节以 Microsoft Excel 2010 为例，介绍数据处理及高级应用实验。Excel 是微软公司出品的 Office 系列办公软件中的一个组件，是一个非常出色的电子表格软件。我们只要将数据输入到 Excel 按规律排列的单元格中，便可依据数据所在单元格的位置，利用多种公式进行算术和逻辑运算，分析汇总单元格中的数据信息，并且可以把相关数据用各种统计图的形式直观地表示出来。因此，Excel 在金融、财税、统计、行政等许多领域得到了广泛的应用，有助于提高工作效率，实现办公自动化。

通过学习，读者应该掌握如下知识点：

（1）基本操作。工作簿的创建与保存；工作表的创建、删除、复制、移动、重命名等基本操作；行、列、单元格数据格式设置与内容编辑。

（2）公式和函数。单元格的相对引用与绝对引用；基本公式的建立、数据与公式的复制和智能填充；内嵌函数的使用，包括判断条件、参数范围、分支输出等的定义，以及函数的嵌套使用。

（3）数据库管理功能。数据的高级筛选、数据排序和分类汇总。

（4）数据透视图、表功能。创建、修改和修饰数据透视图表，用数据透视图表来直观地展示数据的比较、比例、分布、趋势等。

本节共安排了 11 个实验（包括 40 个任务）来帮助读者进一步熟练掌握学过的知识，强化实际动手能力。

实验 1　输入输出控制实验

让读者熟练掌握条件格式、输入输出控制、数据有效性来突出显示所关注的单元格或单元格区域，强调异常值，使用数据条、颜色刻度和图标集来直观地显示数据以及控制输入的文本或字符。

任务 1　条件格式使用

任务描述：

在答题文件夹下，打开"Exceltest01.xlsx"工作簿，在 Sheet1 中，使用条件格式将各科成绩不及格（<60）单元格中数字颜色设置为红色、加粗显示。注意：选中数据时，请不要连同列名一起选中。

操作步骤：

（1）选中 Sheet1 选中包含成绩数据的单元格，单击"开始"选项卡"样式"选项组中的

"条件格式"→"突出显示"→"小于"命令，在弹出的"小于"对话框中在"为小于以下值的单元格设置格式"的文本框中输入"60"，如图 2.72 所示。

（2）在"设置为"的下拉列表中选择"自定义格式"，在弹出的"设置单元格格式"列表框中的"颜色"下拉列表中选择"红色"，"字形"选择"加粗"（见图 2.73），单击"确定"按钮，完成条件格式设置，如图 2.74 所示。

图 2.72　设置条件格式　　　　　　　　　图 2.73　选择字体格式

图 2.74　完成条件格式设置

任务 2　输入格式控制

任务描述：

在答题文件夹下，打开"Exceltest01.xlsx"工作簿，在 Sheet2 的 A1 单元格中设置为只能录入 4 位文本。当录入位数错误时，提示错误原因，样式为"警告"，错误信息为"只能录入 4 位数字或文本"。

操作步骤：

（1）打开 Sheet2，选择"数据"选项卡"数据工具"选项组中的"数据有效性"，在弹出的下拉列表中选择"数据有效性"命令，弹出"数据有效性"对话框，在"设置"选项卡，"允许"下拉列表中选择"文本长度"，"数据"下拉列表中选择"等于"，"长度"文本框输入 4，如图 2.75 所示。

（2）在"出错警告"选项卡中，在"样式"下拉列表中选择"警告"，"错误信息"文本框中填入"只能录入 4 位数字或文本"（见图 2.76），单击"确定"按钮。

图 2.75　设置数据有效性　　　　　　　　图 2.76　设置出错警告

任务 3　正确输入分数及负数

任务描述：

在答题文件夹下，打开"Exceltest01.xlsx"工作簿，在 Sheet3 中的 A1 单元格中输入分数值 1/4，在 B2 单元格中输入负数值 -20。

操作步骤：

（1）打开 Sheet3，选中 A1 单元格，在 A1 单元格中输入"0 1/4"（见图 2.77），按【Enter】键，注意这里的 0 与 1/4 之间必须要有空格。

图 2.77　输入分数

（2）选中 B2 单元格，在单元格中输入"-20"，负号就是键盘上面横排数字 0 右边的键，在中文状态下输入，如图 2.78 所示。

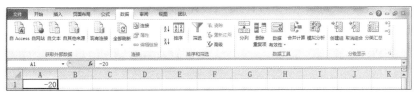

图 2.78　输入负数

任务 4 输入数字型字符串

任务描述：

在答题文件夹下，打开"Exceltest01.xlsx"工作簿，在 Sheet4 的 A1 单元格中正确输入身份证号码 340801200008080041。在 B1 单元格中输入手机号码 199201988966。

操作步骤：

（1）打开 Sheet5 工作表，选中 A1 单元格，将输入法切换至西文状态，在 A1 单元格中输入"'340801200008080041"，如图 2.79 所示。

图 2.79 输入身份证号

（2）选中 B1 单元格，将输入法切换至西文状态，在 B1 单元格中输入"'199201988966"，如图 2.80 所示。

图 2.80 输入手机号码

任务 5 设置数据有效性

任务描述：

在答题文件夹下，打开"Exceltest01.xlsx"工作簿，设置 Sheet5 的 A 列数据有效性为：不能输入重复的数据。

操作步骤：

打开 Sheet5 工作表，选中 A 列单元格，单击"数据"选项卡"数据工具"选项组中的"数据有效性"，在下拉列表中选择"数据有效性"命令。弹出"数据有效性"对话框在"设置"选项卡的"允许"下拉列表中选择"自定义"，在"公式"文本框中输入"=COUNTIF(A:A,A1)=1"（见图 2.81），单击"确定"按钮。

图 2.81 设置数据有效性

实验2 算术函数实验

让读者掌握求和函数、平均数函数、取余函数等一些基本算术函数的语法规格和实际应用。

任务 1 总分、平均分计算

任务描述：

在答题文件夹下，打开"Exceltest02.xlsx"工作簿，使用函数，根据 Sheet1 的数据，计算每位学生的总分和平均分，将计算结果保存到表中的"总分"列和"平均分"列中，平均分列小数位四舍五入。

操作步骤：

(1) 打开 Sheet1，选中 I2 单元格，单击"公式"选项卡"函数库"选项组中的"插入函数"，在弹出的"插入函数"对话框中选择 SUM 函数（见图 2.82），在弹出的"函数参数"对话框"Number1"参数框中输入"D2:H2"（见图 2.83），单击"确定"按钮并拖动填充柄至 I33 单元格，如图 2.84 所示。

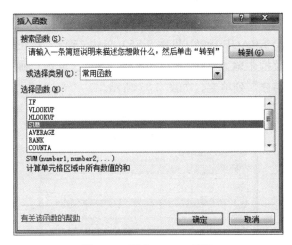

图 2.82　插入 SUM() 函数

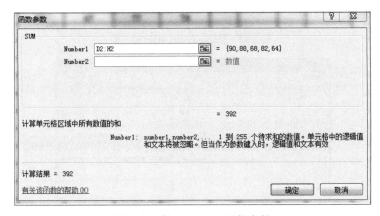

图 2.83　输入 SUM() 函数参数

图 2.84 完成"总分"列填充

（2）选中 J2 单元格，单击"公式"选项卡"函数库"选项组中的"插入函数"，在弹出的"插入函数"对话框中选择 AVERAGE 函数（见图 2.85），单击"确定"按钮。在弹出的"函数参数"对话框"Number1"参数框中输入"D2:H2"（见图 2.86），单击"确定"按钮，拖动填充柄至 J33 单元格完成"平均分"列填充，如图 2.87 所示。

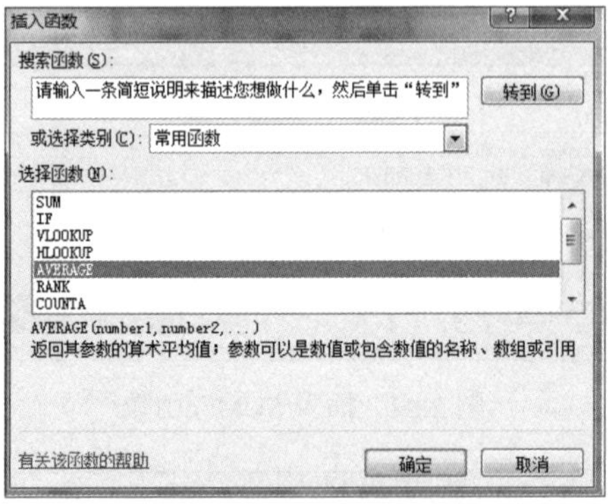

图 2.85 插入 AVERAGE() 函数

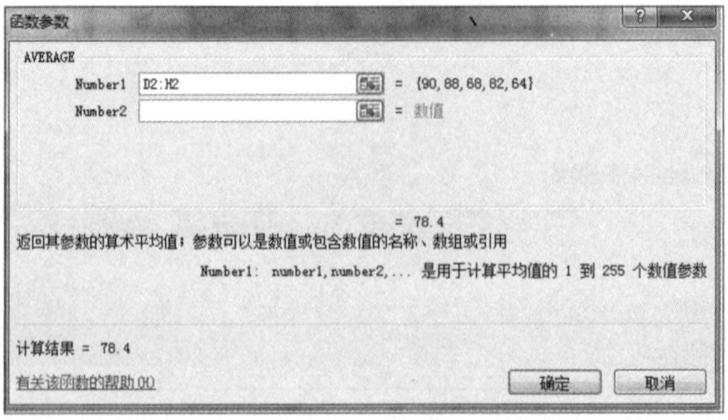

图 2.86 输入 AVERAGE() 函数参数

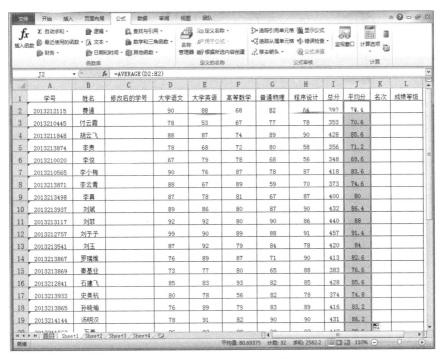

图 2.87 完成"平均分"列填充

任务 2 计算余数

任务描述：

在答题文件夹下，打开"Exceltest02.xlsx"工作簿，在 Sheet2 中，利用取余函数，计算出 A1、B1 和 A2、B2 的余数，将结果存放在 C 列中。

操作步骤：

打开 Sheet2 工作表，选中 C1 单元格，单击"公式"选项卡"函数库"选项组中的"插入函数"，在弹出的"插入函数"对话框中选择 MOD 函数（见图 2.88），单击"确定"按钮。在弹出的"函数参数"对话框"Number"参数框中输入 A1，在"Divisor"参数框中输入 B1（见图 2.89），单击"确定"按钮并拖动填充柄至 C2 单元格，完成"余数"列填充，如图 2.90 所示。

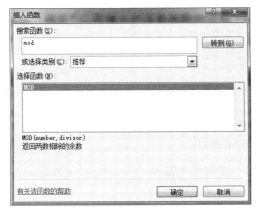

图 2.88 插入 MOD() 函数

图 2.89 输入 MOD() 函数参数

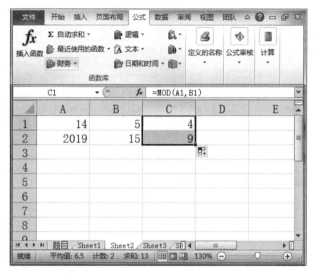

图 2.90 完成"余数"列填充

任务 3 求四个季度的最高气温

任务描述：

在答题文件夹下，打开"Exceltest02.xlsx"工作簿，使用函数，根据 Sheet3 中的数据，求出一、二、三、四季度最高温度，保存在相应单元格中。

操作步骤：

（1）打开 Sheet3 工作表，选中 B34 单元格，单击"公式"选项卡"函数库"选项组中的"插入函数"，在弹出的"插入函数"对话框中选择 MAX 函数（见图 2.91），单击"确定"按钮。

图 2.91 插入 MAX() 函数

（2）在弹出的"函数参数"对话框"Number1"参数框中输入"B3：B33"（见图 2.92），单击"确定"按钮并拖动填充柄至 F34 单元格，如图 2.93 所示。

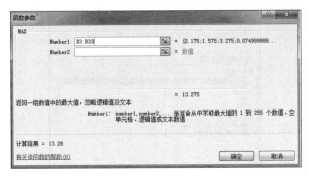

图 2.92 输入 MAX() 函数参数

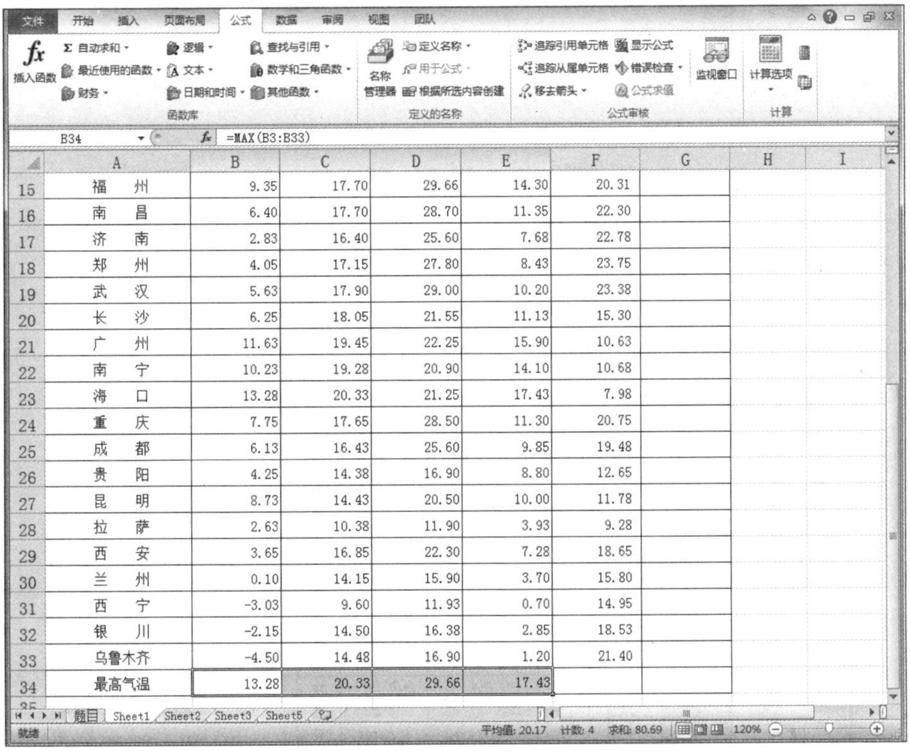

15	福 州	9.35	17.70	29.66	14.30	20.31			
16	南 昌	6.40	17.70	28.70	11.35	22.30			
17	济 南	2.83	16.40	25.60	7.68	22.78			
18	郑 州	4.05	17.15	27.80	8.43	23.75			
19	武 汉	5.63	17.90	29.00	10.20	23.38			
20	长 沙	6.25	18.05	21.55	11.13	15.30			
21	广 州	11.63	19.45	22.25	15.90	10.63			
22	南 宁	10.23	19.28	20.90	14.10	10.68			
23	海 口	13.28	20.33	21.25	17.43	7.98			
24	重 庆	7.75	17.65	28.50	11.30	20.75			
25	成 都	6.13	16.43	25.60	9.85	19.48			
26	贵 阳	4.25	14.38	16.90	8.80	12.65			
27	昆 明	8.73	14.43	20.50	10.00	11.78			
28	拉 萨	2.63	10.38	11.90	3.93	9.28			
29	西 安	3.65	16.85	22.30	7.28	18.65			
30	兰 州	0.10	14.15	15.90	3.70	15.80			
31	西 宁	-3.03	9.60	11.93	0.70	14.95			
32	银 川	-2.15	14.50	16.38	2.85	18.53			
33	乌鲁木齐	-4.50	14.48	16.90	1.20	21.40			
34	最高气温	13.28	20.33	29.66	17.43				

图 2.93 完成"最高气温"列填充

任务 4 计算两个季度的温度差

任务描述：

在答题文件夹下，打开"Exceltest02.xlsx"工作簿，使用数据公式，对 Sheet3 中的一季度与三季度相差温度值进行计算（三季度减一季度），并把结果保存在"季度温度差"列中，四舍五入保留小数 2 位。

操作步骤：

（1）打开 Sheet3 工作表，选中 F3 单元格，单击"公式"选项卡"函数库"选项组中的"插入函数"，在弹出的"插入函数"对话框中选择 ROUND 函数（见图 2.94），单击"确定"按钮。

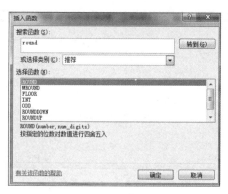

图 2.94　插入 ROUND() 函数

（2）在弹出的"函数参数"对话框"Number"参数框中输入"D3-B3"，在"Num_digits"参数框中输入"2"（见图 2.95），单击"确定"按钮并拖动填充柄至 F33 单元格完成"季度温度差"列填充，如图 2.96 所示。

图 2.95　输入 ROUND 函() 数参数

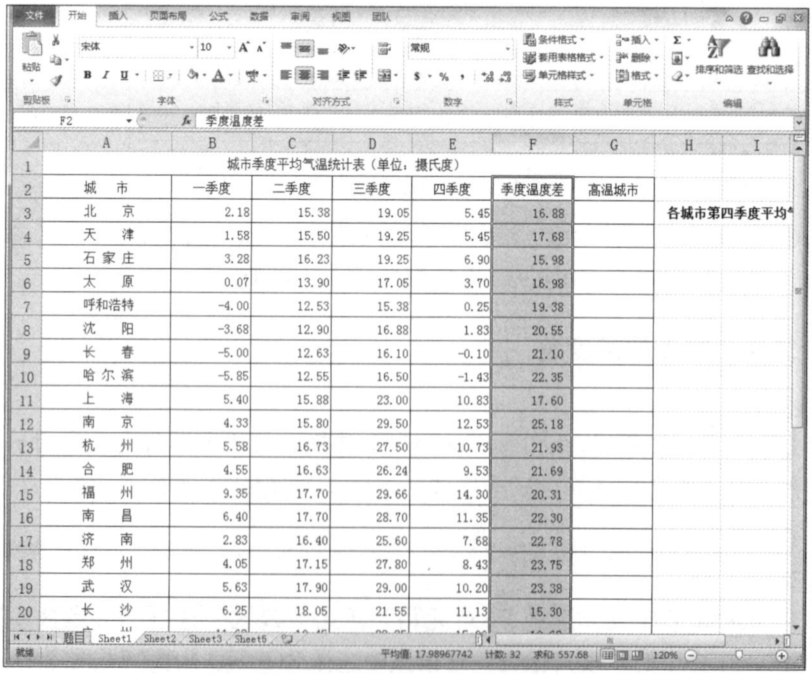

城　市	一季度	二季度	三季度	四季度	季度温度差	高温城市
北　京	2.18	15.38	19.05	5.45	16.88	
天　津	1.58	15.50	19.25	5.45	17.68	
石家庄	3.28	16.23	19.25	6.90	15.98	
太　原	0.07	13.90	17.05	3.70	16.98	
呼和浩特	-4.00	12.53	15.38	0.25	19.38	
沈　阳	-3.68	12.90	16.88	1.83	20.55	
长　春	-5.00	12.63	16.10	-0.10	21.10	
哈尔滨	-5.85	12.55	16.50	-1.43	22.35	
上　海	5.40	15.88	23.00	10.83	17.60	
南　京	4.33	15.80	29.50	12.53	25.18	
杭　州	5.58	16.73	27.50	10.73	21.93	
合　肥	4.55	16.63	26.24	9.53	21.69	
福　州	9.35	17.70	29.66	14.30	20.31	
南　昌	6.40	17.70	28.70	11.35	22.30	
济　南	2.83	16.40	25.60	7.68	22.78	
郑　州	4.05	17.15	27.80	8.43	23.75	
武　汉	5.63	17.90	29.00	10.20	23.38	
长　沙	6.25	18.05	21.55	11.13	15.30	

城市季度平均气温统计表（单位：摄氏度）

各城市第四季度平均

图 2.96　完成"季度温度差"列填充

任务 5　统计报考科目的总分数及总人数

任务描述：

在答题文件夹下，打开"Exceltest02.xlsx"工作簿，在 Sheet4 工作表中使用统计函数，统计报考"小学音乐"的总人数，存入 J13 单元格中，统计报考"小学音乐"所有人的总分数，存入 J14 单元格中。

操作步骤：

（1）打开 Sheet4 工作表，选中"J13"单元格，单击"公式"选项卡"函数库"选项组中的"插入函数"，在弹出的"插入函数"对话框中选择 COUNTIF 函数（见图 2.97），单击"确定"按钮，在弹出的"函数参数"对话框"Range"参数框中输入"B13:B42"，"Criteria"参数框中输入"小学音乐"（见图 2.98），单击"确定"按钮。

图 2.97　插入 COUNTIF() 函数

图 2.98　输入 COUNTIF() 函数参数

（2）选中"J14"单元格，单击"公式"选项卡"函数库"选项组中的"插入函数"，在弹出的"插入函数"对话框中选择 SUMIF 函数（见图 2.99），单击"确定"按钮，在弹出的"函数参数"对话框"Range"参数框中输入"B13:B42"，"Criteria"参数框中输入"小学音乐"，"Sum_range"参数框中输入"G13:G42"（见图 2.100），单击"确定"按钮，如图 2.101 所示。

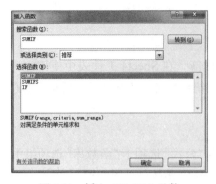

图 2.99　插入 SUMIF() 函数

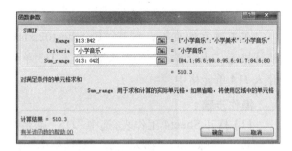

图 2.100　输入 SUMIF() 函数参数

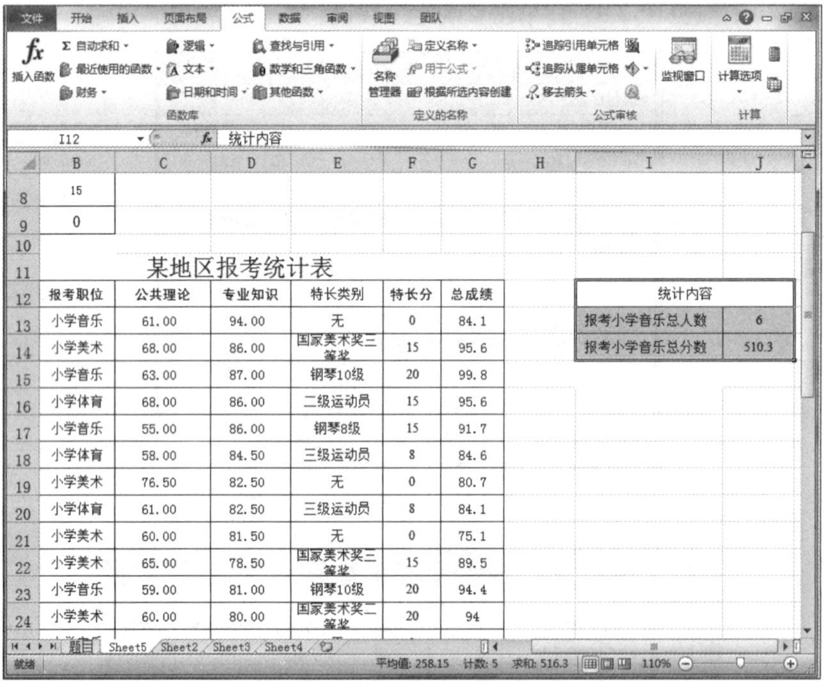

报考职位	公共理论	专业知识	特长类别	特长分	总成绩
小学音乐	61.00	94.00	无	0	84.1
小学美术	68.00	86.00	国家美术奖三等奖	15	95.6
小学音乐	63.00	87.00	钢琴10级	20	99.8
小学体育	68.00	86.00	二级运动员	15	95.6
小学音乐	55.00	86.00	钢琴8级	15	91.7
小学体育	58.00	84.50	三级运动员	8	84.6
小学美术	76.50	82.50	无	0	80.7
小学体育	61.00	82.50	三级运动员	8	84.1
小学美术	60.00	81.50	无	0	75.1
小学美术	65.00	78.50	国家美术奖三等奖	15	89.5
小学音乐	59.00	81.00	钢琴10级	20	94.4
小学美术	60.00	80.00	国家美术奖二等奖	20	94

图 2.101　完成总人数和总分数统计

实验 3　日期时间函数实验

让读者掌握 NOW()、DAY()、MONTH() 等时间日期函数返回当前的时间日期信息，同时掌握这些函数的语法规则和实际应用。

任务 1　计算出生日期

任务描述：

在答题文件夹下，打开“Exceltest03.xlsx”工作簿，在 Sheet1 中，利用日期函数、文本子字符串截取函数，根据身份证号码中第 7 位到第 14 位的 8 位信息，计算每人的出生日期，并填入“出生日期”列。

操作步骤：

（1）打开 Sheet1，选中 C2 单元格，单击"公式"选项卡"函数库"选项组的"插入函数"，在弹出的"插入函数"对话框中选择 DATE 函数（见图 2.102），单击"确定"按钮。

（2）在弹出的"函数参数"对话框"Year"参数框中输入"MID(A2,7,4)"，在"Month"参数框中输入"MID(A2,11,2)"，在"Day"参数框中输入"MID(A2,13,2)"（见图 2.103），单击"确定"按钮，拖动填充柄至 C22 单元格，完成"出生日期"列填充操作，如图 2.104 所示。

图 2.102 插入 DATE() 函数

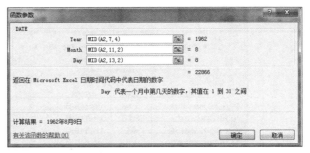

图 2.103 输入 DATE() 函数参数

图 2.104 完成"出生日期"列填充

任务 2 计算学生年龄

任务描述：

在答题文件夹下，打开"Exceltest03.xlsx"工作簿，在 Sheet1 中，利用合适的日期函数，计算每个人的年龄（现在的年份减去出生年份），填写到"年龄"列中。

操作步骤：

打开 Sheet1 工作表，在 D2 单元格中输入 "=YEAR(NOW())-YEAR(C2)"（见图 2.105），拖动填充柄至 D22 单元格完成 "年龄" 列填充，如图 2.106 所示。

图 2.105　输入日期函数

图 2.106　完成 "年龄" 列填充

任务 3　计算家电保修截止日期

任务描述：

在答题文件夹下，打开 "Exceltest03.xlsx" 工作簿，在 Sheet3 工作表中使用时间函数，根据 "出厂日期" 计算家电保修截止日期，一般家电的保修期位 36 个月，存入 "保修截止时间" 列中。

操作步骤：

（1）打开 Sheet3 工作表，选中 E2 单元格，单击 "公式" 选项卡 "函数库" 选项组中的 "插入函数"，在弹出的 "插入函数" 对话框中选择 DATE 函数（见图 2.107），单击 "确定" 按钮。

（2）在弹出的 "函数参数" 对话框的 "Year" 参数框中输入 "YEAR(D2)"，"Month" 参数框中输入 "MONTH(D2)+36"，"Day" 参数框中输入 "DAY(D2)"（见图 2.108），单击 "确

定"按钮。拖动填充柄至 E12 单元格，如图 2.109 所示。

图 2.107　插入 DATE() 函数

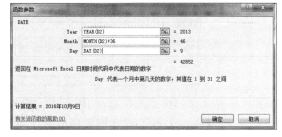

图 2.108　输入 DATE() 函数参数

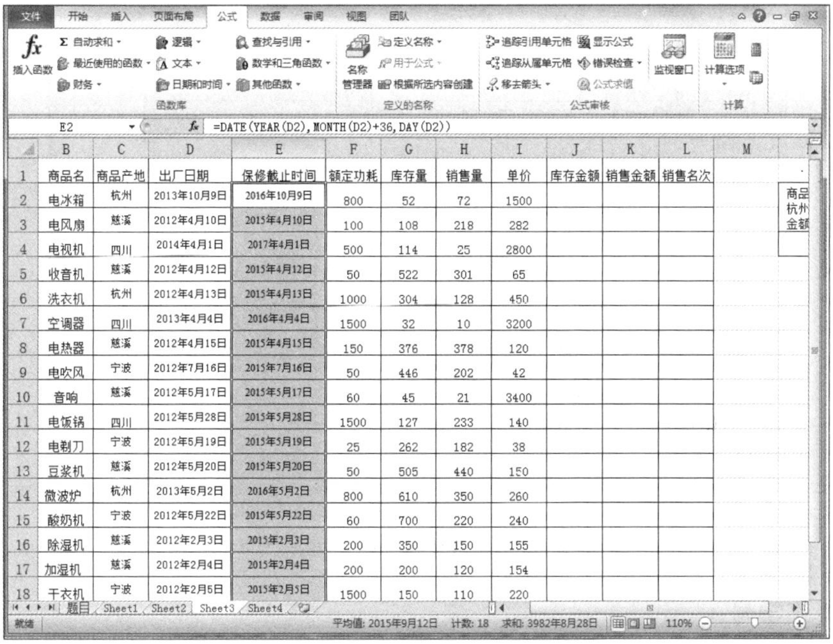

图 2.109　完成"保修截止时间"列填充

实验 4　文本函数实验

让读者掌握 FIND()、REPLACE()、TEXT()函数的语法格式以及实际应用，完成对字符串的定位、替换等相关操作。

任务 1　判断字符串出现位置

任务描述：

在答题文件夹下，打开"Exceltest04.xlsx"工作簿，在 Sheet2 中，C 列和 D 列分别存放着字符串 1 和字符串 2，利用函数判断字符串 2 在字符串 1 出现的位置，将对应的计算结果存放到 E2：E21 单元格中。

操作步骤：

（1）打开 Sheet2，选中 E2 单元格，在函数输入框中输入"=FIND(D2,C2)"，如图 2.110 所示。

图 2.110　输入 FIND() 函数

（2）按【Enter】键，拖动填充柄至 E21 单元格完成填充操作，如图 2.111 所示。

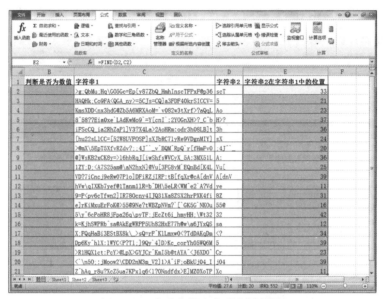

图 2.111　完成字符串出现位置判断

任务 2　修改学号

任务描述：

在答题文件夹下，打开"Exceltest04.xlsx"工作簿，使用 REPLACE()函数，对 Sheet1 中"学号"进行修改。要求：将"学号"中的 2013 修改为 2010；将修改后的学号填入到表中的"修改后的学号"列中。例如，将 2013213871 修改为 2010213817。

操作步骤：

（1）打开 Sheet1，选中 C2 单元格，在函数输入框中输入"=REPLACE(A2,1,4,2010)"，如图 2.112 所示。

图 2.112　输入 REPLACE() 函数

（2）按【Enter】键，拖动填充柄至 C33 单元格完成"修改后的学号"列填充，如图 2.113 所示。

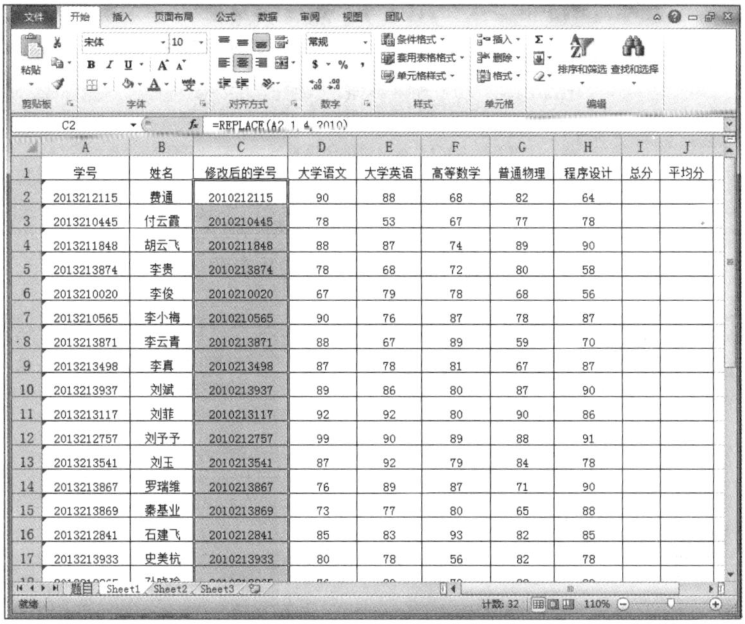

图 2.113　完成"修改后的学号"列填充

任务 3　将金额转换为大写

任务描述：

在答题文件夹下，打开"Exceltest04.xlsx"工作簿，根据 Sheet5 的 A1 单元格中的结果，转换为金额大写形式，保存在 Sheet5 中 A2 单元格中。

操作步骤：

（1）打开 Sheet5，选中 A2 单元格，单击"公式"选项卡"函数库"选项组中的"插入函数"，在弹出的"插入函数"对话框中选择 TEXT 函数（见图 2.114），单击"确定"按钮。

图 2.114　插入 TEXT() 函数

（2）在弹出的"函数参数"对话框的"Value"参数框中输入"A1"，在"Format_text"参数框中输入""DBNum2""（见图 2.115），单击"确定"按钮，如图 2.116 所示。

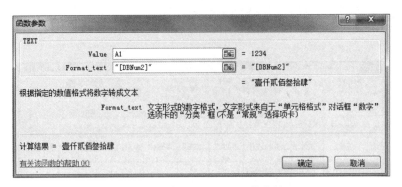

图 2.115　输入 TEXT() 函数参数

图 2.116　完成大写金额转换

实验 5　布尔函数实验

通关本实验的练习，让读者掌握 AND、OR 布尔函数的逻辑计算，确定布尔值的输出，并使读者能够更深入地理解上述知识点的应用价值。

任务 1　判断员工是否符合加工资的条件

任务描述：

在答题文件夹下，打开"Exceltest05.xlsx"工作簿，在 Sheet1 中，使用逻辑函数判断员工是否有条件加工资，结果填入名为"统计条件"的列中加工资条件为：职称为"助工"，基本工资不超过 1 250 的员工；符合条件填"YES"，否则"NO"。

操作步骤：

（1）选中 H2 单元格，单击"公式"选项卡"函数库"选项组中的"插入函数"，在弹出的"插入函数"对话框中选择 IF 函数（见图 2.117），单击"确定"按钮。

（2）在弹出的"函数参数"对话框的"Logical_test"参数框中输入"AND(C2=" 助工 "，D2<=1250)"，"Value_if_true"参数框中输入""YES""，"Value_if_false"参数框中输入""NO""（见图 2.118），单击"确定"按钮，拖动填充柄至 H22 单元格完成填充，如图 2.119 所示。

图 2.117　插入 IF() 函数

图 2.118　输入 IF() 函数参数

	A	B	C	D	E	F	G	H	I
2	20065398	王书洞	技术员	1268	500	240	96	2104	NO
3	20065401	张泽民	助工	1111	500	220	15	1846	YES
4	20065402	魏军	工程师	1523	750	300	351	2924	NO
5	20065403	叶枫	助工	1156	500	220	84	1960	YES
6	20065404	李云青	高级工程师	1832	860	380	66	3138	NO
7	20065405	谢天明	技工	630	500	310	90	1530	NO
8	20065406	史美杭	工程师	1188	750	300	351	2589	NO
9	20065407	罗瑞维	助工	1255	500	220	24	1999	NO
10	20065408	秦基业	工程师	1156	750	300	351	2557	NO
11	20065409	刘予予	助工	1230	500	220	114	2064	YES
12	20065410	李军军	高级工程师	1900	860	380	220	3360	NO
13	20065411	王甜	技术员	1278	500	220	100	2098	NO
14	20065412	赵敏	工程师	1472	750	300	300	2822	NO
15	20065413	徐忠华	高级工程师	1850	860	380	500	3590	NO
16	20065414	张云民	助工	1278	500	220	100	2098	NO
17	20065415	姜楠	工程师	1352	500	220	220	2292	NO
18	20065416	伍灵	工程师	1748	750	300	351	3149	NO

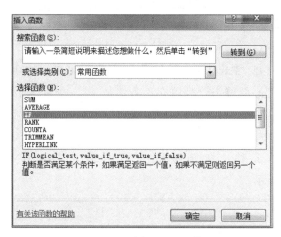

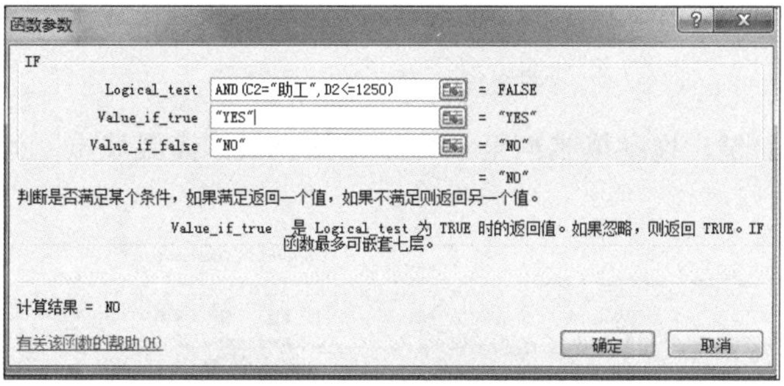

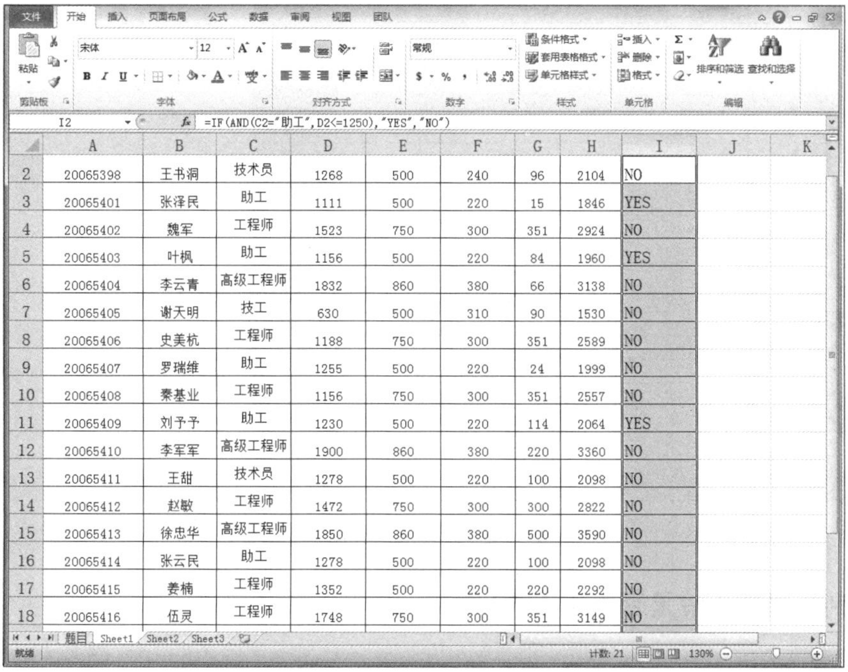

图 2.119　完成统计条件列填充

任务 2　判断是否为高温城市

任务描述：

在答题文件夹下，打开"Exceltest05.xlsx"工作簿，在 Sheet2 中，使用函数，根据三季度、四季度的温度进行"高温城市"列填充，条件是："三季度"平均温度大于28℃，同时"四季度"平均温度大于10℃，符合条件填充"是"；不符合条件填充"不是"。

操作步骤：

（1）选中"G3"单元格，在函数输入框中输入"=IF(AND(D3>28,E3>10),"是","不是")"，如图 2.120 所示。

图 2.120　输入 IF() 函数

（2）按【Enter】键，拖动填充柄至 G33 单元格完成"高温城市"列填充，如图 2.121所示。

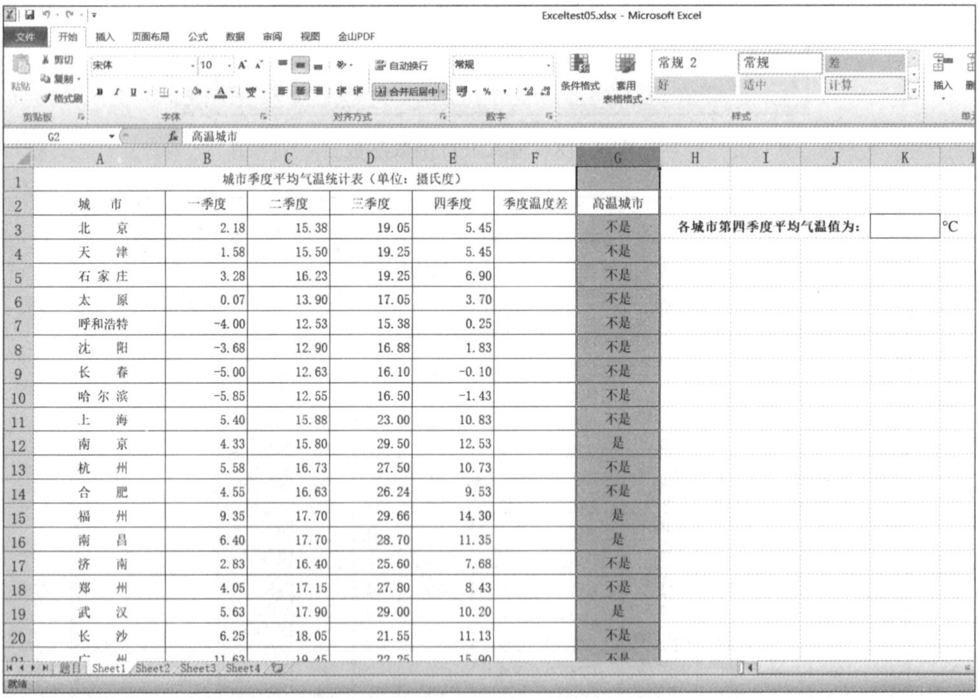

城市季度平均气温统计表（单位：摄氏度）

城　市	一季度	二季度	三季度	四季度	季度温度差	高温城市
北　京	2.18	15.38	19.05	5.45		不是
天　津	1.58	15.50	19.25	5.45		不是
石家庄	3.28	16.23	19.25	6.90		不是
太　原	0.07	13.90	17.05	3.70		不是
呼和浩特	-4.00	12.53	15.38	0.25		不是
沈　阳	-3.68	12.90	16.88	1.83		不是
长　春	-5.00	12.63	16.10	-0.10		不是
哈尔滨	-5.85	12.55	16.50	-1.43		不是
上　海	5.40	15.88	23.00	10.83		是
南　京	4.33	16.30	29.50	12.53		是
杭　州	5.58	16.73	27.50	10.73		不是
合　肥	4.55	16.63	26.24	9.53		不是
福　州	9.35	17.70	29.66	14.30		是
南　昌	6.40	17.70	28.70	11.35		是
济　南	2.83	16.40	25.60	7.68		不是
郑　州	4.05	17.15	27.80	8.43		不是
武　汉	5.63	17.90	29.00	10.20		是
长　沙	6.25	18.05	21.55	11.13		不是

各城市第四季度平均气温值为：　　　℃

图 2.121　完成"高温城市"列填充

任务 3　判断男性年龄是否为大于 40 岁

任务描述：

在答题文件夹下，打开"Exceltest05.xlsx"工作簿，在 Sheet3 中，应用函数，根据"性别"

及"年龄"列中的数据，判断所有学生是否为大于 40 岁的男性，并将结果保存在"是否 >40 男性"列中。注意：如果是，保存结果为"是"；否则，保存结果为"不是"。

操作步骤：

打开 Sheet3 工作表，选中 I3 单元格，在 I3 单元格中输入"=IF(AND(D3=" 男 ",F3>40)," 是 "," 不是 ")"（见图 2.122），按【Enter】键并拖动填充柄至 I38 单元格完成填充，如图 2.123 所示。

图 2.122　输入 IF() 函数

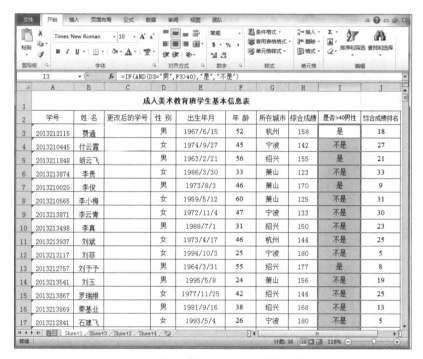

图 2.123　完成"是否为 >40 男性"列填充

实验 6　逻辑函数实验

让读者掌握 IF() 函数的语法格式和实际应用，如果指定的计算结果为 TRUE，则 IF() 函数将返回某个值，如果该条件的计算结果为 FALSE，则返回另一个值。

任务 1　考生成绩划分

任务描述：

在答题文件夹下，打开"Exceltest06.xlsx"工作簿，根据总成绩，对考生成绩进行等级划分，大于等于 90 分的定为"优秀"，大于等于 60 分且小于 90 分的定为"合格"，小于 60 分的定为"不合格"，将结果存入"成绩等级"列。

操作步骤：

（1）打开 Sheet1 工作表，选中 I3 单元格，单击"公式"选项卡"函数库"选项组中的"插入函数"，在弹出的"插入函数"对话框中选择 IF 函数（见图 2.124），单击"确定"按钮。

（2）在弹出的"函数参数"对话框的"Logical_test"参数框中输入"H3>90"，"Value_if_true"参数框中输入""优秀""，"Value_if_false"参数框中输入"IF(AND(H3>60,H3<90),"合格","不合格")"（见图 2.125），单击"确定"按钮，拖动填充柄至 I32 单元格完成填充，如图 2.126 所示。

图 2.124 插入 IF() 函数

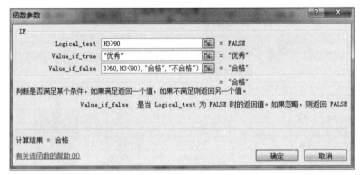

图 2.125 输入 IF() 函数参数

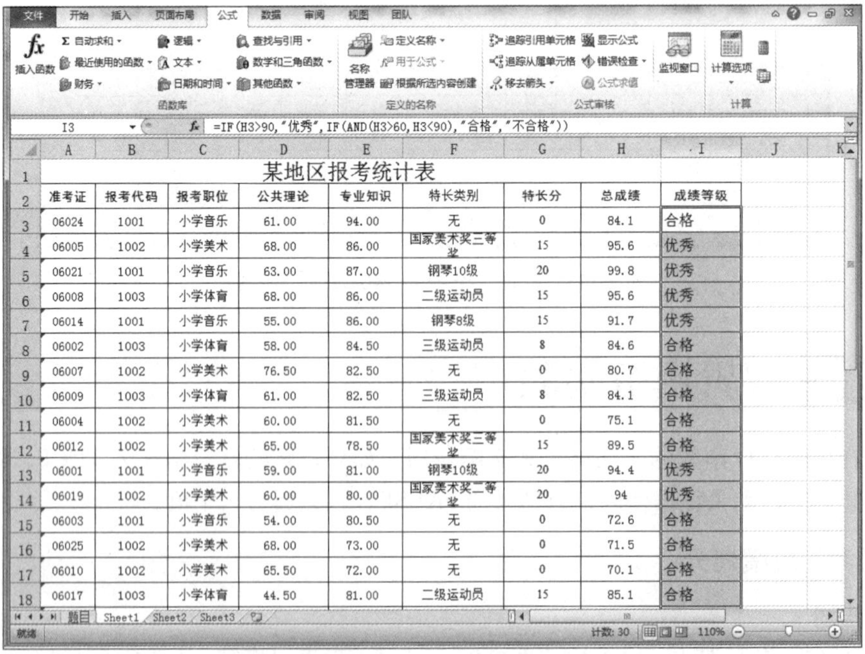

	A	B	C	D	E	F	G	H	I
1	某地区报考统计表								
2	准考证	报考代码	报考职位	公共理论	专业知识	特长类别	特长分	总成绩	成绩等级
3	06024	1001	小学音乐	61.00	94.00	无	0	84.1	合格
4	06005	1002	小学美术	68.00	86.00	国家美术奖三等奖	15	95.6	优秀
5	06021	1001	小学音乐	63.00	87.00	钢琴10级	20	99.8	优秀
6	06008	1003	小学体育	68.00	86.00	二级运动员	15	95.6	优秀
7	06014	1001	小学音乐	55.00	86.00	钢琴8级	15	91.7	优秀
8	06002	1003	小学体育	58.00	84.50	三级运动员	8	84.6	合格
9	06007	1002	小学美术	76.50	82.50	无	0	80.7	合格
10	06009	1003	小学体育	61.00	82.50	三级运动员	8	84.1	合格
11	06004	1002	小学美术	60.00	81.50	无	0	75.1	合格
12	06012	1002	小学美术	65.00	78.50	国家美术奖三等奖	15	89.5	合格
13	06001	1001	小学音乐	59.00	81.00	钢琴10级	20	94.4	优秀
14	06019	1002	小学美术	60.00	80.00	国家美术奖二等奖	20	94	优秀
15	06003	1001	小学音乐	54.00	80.50	无	0	72.6	合格
16	06025	1002	小学美术	68.00	73.00	无	0	71.5	合格
17	06010	1002	小学美术	65.50	72.00	无	0	70.1	合格
18	06017	1003	小学体育	44.50	81.00	二级运动员	15	85.1	合格

I3 的公式：=IF(H3>90,"优秀",IF(AND(H3>60,H3<90),"合格","不合格"))

图 2.126 完成"成绩等级"列填充

任务 2　判断闰年

任务描述:

在答题文件夹下,打开"Exceltest06.xlsx"工作簿,在 Sheet2 工作表中完善"是否为闰年出生"这列数据,利用逻辑函数,判断出生年份是否为闰年,若是填"闰年",若不是填"平年"。

操作步骤:

(1) 在 K2 单元格中输入"=IF(OR(AND(MOD(MID(A2,7,4),4)=0,MOD(MID(A2,7,4),100)<>0),MOD(MID(A2,7,4),400)=0),"闰年","平年")",如图 2.127 所示。

图 2.127　输入 IF() 函数

(2) 按【Enter】键,拖动填充柄至 K22 单元格完成填充,如图 2.128 所示。

	C	D	E	F	G	H	I	J	K
1	出生日期	年龄	性别	基本工资	岗位津贴	职务津贴	奖金	实发工资	是否为闰年出生
2	1962年8月8日	57		1268	500	240	960	2968	平年
3	1964年7月7日	55		1111	500	220	150	1981	闰年
4	1966年6月6日	53		1523	750	300	3510	6083	平年
5	1968年5月5日	51		1156	500	220	840	2716	闰年
6	1970年4月4日	49		1832	860	380	660	3732	平年
7	1972年3月3日	47		630	500	310	900	2340	闰年
8	1974年2月2日	45		1188	750	300	3510	5748	平年
9	1976年1月1日	43		1255	500	220	240	2215	闰年
10	1978年5月5日	41		1156	750	300	3510	5716	平年
11	1980年9月9日	39		1230	500	220	1140	3090	闰年
12	1982年8月8日	37		1900	860	380	2200	5340	平年
13	1984年7月7日	35		1278	500	220	1000	2998	闰年
14	1986年6月6日	33		1472	750	300	3000	5522	平年
15	1988年5月5日	31		1850	860	380	5000	8090	平年
16	1990年4月4日	29		1278	500	220	2000	2998	平年
17	1992年3月3日	27		1352	500	220	2200	4272	闰年
18	1994年2月2日	25		1748	750	300	3510	6308	平年
19	1996年1月1日	23		1822	750	250	4500	7322	闰年
20	1998年2月2日	21		1187	500	220	3000	4907	平年

图 2.128　完成"是否为闰年出生"列填充

任务 3　判断性别

任务描述:

在答题文件夹下,打开"Exceltest06.xlsx"工作簿,请补充完整 Sheet2 中"性别"一列的数据。其中,身份证号码中倒数第 2 位为偶数,表示女性,填写"女";倒数第 2 位为奇数,表示男性,填写"男"。

操作步骤：

（1）打开 Sheet2，选中 E2 单元格，单击"公式"选项卡"函数库"选项组中的"插入函数"，在弹出的"插入函数"对话框中选择 IF 函数（见图 2.129），单击"确定"按钮。

（2）在弹出的"函数参数"对话框的"Logic_test"参数框中输入"mod(mid(A2,17,1),2)=0"，在"Value_if_true"参数框中输入""女""，在"Value_if_false"参数框中输入""男""（见图 2.130）。单击"确定"按钮并拖动填充柄至 E22 单元格，完成填充，如图 2.131 所示。

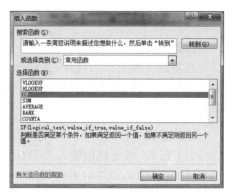

图 2.129　插入 IF() 函数

图 2.130　输入 IF() 函数参数

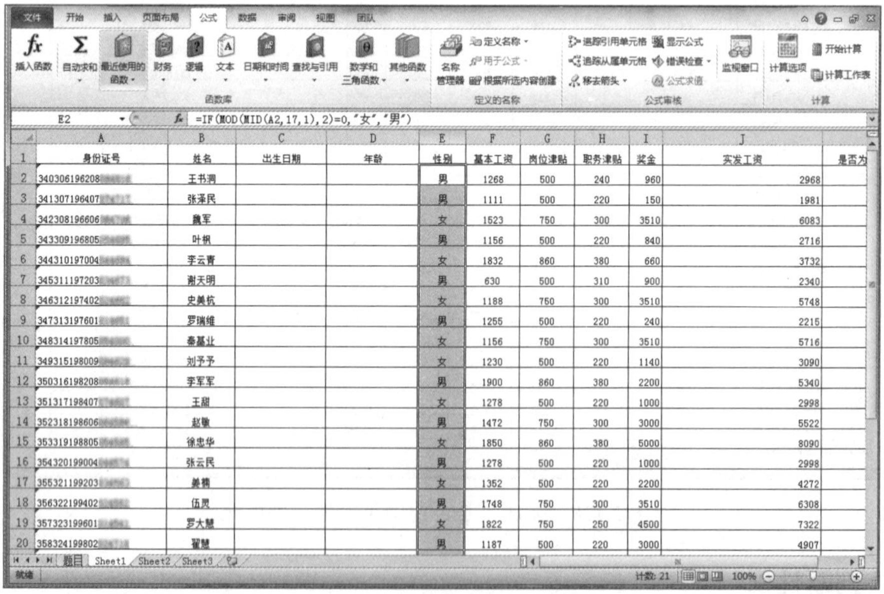

图 2.131　完成"性别"列填充

实验7　排名函数实验

让读者掌握 RANK() 函数的语法格式和实际应用，使得读者通过简单的调用即可实现复杂的数据排名操作。

任务 1　综合成绩排名

任务描述：

在答题文件夹下，打开"Exceltest07.xlsx"工作簿，用 RANK() 函数，对全班同学的"综合成绩"进行排名，把排名结果存入"综合成绩排名"列中。

操作步骤：

（1）打开 Sheet1 中"成人美术教育班学生基本信息表"，选中"综合成绩排名"列的 J3 单元格，在函数输入框中输入"=RANK(h3,$H$3:$H$38)"，如图 2.132 所示。

图 2.132　输入 RANK() 函数

（2）按【Enter】键，拖动填充柄至 J38 单元格完成"综合成绩排名"列填充，如图 2.133 所示。

学号	姓 名	更改后的学号	性 别	出生年月	年 龄	所在城市	综合成绩	是否>40男性	综合成绩排名
2013212115	费通		男	1967/6/15	52	杭州	158	是	18
2013210445	付云霞		女	1974/9/27	45	宁波	142	不是	27
2013211848	胡云飞		男	1963/2/21	56	绍兴	155	是	21
2013213874	李贵		女	1986/3/30	33	萧山	123	不是	33
2013210020	李俊		男	1973/8/3	46	萧山	170	是	9
2013210565	李小梅		女	1959/5/12	60	萧山	125	不是	31
2013213871	李云青		女	1972/11/4	47	宁波	133	不是	30
2013213498	李真		男	1988/7/1	31	绍兴	150	不是	23
2013213937	刘斌		女	1973/4/17	46	杭州	144	不是	25
2013213117	刘菲		女	1994/10/3	25	宁波	180	不是	5
2013212757	刘予予		男	1964/3/31	55	绍兴	177	是	8
2013213541	刘玉		男	1995/5/8	24	萧山	156	不是	19
2013213867	罗瑞维		女	1977/11/25	42	绍兴	144	不是	25
2013213869	秦基业		男	1981/9/16	38	绍兴	168	不是	13
2013212841	石建飞		男	1993/5/4	26	宁波	180	不是	5
2013213933	史美杭		女	1966/4/20	53	萧山	182	不是	4
2013213865	孙晓瑜		男	1976/8/14	43	萧山	142	是	27

图 2.133　完成综合成绩排名

任务 2　节目比赛排名

任务描述：

在答题文件夹下，打开"Exceltest07.xlsx"工作簿，在 Sheet2 工作表中使用 RANK() 函数，根据"得分"列对所有节目进行排名（如果多个数值排名相同，则返回该数组的最佳排名）。要求：将排名结果保存在"排名"列中。

操作步骤：

（1）打开 Sheet2 中的"班级演出评分表"，选中"K3"单元格，在函数输入框中输入 "=RANK(J3,$J$3:$J$22)"，按【Enter】键或单击文件空白处，如图 2.134 所示。

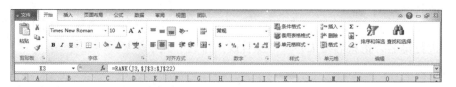

图 2.134　输入 RANK() 函数

（2）拖到填充柄至 K22 单元格完成"排名"列填充，如图 2.135 所示。

节目名称	班级	评委1	评委2	评委3	评委4	评委5	评委6	得分	排名	奖次
							班级演出评分表			
小小的船	高二(5)	8.6	8.7	7.8	7.3	7.7	7.9	8	12	三等奖
大扫除	高一(1)	8.7	8.3	8.3	8.8	8.7	8.2	8.5	5	二等奖
小红帽	高二(1)	6.8	7.5	7.1	7.8	8.8	9.8	7.8	16	三等奖
飞进新年的大门	高一(4)	9	8.1	8.5	8.9	8.6	7.8	8.525	4	二等奖
新年好	高二(3)	7.3	7.2	7.4	7.8	7.8	8.8	7.575	19	三等奖
猜猜我是谁	高二(2)	7.7	8.2	8.6	8.9	8.8	8.8	8.575	2	二等奖
假如幸福你就拍手	高一(2)	7.5	7.3	8	7.7	7.6	8	7.7	18	三等奖
欢乐童谣	高三(5)	8.8	7.2	7.8	7.7	8.4	7.1	7.775	17	三等奖
金猴拜年	高三(2)	8.6	7.8	7.9	8.1	7.6	7.5	7.85	15	三等奖
老师最理解我	高三(3)	8.5	7.6	8.2	9	7.8	7.7	8	12	三等奖
祝福妈妈	高二(3)	8.6	8.8	8.6	8.3	8	9.1	8.55	3	一等奖
不想长大	高三(3)	6.4	7.8	8.7	8.9	8.3	8.4	8.3	8	二等奖
蓝精灵	高一(2)	8.1	8.4	7.5	8.3	8.7	8.6	8.35	7	二等奖
妈妈和我	高三(3)	8.7	8.1	8.2	7.6	8.7	8.8	8.425	6	二等奖
荷塘边的歌谣	高二(4)	8.5	7.5	7.1	7.9	8.4	8.8	8.075	11	三等奖
大海摇篮	高一(5)	6.5	6.2	7.3	6.7	6.6	7.2	6.75	20	三等奖

图 2.135　节目得分排名

任务 3　对商品的销售金额排名

任务描述：

在答题文件夹下，打开"Exceltest07.xlsx"工作簿，在 Sheet3 工作表中使用函数，根据"销售金额"列对所有商品进行排名（如果多个数值排名相同，则返回该数组的最佳排名）。要求：将排名结果保存在"销售名次"列中。

操作步骤：

（1）打开 Sheet3 工作表，在 L2 单元格中输入"=RANK(K2,$K$2:$K$19)"，如图 2.136所示。

图 2.136　输入 RANK() 函数

（2）按【Enter】键，拖动填充柄至 L19 单元格完成"销售名次"填充，如图 2.137 所示。

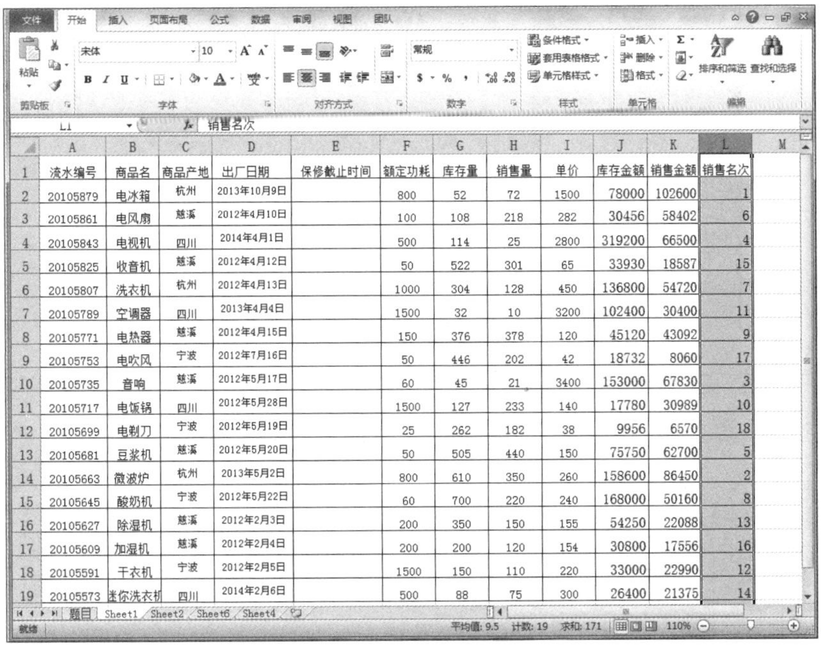

图 2.137　完成"销售名次"列填充

实验8　查找函数实验

通过本实验的练习，掌握 Excel 的 HLOOKUP()、VLOOKUP() 的语法格式和对相应记录的查找操作。并通过综合实践练习，使读者能够更深入地理解上述知识点的应用价值，通过几个简单的函数便可以完成复杂的查找操作。

任务 1　完善报考职位

任务描述：

在答题文件夹下，打开"Exceltest08.xlsx"工作簿，使用 HLOOKUP() 函数，对 Sheet1 中"某地区报考统计表"的"报考职位"列进行填充，报考代码与报考职位之间的对照表，在 Sheet1 的右侧。

操作步骤：

(1) 选中 C3 单元格，单击"公式"选项卡"函数库"选项组中的"插入函数"，在弹出的"插入函数"对话框中选择 HLOOKUP 函数（见图 2.138），单击"确定"按钮。

(2) 在弹出的"函数参数"对话框的参数框依次输入"B3""M$2:O$3""2""FALSE"（见图 2.139），

图 2.138　插入 HLOOKUP() 函数

按【Enter】键拖动填充柄完成填充，如图 2.140 所示。

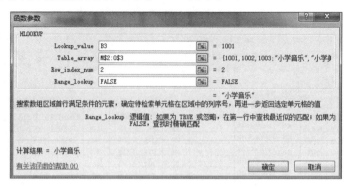

图 2.139　输入 HLOOKUP() 函数参数

图 2.140　完成"报考职位"列填充

任务 2　根据获奖情况，给学生加分

任务描述：

在答题文件夹下，打开"Exceltest08.xlsx"工作簿，使用 VLOOKUP() 函数，对 Sheet1 中"某地区报考统计表"的"特长分"列进行填充，其中特长与加分的对照表在 Sheet2 中。

操作步骤：

(1) 打开 Sheet1 工作表，选中 G3 单元格，单击"公式"选项卡"函数库"选项组中的"插入函数"，在弹出的"插入函数"对话框中选择 VLOOKUP 函数（见图 2.141），单击"确定"按钮。

(2) 在弹出的“函数参数”对话框中依次输入“F3”“Sheet2!A$2:B$9”“2”“FALSE”（见图 2.142），单击“确定”按钮，拖动填充柄至 G32，如图 2.143 所示。

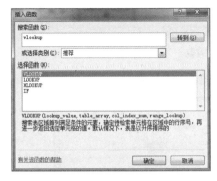

图 2.141　插入 VLOOKUP() 函数

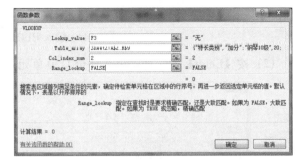

图 2.142　输入 VLOOKUP() 函数参数

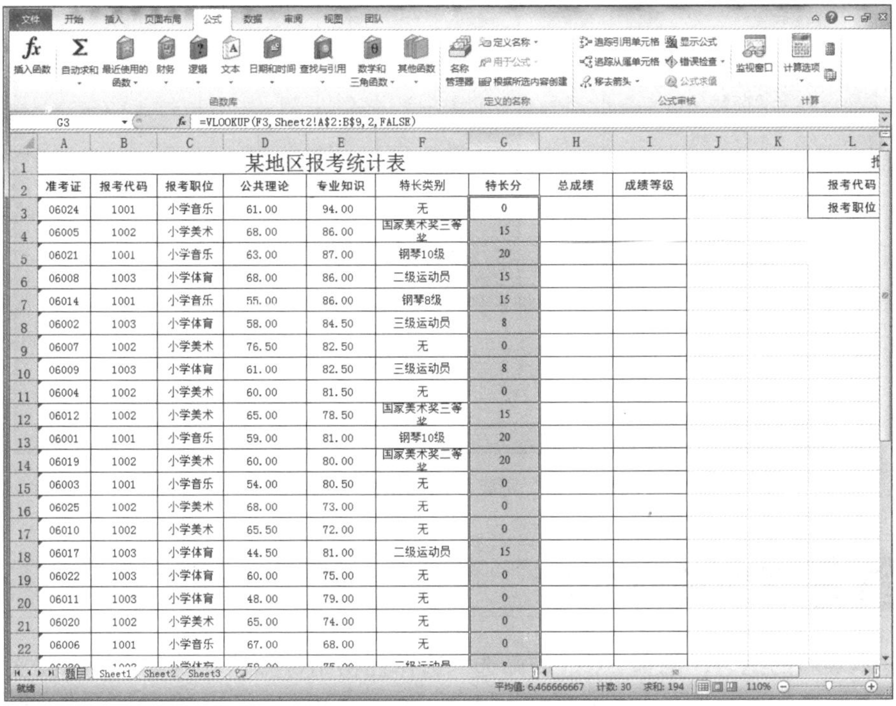

准考证	报考代码	报考职位	公共理论	专业知识	特长类别	特长分	总成绩	成绩等级
06024	1001	小学音乐	61.00	94.00	无	0		
06005	1002	小学美术	68.00	86.00	国家美术奖三等奖	15		
06021	1001	小学音乐	63.00	87.00	钢琴10级	20		
06008	1003	小学体育	68.00	86.00	二级运动员	15		
06014	1001	小学音乐	55.00	86.00	钢琴8级	15		
06002	1003	小学体育	58.00	84.50	三级运动员	8		
06007	1002	小学美术	76.50	82.50	无	0		
06009	1003	小学体育	61.00	82.50	三级运动员	8		
06004	1002	小学美术	60.00	81.50	无	0		
06012	1002	小学美术	65.00	78.50	国家美术奖三等奖	15		
06001	1001	小学音乐	59.00	81.00	钢琴10级	20		
06019	1002	小学美术	60.00	80.00	国家美术奖二等奖	20		
06003	1001	小学音乐	54.00	80.50	无	0		
06025	1002	小学美术	68.00	73.00	无	0		
06010	1002	小学美术	65.50	72.00	无	0		
06017	1003	小学体育	44.50	81.00	二级运动员	15		
06022	1003	小学体育	60.00	75.00	无	0		
06011	1003	小学体育	48.00	79.00	无	0		
06020	1002	小学美术	65.00	74.00	无	0		
06006	1001	小学音乐	67.00	68.00	无	0		

图 2.143　完成“特长分”列填充

任务 3　完善图书的优惠幅度

任务描述：

在答题文件夹下，打开“Exceltest08.xlsx”工作簿，使用 HLOOKUP() 函数，对 Sheet3 中“计算机书籍星期一、三、五促销报表”中的“优惠幅度”列进行填充。根据 Sheet3 中的“优惠打折的图书类别幅度”，对“优惠幅度”列根据“商品类别编号”进行填充。

操作步骤：

(1) 打开 Sheet3“计算机书籍星期一、三、五促销报表”，选中 D7 单元格，在函数输入框中输入“=HLOOKUP(A7,$A$2:$D$3,2)”，如图 2.144 所示。

图 2.144　输入 HLOOKUP() 函数

（2）按【Enter】键，拖动填充柄至 D20 单元格，如图 2.145 所示。

	A	B	C	D	E	F	G	H	I	J	K
1		优惠打折的图书类别									
2	A100	B50	D300	F40							
3	0.9	0.75	0.72	0.85							
4											
5		计算机书籍星期一、三、五促销报表									
6	商品类别编号	书名	单价	优惠幅度	星期一	星期三	星期五	销售金额	销售排名		
7	A100	计算机网络（上）	42.0	0.9	120	204	173				
8	A100	计算机网络（下）	25.5	0.9	100	120	75				
9	B50	多媒体教程（一）	50.0	0.75	138	120	69				
10	B50	多媒体教程（二）	35.2	0.75	200	160	193				
11	D300	Office2010教程	45.5	0.72	488	230	367				
12	D300	Excel2010教程	20.0	0.72	102	81	110				
13	D300	Word2010教程	22.0	0.72	268	179	185				
14	D300	Windows 7教程	28.0	0.72	334	329	378				
15	D300	Access2010教程	28.5	0.72	86	79	58				
16	D300	PowerPoint2010教程	30.2	0.72	58	39	47				
17	F40	C语言程序设计	30.5	0.85	40	55	25				
18	F40	VB程序设计语言	28.4	0.85	36	37	42				
19	F40	C语言程序设计案例	18.5	0.85	40	50	18				
20	F40	C语言程序设计综合习题集	24.2	0.85	50	8	22				

图 2.145　完成"优惠幅度"列填充

实验9　高级筛选实验

通过本实验的练习，掌握 Excel 的筛选、选择性粘贴等知识点的基本概念及实际操作，并通过 4 个高级筛选实验，让读者掌握在同时条件、或者条件以及同时满足同时和或者条件下的筛选操作。

任务 1　筛选出符合成绩的学生

任务描述：

在答题文件夹下，打开"Exceltest09.xlsx"工作簿，将 Sheet1 的所有数据复制到 Sheet2 中以 A1 为起始单元格的区域中，并对 Sheet2 进行高级筛选，筛选条件同时满足：各科成绩 ≥ 80，平均分 ≥ 85(筛选条件请放于数据区域下方，并空行)，并将结果保存在 Sheet2 中。

操作步骤：

（1）选中 Sheet1 中的所有数据，任意单击 Sheet1 中包含数据的单元格，按【Ctrl+A】组合键即可选择所有数据，按【Ctrl+C】组合键复制，再打开 Sheet2，单击最上方 A1 单元格，顶格粘贴，按【Ctrl+V】组合键完成粘贴，如图 2.146 所示。

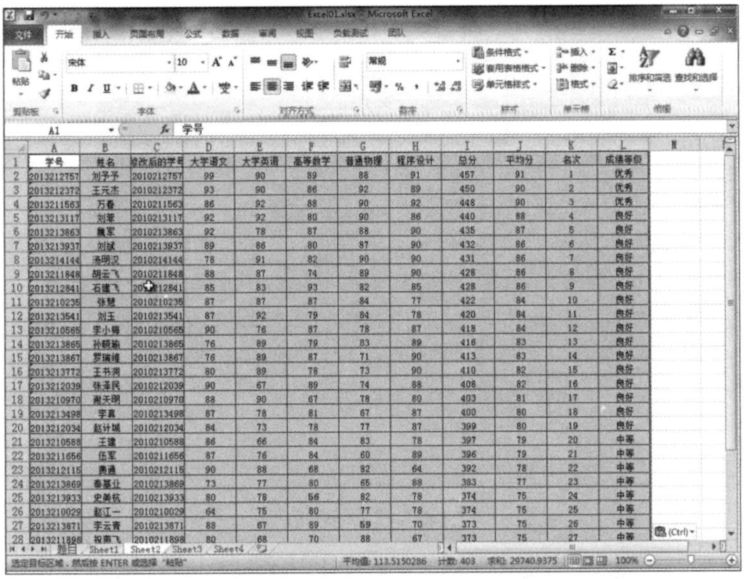

图 2.146　学生成绩表的复制粘贴结果

（2）复制相应的字段名，在数据区域的下方空一行进行粘贴，依次在字段名称下输入筛选条件，如图 2.147 所示。

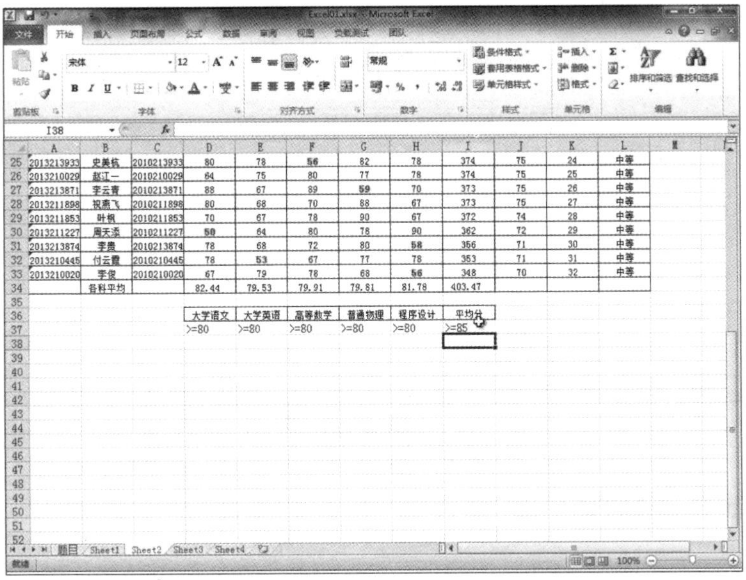

图 2.147　筛选条件

（3）选中 A1:L33 的数据区域，单击"数据"选项卡"排序和筛选"选项组中的"高级"，指定条件区域，单击"条件区域"右边的数据区域选择按钮，再用鼠标选择刚刚创建的筛选条件（见图 2.148），单击"确定"按钮，完成筛选，如图 2.149 所示。

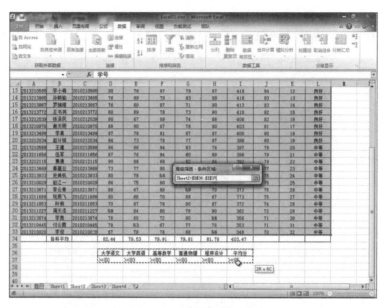

图 2.148　选择条件区域

图 2.149　完成筛选

任务 2　筛选出符合条件的企业

任务描述：

在答题文件夹下，打开"Exceltest09.xlsx"工作簿，将 Sheet3 中的"外商直接投资同期比较表"复制在 Sheet4 中以 A1 为起始单元格的区域中，对 Sheet4 进行高级筛选。筛选条件：企业个数的"今年新批数">50；或者"今年实投">50 000（筛选条件请放于数据区域下方，并空行；筛选区域包含最后一行数据）。将结果保存在 Sheet4 中。注意：复制过程中，将标题项"外商直接投资同期比较表"连同数据一同复制。

操作步骤：

（1）选中 Sheet3 中外商直接投资同期比较表，右击，从弹出的快捷菜单中选择"复制"命令（见图 2.150），再打开 Sheet4 工作表，单击顶格 A1 单元格，右击，从弹出的快捷菜单中选择"粘贴"命令，如图 2.151 所示。

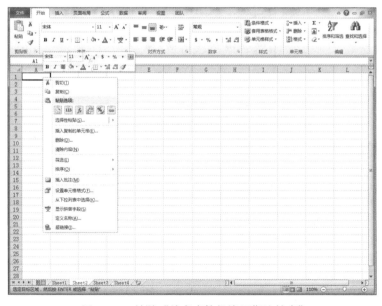

图 2.150　复制"外商直接投资同期比较表"

图 2.151　粘贴"外商直接投资同期比较表"

（2）复制"外商直接投资同期比较表"的第 3 行所有字段，在数据区域下方空一行处粘贴，并在相应的字段下填写高级筛选的条件，在第 22 行"今年新批数"字段中输入">50"，另起一行，在第 23 行的"今年实投"字段下输入">50000"，如图 2.152 所示。

图 2.152　筛选条件

（3）选中"外商直接投资同期比较表"A3:I19 数据区域，单击"数据"选项卡"排序和筛选"选项组中的"高级"，在条件区域中选择刚刚创建的筛选条件区域（见图 2.153），单击"确定"按钮，如图 2.154 所示。

图 2.153　选择数据区域

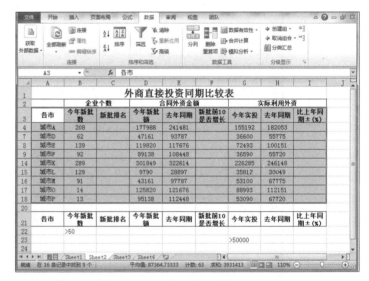

图 2.154　筛选结果

任务 3　选出符合排放量的微量元素

任务描述：

在答题文件夹下，打开"Exceltest09.xlsx"工作簿，把 Sheet5 中的数据复制到 Sheet6 中以 A1 为起始单元格的区域中，将标题项"工业废水中主要污染物直接排放量统计"连同数据一同复制，并对 Sheet6 进行高级筛选。筛选条件为："挥发酚直排量">10 且"氰化物直排量">15；或"氨、氮直排量">10 000（筛选条件请放于数据区域下方，并空行；筛选区域包含最后一行数据）。

操作步骤：

（1）选中 Sheet5 中"工业废水中主要污染物直接排放量统计"工作表 A1:I33 数据区域，右击，从弹出的快捷菜单中选择"复制"命令，打开 Sheet6 工作表，选中 A1 单元格，右击，从弹出的快捷菜单中选择"数值粘贴"命令，如图 2.155 所示。

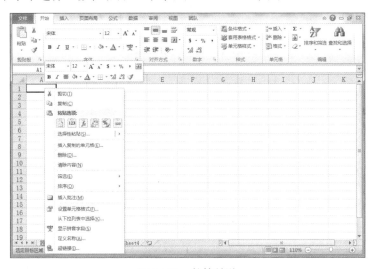

图 2.155　数值粘贴

（2）将 B2、C2、E2 单元格中的字段名称复制粘贴到数据区域下方空一行处，建立筛选条件，在第 36 行"挥发酚直排量"和"氰化物直排量"下分别填入">10"和">15"，因为"氨氮直排量"与前者为或关系，另起一行，在第 37 行"氨、氮直排量"字段下输入">10000"，如图 2.156 所示。

	A	B	C	D	E	F	G
21	河 南	15.3	5.1	477.9	25716	26214.3	
22	湖 北	18.7	16.5	755.2	15078.3	15868.7	
23	湖 南	23.4	20.9	647.2	23964.4	24655.9	
24	陕 西	2.6	3.4	187.8	7202.3	7396.1	
25	甘 肃	5.2	1.3	165.4	11860.1	12032	
26	青 海	0.3	0	59.1	1705.7	1765.1	
27	海 南	0	0	1.4	556.9	558.3	
28	重 庆	1.8	0.5	209.5	7251.4	7462.6	
29	贵 州	0.3	2.5	36.6	932.7	972.1	
30	云 南	2.9	7.1	108.1	3212.5	3330.6	
31	西 藏	0	0	0	5.4	5.4	
32	宁 夏	7.9	0.2	70.3	4227.8	4306.2	
33	新 疆	15.6	6.4	328	5834.4	6184.4	
34							
35		挥发酚直排量	氰化物直排量		氨、氮直排量		
36		>10	>15				
37					>10000		

图 2.156　建立筛选条件

（3）选中"工业废水中主要污染物直接排放量统计"A2:I33 的数据区域，单击"数据"选项卡"排序和筛选"选项组中的"高级"，在条件区域中选择刚刚创建的筛选条件区域（见图 2.157），单击"确定"按钮，结果如图 2.158 所示。

图 2.157　选择条件区域

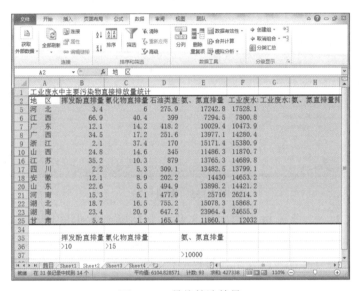

图 2.158　最终筛选结果

任务 4　筛选出符合条件的书籍

任务描述：

在答题文件夹下，打开"Exceltest09.xlsx"工作簿，将 Sheet7 中的"计算机书籍星期一、三、五促销报表"复制到 Sheet8 中以 A1 为起始单元格的区域中，对 Sheet8 进行高级筛选。筛选条件为："商品类别编号"为 D300，而且"单价"≥ 25（筛选条件请放于数据区域下方，并空行），将结果保存在 Sheet8 中。注意：复制过程中，将标题项"计算机书籍星期一、三、五促销报表"连同数据一同复制。

操作步骤：

（1）选中 Sheet7 中"计算机书籍星期一、三、五促销报表"工作表，右击，从弹出的快捷菜单中选择"复制"命令，打开 Sheet8 工作表，选中 A1 单元格，右击，在弹出的快捷菜单中选择"数值粘贴"命令，如图 2.159 所示。

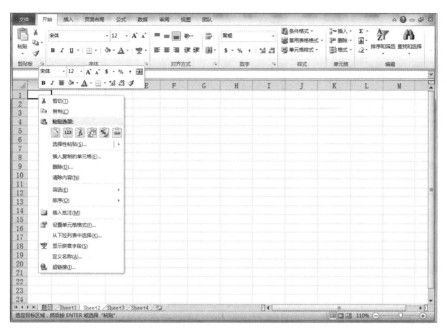

图 2.159 数值粘贴

（2）选中表中"商品类别编号"和"单价"字段，复制粘贴到数据区域下方空白处，条件区域与数据区域间相隔一个空行，在"商品类别编号"和"单价"字段下依次输入"D300""＞=25"如图 2.160 所示。

图 2.160 建立筛选条件

（3）选中"计算机书籍星期一、三、五促销报表"A2:I16 数据区域,单击"数据"选项卡"排序和筛选"选项组中的"高级",在条件区域中选择刚刚创建的筛选条件区域（见图 2.161），单击"确定"按钮,结果如图 2.162 所示。

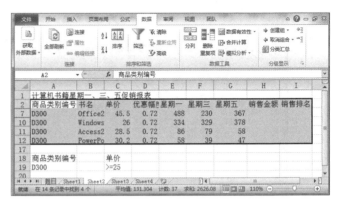

图 2.161　选择条件区域　　　　　　　　图 2.162　筛选结果

实验 10　数据透视表实验

通过本实验的练习，学习 Excel 数据透视表的功能，掌握将数据转换成数据透视表的基本操作方法，使读者能够更深入地理解上述知识点的应用价值，并将其融入到实际工作中去。

任务 1　学生成绩汇总情况

任务描述：

在答题文件夹下，打开"Exceltest10.xlsx"工作簿，根据 Sheet1 中的结果，在 Sheet3 中创建一张数据透视表：显示"成绩等级"的学生人数汇总情况，行标签设置为"成绩等级"，数据区域设置为"成绩等级"，计数项为"成绩等级"。

操作步骤：

（1）在 Sheet3 中单击"插入"选项卡"表格"选项组中的"数据透视表"，在弹出的"创建数据透视表"对话框"表/区域"中选择数据源，选中 Sheet1 中学生成绩表 A1:L33 的数据区域为指定的数据源（见图 2.163），单击"确定"按钮。

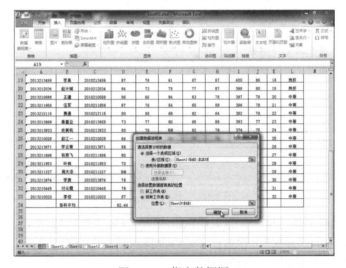

图 2.163　指定数据源

（2）将"选择要添加到报表的字段"中的"成绩等级"字段分别添加到行标签区域和数值区域中，如图 2.164 所示。

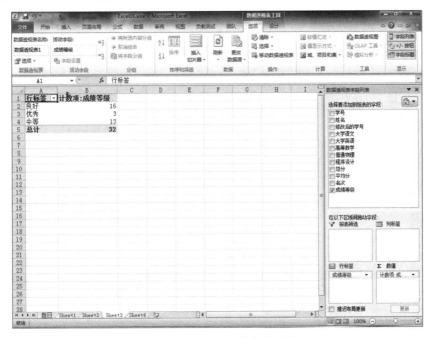

图 2.164　添加行标签和数据项

任务 2　员工职工情况汇总

任务描述：

在答题文件夹下，打开"Exceltest10.xlsx"工作簿，根据 Sheet2 中的数据（除统计条件列外），创建一个数据透视表，保存在 Sheet4 中。

要求：列标签设置为"职称"；计数项为"职称"；数据区域为"职称"，将对应的数据透视表保存在 Sheet4 中。

操作步骤：

（1）在 Sheet4 中单击"插入"选项卡"表格"选项组中的"数据透视表"，在弹出的"创建数据透视表"对话框"表/区域"中选择数据源，选中 Sheet2 职称表的 A1:I22 的数据区域为指定的数据源（见图 2.165），单击"确定"按钮。

图 2.165　指定数据源

（2）将"选择要添加到报表的字段"中的"职称"字段分别添加到列标签区域和数值区域中，如图 2.166 所示。

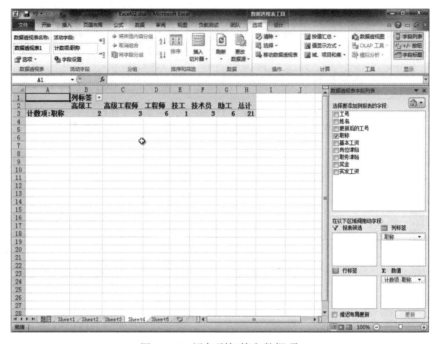

图 2.166　添加列标签和数据项

任务 3　商品销售情况汇总

任务描述：

在答题文件夹下，打开"Exceltest10.xlsx"工作簿，根据 Sheet5 中的结果，在 Sheet7 中创建一张数据透视表：列标签设置为"商品产地"，行标签设置为"商品名"，数据区域设置为"销售名次"，求和项为"销售名次"。

操作步骤：

（1）在 Sheet7 中单击"插入"选项卡"表格"选项组中的"数据透视表"，在弹出的"创建数据透视表"对话框"表/区域"中选择数据源，选中 Sheet5 中商品表的 A1:L19 的数据区域为指定的数据源（见图 2.167），单击"确定"按钮。

图 2.167　指定数据源

（2）将"选择要添加到报表的字段"中的"商品名"字段添加到行标签区域中，将"商品产地"字段添加到列标签区域中，将"销售名次"添加到数值区域中，如图 2.168 所示。

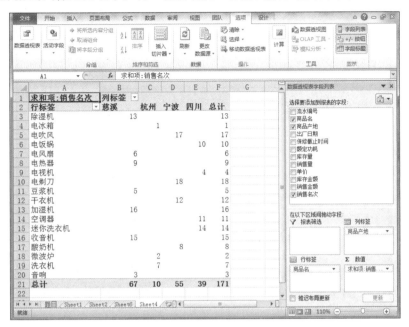

图 2.168　添加行、列标签和数据项

任务 4　班级演出获奖情况汇总

任务描述：

在答题文件夹下，打开"Exceltest10.xlsx"工作簿，根据 Sheet6 中"班级演出评分表"，创建一个数据透视表，保存在 Sheet8 中。要求：列标签坐标设置为"奖次"；行标签坐标设置为"班级"；求和项为"得分"，将对应的数据透视表保存在 Sheet8 中。

操作步骤：

（1）在 Sheet8 中单击"插入"选项卡"表格"选项组中的"数据透视表"，在弹出的"创建数据透视表"对话框"表 / 区域"中选择数据源，选中 Sheet6 中"班级演出评分表"A2:L22 的数据区域为指定的数据源（见图 2.169），单击"确定"按钮。

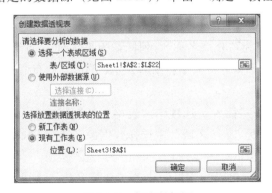

图 2.169　指定数据源

（2）将"选择要添加到报表的字段"中的"班级"字段添加到行标签区域中，将"奖次"字段添加到列标签区域中，将"得分"字段添加到数值区域中，如图 2.170 所示。

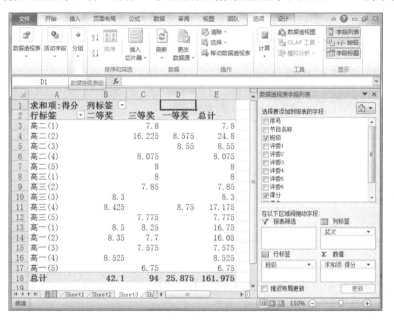

图 2.170　添加行、列标签和数据项

实验 11　新生入学大数据分析

随着开学季的到来，越来越多的新生开始涌入大学校门。当下针对新生大数据分析也变得越来越热门，例如分析新生的性别比例、生源地信息等。通过本实验，学习 Excel 数据透视图的功能，掌握将数据转换为数据透视表，再将数据透视表转换为数据透视图的基本操作方法，使读者能够更深入、更综合地理解上述知识点的应用价值，并将其应用到实际工作学习中。

任务 1　大学新生各专业男女比例分类

任务描述：

在答题文件夹下，打开"Exceltest11.xlsx"工作簿，根据 Sheet1 中的数据，在 Sheet2 中创建数据透视表，行标签为"分院名称"，列标签为"性别"，计数项为"性别"。并根据此数据透视表创建数据透视图来分析大学新生的各专业的男女分布情况，图表类型为柱形图。

操作步骤：

（1）在 Sheet2 中单击"插入"选项卡"表格"选项组中的"数据透视表"，在弹出的"创建数据透视表"对话框"表/区域"中选择数据源，选中 Sheet1 中学生信息表 A1:P100 的数据区域为指定的数据源（见图 2.171），单击"确定"按钮。

（2）将"选择要添加到报表的字段"中的"分院名称"字段添加到行标签区域中，将"性别"字段添加到列标签区域中，将"性别"字段添加到数值区域中，如图 2.172 所示。

图 2.171 指定数据源 　　　　图 2.172 添加行、列标签和数值项

（3）单击"数据透视表工具"→"选项"选项卡"工具"选项组中的"数据透视图"，在弹出的"插入图表"对话框中选择柱形图（见图 2.173），单击"确定"按钮，完成数据透视表插入操作，如图 2.174 所示。

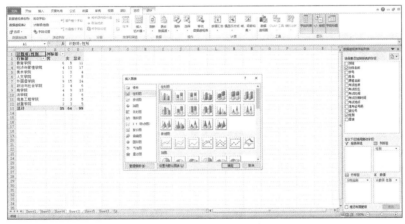

图 2.173 插入数据透视图

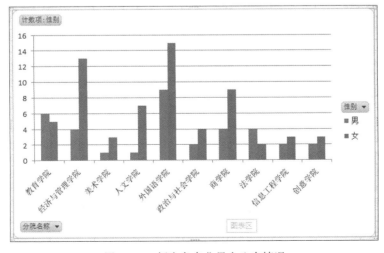

图 2.174 新生各专业男女分布情况

任务2 修改学生的学号

任务描述：

在答题文件夹下，打开"Exceltest11.xlsx"工作簿，使用REPLACE()函数，对Sheet1中"学号"进行修改。要求：将"学号"中的"2017"修改为"2019"；将修改后的学号填入到表中的"修改后的学号"列中。

操作步骤：

（1）打开Sheet1学生信息表，选中Q2单元格，在函数输入框中输入"=REPLACE(C2,1,4,2019)"，如图2.175所示。

图2.175 输入REPLACE()函数

（2）按【Enter】键，拖动填充柄至Q100单元格，完成"修改后的学号"列填充，如图2.176所示。

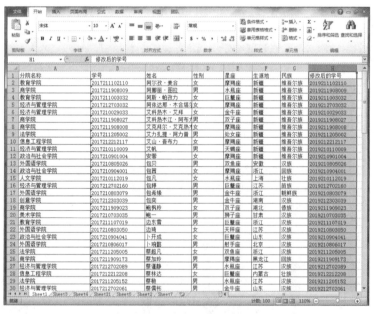

图2.176 完成"修改后的学号"列填充

任务3 大学新生生源地分布情况

任务描述：

在答题文件夹下，打开"Exceltest11.xlsx"工作簿，根据Sheet1中的数据，在Sheet3中创建数据透视表行标签为"生源地"，计数项为"生源地"。并根据此数据透视表创建数据透视图，来分析新生生源地的分布情况，图表类型为饼图，须在图上显示类别名称和百分比。

操作步骤：

（1）在 Sheet3 中单击"插入"选项卡"表格"选项组中的"数据透视表"，在弹出的"创建数据透视表"对话框"表/区域"中选择数据源，选中 Sheet1 中学生信息表 A1:G100 的数据区域为指定的数据源，单击"确定"按钮。

（2）将"选择要添加到报表的字段"中的"生源地"字段添加到行标签区域中，将"生源地"字段添加到数值区域中，如图 2.177 所示。

（3）单击"数据透视表工具"→"选项"选项卡"工具"选项组中的"数据透视图"，在弹出的"插入图表"对话框中选择饼图（见图 2.178），单击"确定"按钮，完成数据透视图插入操作，如图 2.179 所示。

图 2.177　添加行标签和数值项

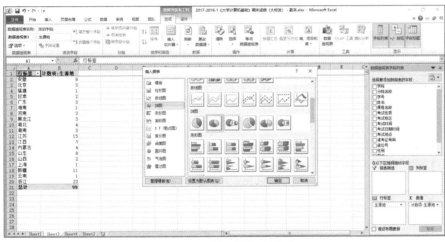

图 2.178　插入数据透视图

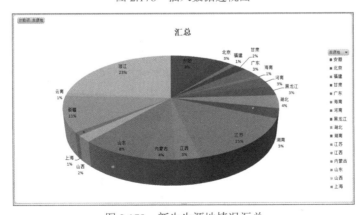

图 2.179　新生生源地情况汇总

任务 4　大学新生星座情况分布

任务描述：

在答题文件夹下，打开"Exceltest11.xlsx"工作簿，根据 Sheet1 中的数据，在 Sheet4 中创建数据透视表行标签为"星座"，计数项为"星座"，并根据此数据透视表创建数据透视图，来分析新生星座的分布情况，图表类型为饼图，须在图上显示类别名称和百分比。

操作步骤：

（1）在 Sheet4 中单击"插入"选项卡"表格"选项组中的"数据透视表"，在弹出的"创建数据透视表"对话框"表 / 区域"中选择数据源，选中 Sheet1 中学生信息表 A1:G100 的数据区域为指定的数据源，单击"确定"按钮。

（2）将"选择要添加到报表的字段"中的"星座"字段添加到行标签区域中，将"星座"字段添加到数值区域中，如图 2.180 所示。

（3）单击"数据透视表工具"→"选项"选项卡"工具"选项组中的"数据透视图"，在弹出的"插入图表"对话框中选择饼图（见图 2.181），单击"确定"按钮，完成数据透视图插入操作，如图 2.182 所示。

图 2.180 添加行标签和数值项

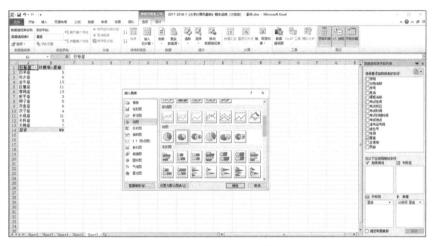

图 2.181 插入数据透视图

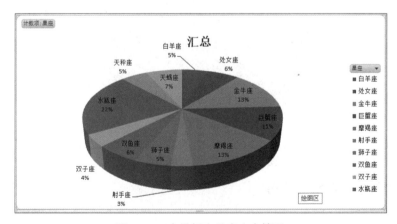

图 2.182 大学新生星座分布情况

课后习题

一、单选题

1. 在 Excel 中，一个工作表最多可含有的行数是（   ）。

    A 256   B. 255   C. 1 048 576   D. 65 536

2. 在 Excel 中，对数字格式进行修改时，如出现"#####"，其原因为（   ）。

    A. 格式语法错误   B. 单元格宽度不够

    C. 系统出现错误   D. 以上答案都不正确

3. 在同一个工作簿中要引用其他工作表中的某个单元的数据（如 Sheet4 中 D5 单元格中的数据），下面表达式中正确的是（   ）。

    A. =Sheet4!D5   B. +Sheet4!D5   C. $Sheet 4.$D5   D. =(Sheet4)D5

4. 当在 Excel 某单元格内输入一个公式并确认后，单元格内容显示为 #REF!，它表示（   ）。

    A. 公式引用了无效的单元格   B. 某个参数不正确

    C. 公式被零除   D. 单元格宽度偏小

5. 在 Excel 数据清单中，按某一字段内容进行归类，并对每一类做出统计的操作是（   ）。

    A. 分类排序   B. 分类汇总   C. 筛选   D. 记录单处理

6. 在 Excel 中，为工作表中的数据建立图表，下列正确的说法是（   ）。

    A. 只能建立一张与工作表一样的独立的图表工作表

    B. 只能为连续的数据区建立图表

    C. 图表中的图表类型一经选定建立图表后，将不能修改

    D. 当数据区中的数据系列被删除后，图表中的相应内容也会被删除

7. 在 Excel 中，为了区分"数字"与"数字字符串"数据，可以在输入的数字前添加（   ）符号来区别。

    A. ""   B. '   C. #   D. !

8. 在 Excel 中，要在公式中使用某个单元格的数据时，应在公式中输入该单元格的（   ）。

    A. 格式   B. 内容   C. 地址   D. 条件格式

9. 在复制 Excel 公式时，为使公式中的（   ），必须使用绝对地址（引用）。

    A. 单元格地址随新位置而变化   B. 范围不随新位置而变化

    C. 单元格地址不随新位置而变化   D. 范围大小随新位置而变化

10. 在 Excel 中，当修改工作表数据时，对应的图表（   ）。

    A. 将被更新   B. 不会被更新   C. 将被清除   D. 需要重新制作

11. 在 Excel 的数据清单中，当以"姓名"字段作为关键字进行排序时，系统可以按"姓名"的（   ）排序。

    A. 机内码   B. 部首偏旁   C. 区位码   D. 笔画

12. 在 Excel 中，使用函数 SUM(A1:A4) 等价于（　　）。

  A. SUM(A1*A4)   B. SUM(Al+A4)

  C. SUM(A1/A4)   D. SUM(A1,A2,A3,A4)

13. 在 Excel 中，设 E 列单元格存放工资额，F 列用以存放实发工资。其中当工资额>800时，实发工资＝工资额－（工资额－800）×税率；当工资额≤800时，实发工资＝工资总额。设税率＝0.05，则 F 列可根据公式实现。其中 F2 的公式应为（　　）。

  A. =IF(E2>800,E2-(E2-800)*0.05,E2)

  B. =IF(E2>800,E2,E2-(E2-800)*0.05)

  C. =IF(""E2>800"",E2-(E2-800)*0.05,E2)

  D. =IF(""E2>800"",E2,E2-(E2-800)*0.05)

14. 在 Excel 中，若想在活动单元格中输入系统日期，可以按下（　　）组合键。

  A.【Ctrl+N】 B.【Ctrl+;】 C.【Ctrl+.】 D.【Ctrl+,】

15. 在 Excel 中，要使某个单元格中的文字能根据单元格的大小自动换行，可利用"单元格格式"对话框的（　　）选项卡，选择"自动换行"。

  A. 数字   B. 对齐   C. 图案   D. 保护

16. 使用 Excel 的自动数据筛选功能时，数据将作的变化是（　　）。

  A. 满足条件的记录显示出来，而删除掉不满足条件的数据

  B. 满足条件的记录显示出来，暂时隐藏不满足条件的数据

  C. 将满足条件的数据突出显示，而删除掉不满足条件的数据

  D. 将满足条件的数据突出显示，不满足条件的数据不作处理

17. 当改变数据系列的值时，以下关于 Excel 图表变化表述正确的是（　　）。

  A. 出现错误值   B. 保持不变

  C. 同步修改   D. 颜色强调突显

18. Excel 保护可以分为（　　）。

  A. 防打开   B. 防修改   C. 防丢失   D. 以上都是

19. 在 Excel 数据清单由（　　）3 个部分组成。

  A. 数据、公式和函数   B. 公式、记录和数据库

  C. 工作表、数据和工作簿 D. 区域、记录和字段

20. 以下（　　）函数可以得到参数组中空值单元格数量。

  A. COUNT   B. COUNTBLANK

  C. COUNTIF   D. COUNTA

21. 以下描述的不是 Excel 的区域的是（　　）。

  A. 单一单元格   B. 同一列连续多个单元格

  C. 不连续的多个单元格组成 D. 同一行连续多个单元格

22. 关于分类汇总，叙述正确的是（　　）。

  A. 分类汇总前应先按分类字段值对记录排序

  B. 可以按多个字段分类

  C. 只能对数值型字段分类

D. 只能对汇总项进行求和

23. 以下可在 Excel 中输入负数 "-88" 的方式是（　　　）。

    A. " 88   B.（-88）   C. \88   D. \\88

24. Excel 的记录单功能的右上角显示 "5/20"，实际表示（　　　）。

    A. 记录单最多允许 20 个用户访问

    B. 当前记录是第 20 号记录

    C. 当前为第 5 条记录

    D. 当前有 20 个用户正在访问

25. 关于自动筛选表述正确的是（　　　）。

    A. 可以同时显示数据区域和筛选结果

    B. 可以进行更复杂条件的筛选

    C. 不需要建立条件区，只有数据区域就可以了

    D. 自动筛选可以将筛选结果放在指定的区域

26. 以下（　　　）方式可在 Excel 中输入文本类型的数字 "0001"。

    A. "0001"   B. '0001   C. \0001   D. \\0001

27. 关于高级筛选表述不正确的是（　　　）。

    A. 可以同时显示数据区域和筛选结果

    B. 可以进行更复杂条件的筛选

    C. 不需要建立条件区，只要有数据区域就可以了

    D. 可以将筛选结果放在指定的区域

二、操作题

【第 1 题】

1. 在工作表 "表一" 数据区域增加名为 "实发工资" 的新列，应用公式计算并填写该列数据（实发工资 = 基本工资 + 职务津贴 + 奖金）。

2. 将工作表 "表一" 内容复制到 "Sheet2" 表中对应区域，并将数据按 "实发工资" 降序排列。

3. 将工作表 Sheet2 中 "姓名" 和 "实发工资" 两列数据复制到 Sheet3 工作表以 A1 单元格为起始单元格的区域中，并将 Sheet3 表更名为 "实发工资图表"。

4. 将 "实发工资图表" 数据区域套用表格格式为 "表样式浅色 9"，各单元格内容 "居中"。

5. 在 "实发工资图表" 中以 "姓名" 和 "实发工资" 为数据区域，创建一个三维饼图，显示在 "C1:G11" 区域，以姓名为图例项，图例位于图表 "底部"。

【第 2 题】

1. 在工作表 "库存表" 中应用公式计算并填写 "库存总额" 列数据，对数据区域按 "库存总额" 升序排列。

2. 将工作表 "库存表" 中除仪器名称为 "万用表" 的记录外，全部复制到 Sheet2 工作表的对应区域中，并将标题行 "A1:F1" 单元格填充为 "白色，背景 1，25% 深色" 的背景色。

3. 将工作表 "库存表" 中 "仪器名称" "单价" "库存" 三列数据按序复制到工作表 Sheet3 中以 A1 为起始单元格的区域中，并将 Sheet3 表更名为 "单价库存表"。

4. 对工作表"单价库存表"套用表格样式为"表样式中等深浅 9"，各单元格内容"居中"，并将列名"单价"改名为"仪表单价"。

5. 在"单价库存表"中以"仪器名称"和"库存"为数据区域，建立一个库存比例的三维饼图，显示在"D1:K11"区域，图表标题为"库存比例"，"仪器名称"为图例，位于图表"底部"。

【第 3 题】

1. 在工作表 Sheet1 数据区域添加名为"总分"的新列，利用函数计算并填写该列数据。

2. 在工作表"成绩表"后插入一张新工作表，并把该工作表命名为"平均成绩表"。将工作表 Sheet1 中的数据分别复制到"成绩表"和"平均成绩表"的对应区域中。

3. 在"成绩表"的"数据库应用基础"列之前插入名为"普通物理"一列，并在相应的单元格中填入数据：50，68，69，86，85，76，78，80，75，90。

4. 在"平均成绩表"中计算出"各科平均"（包括"总分"列），并填入相应行中（保留两位小数）。

5. 将"平均成绩表"数据区域套用表格样式为"表样式中等深浅 16"，对"学生姓名"中名为"石建飞"的学生设置超链接，链接到 http://www.zjcai.com。

【第 4 题】

1. 在工作表 Sheet1 中将数据区域（A1:E12）加上蓝色双线外边框，蓝色单线内部框线。

2. 在 Sheet2 表"流水编号"为 5 的行前插入一新行，并填入相应的数据：12，豆浆机，93，50，321。

3. 在工作表 Sheet2 数据区右边增加名为"销售额"的新列，并利用公式计算出"销售额"填入相应的单元格中。

4. 将工作表 Sheet2 数据复制到工作表 Sheet3 对应区域中，并将工作表 Sheet3 更名为"销售报表"，并将数据按"销售量"降序排列。

5. 设置工作表"销售报表"的页眉为"销售报表"，页脚为"第三页"，并居中显示。

【第 5 题】

1. 将工作表 Sheet1 内的数据复制到工作表 Sheet2 对应区域中，并将 Sheet2 表更名为"销售表"。

2. 在"销售表"数据区增添名为"周平均销售"的一列，并利用函数求出平均值并填入该列相应的单元格中。

3. 利用函数求出"销售表"中每天的统计值，并填入"合计"行相应的单元格中（包括"周平均销售"列）；对数据区域设置为"自动调整列宽"。

4. 将"销售表"内数据复制到工作表 Sheet3 对应区域中，在 Sheet3 表中对各种书按"周平均销售"值降序排列（要求"合计"行数据不变）。

5. 将 Sheet3 表第一行标题设置为"隶书，22，合并后居中"，区域"A2:G13"各单元格加"红色细边框"。

【第 6 题】

1. 根据 Sheet5 的 A1 单元格中的结果，转换为金额大写形式，保存在 Sheet5 中 A2 单元格中。

2. 在 Sheet5 中，使用函数，将 B1 中的时间四舍五入到最接近的 8 分钟的倍数，结果存放在 C1 单元格中。

3. 使用 REPLACE() 函数，对 Sheet1 中"工号"进行修改。要求：在"工号"中的 0 和 6 之间插入 1，将修改后的工号填入表中的"更新后的工号"列中。例如，20065389 修改为 200165389。

4. 在 Sheet1 数据区域增加名为"实发工资"的新列 (处于奖金与统计条件之间)，应用求和函数计算并填写该列数据 (实发工资为基本工资、岗位津贴、职务津贴和奖金之和)。

5. 将 Sheet1 内容复制到 Sheet2 表中对应区域，不含"统计条件"列，并将数据按"实发工资"降序排列。

【第 7 题】

1. 在 Sheet5 中的 A1 单元格中输入分数值 1/4，显示 1/4。

2. 在 Sheet1 的"额定功耗"列中，使用条件格式将各家电功耗 (≤100W) 单元格中数字颜色设置为绿色、加粗显示。注意：选中数据时，请不要连同列名一起选中。

3. 使用时间函数，根据"出厂日期"计算家电保修截止日期，一般家电的保修期为 36 个月，存入"保修截止日期"列中。

4. 使用函数计算库存金额、销售金额，并保存到"库存金额""销售金额"列中。商品产地杭州销售金额统计，存入 N4 中。

> 提示：库存金额 = 单价 × 库存量；商品在销售时，优惠 5%，实际销售金额为原销售金额的 95%，四舍五入保留整数。

5. 将 Sheet1 中的表复制到 Sheet3 中以 A1 为起始单元格的区域中，并对 Sheet3 进行高级筛选，筛选条件同时满足：商品产地 = 慈溪 ，库存金额 >40 000 (筛选条件请放于数据区域下方，并空行)。

6. 根据 Sheet1 中的结果，在 Sheet4 中创建一张数据透视表：列标签设置为"商品产地"，行标签设置为"商品名"，数据区域设置为"销售名次"，求和项为"销售名次"。

【第 8 题】

1. 在 Sheet4 中，使用函数，对 A1 单元格中的身份证号码判断性别，结果为"男"或"女"，存放到 B1 单元格中。判断依据：倒数第二位为奇数的为"男"，为偶数的为"女"。

2. 在 Sheet4 中，使用函数，判断 A2 单元格中的 2050 是否为闰年，结果为"闰年"或"平年"，存放到 B2 单元格中。闰年的判断：年数能被 4 整除而不能被 100 整除，或者能被 400 整除的年份。

3. 在 Sheet1 中，使用条件格式将各季度温度 >28 的单元格中数字颜色设置为红色、加粗显示；使用条件格式将各季度温度 <5 的单元格中数字颜色设置为绿色、加粗显示。

> 注意：请按题意先后次序，设置条件；选中数据时，请不要连同列名一起选中。

4. 使用数据公式，对 Sheet1 中的一季度与三季度相差温度值进行计算 (三季度减一季度)，并把结果保存在"季度温度差"列中，四舍五入保留小数 2 位。

5. 使用 IF() 函数，根据三季度、四季度的温度进行"高温城市"列填充，条件是："三季度"平均温度 >28℃，同时"四季度"平均温度 >10℃，符合条件填充：是；不符合条件填充：不是。

【第 9 题】

1. 在 Sheet4 中，使用函数，将 B1 中的时间四舍五入到最接近的 6 分钟的倍数，结果存放在 C1 单元格中。

2. 在 Sheet4 的 A1 单元格中设置为只能录入 4 位文本。当录入位数错误时，提示错误原因，样式为"警告"，错误信息为"只能录入 4 位数字或文本"。

3. 在 Sheet1 中用函数计算全国工业废水污染物直排总量，并存入 L2 单元格中。同时用函数求出最大排污量，存入相应的单元格中。

4. 计算各省市工业废水污染物直排量占全国比重，并把计算结果存入"工业废水污染物直排量占全国比重 %"，四舍五入保留小数 2 位（提示：工业废水污染物直排量占全国比重 ＝各地区工业废水污染物直排总量 / 全国工业废水污染物直排总量 ×100%）。

5. 把 Sheet1 中的数据复制到 Sheet2 中以 A1 为起始单元格的区域中，将标题项"工业废水中主要污染物直接排放量统计"连同数据一同复制，并对 Sheet2 进行高级筛选。筛选条件为："挥发酚直排量" >10 且"氰化物直排量" >15；或"氨、氮直排量" >10 000（筛选条件请放于数据区域下方，并空行；筛选区域包含最后一行数据）。

6. 根据 Sheet1 中的数据，创建一个数据透视表，保存在 Sheet3 中。要求：列标签设置为"环保需要关注的省市"；行标签设置为"地区"，计数项为"环保需要关注的省市"，将对应的数据透视表保存在 Sheet3 中。

【第 10 题】

1. 在 Sheet4 中，使用文本函数判断 C1 字符串在 B1 字符串中的起始位置，将结果保存在 D1 中。

2. 在 Sheet4 中使用函数，将 B2 中的时间四舍五入到最接近的 7 分钟的倍数，结果存放在 C2 单元格中。

3. 使用 YEAR 时间函数，以当前日期减去"出生年月"，对 Sheet1 中学生的年龄进行计算，并将其计算结果保存在"年龄"列当中。

4. 在 Sheet1 中，应用函数，根据"性别"及"年龄"列中的数据，判断所有学生是否为大于 40 岁的男性，并将结果保存在"是否 > 40 男性"列中。注意：如果是，保存结果为"是"；否则，保存结果为"不是"。

5. 将 Sheet1 复制到 Shee2 的以 A1 为起始单元格的区域，将标题项"成人美术教育班学生基本信息表"连同数据一同复制，并对 Sheet2 进行高级筛选。筛选条件为同时满足："性别" ＝男，"年龄" >35 岁（筛选条件请放于数据区域下方，并空行）。并将筛选结果保存在 Sheet2 中。

6. 根据 Sheet1 中的数据，创建一个数据透视表，保存在 Sheet3 中。要求：列标签设置为"性别"，行标签设置为"所在城市"，计数项为"所在城市"；把对应的数据透视表保存在 Sheet3 中。

第 3 章

演示文稿及高级应用

演示文稿指的是把静态文件内容制作成一套可浏览的动态幻灯片，使复杂内容变得通俗易懂，更加生动，给人留下更为深刻印象。完整的演示文稿一般包含片头动画、封面、前言、目录、过渡页、图表页、图片页、文字页、封底、片尾动画等。

3.1 概述

目前国内外用于制作演示文稿的软件有很多，除了微软公司的 PowerPoint 之外，还有 Keynote、LibreOffice、Prezi、Focusky、斧子演示、iPresst、金山公司的 WPS 和在线幻灯片等。本章以 Microsoft PowerPoint 2010 为例，介绍演示文稿及高级应用。

3.1.1 功能概述

PowerPoint 2010 是微软公司开发的办公自动化应用软件 Office 组件之一，它可以方便地组织和创建幻灯片、备注、讲义和大纲等多种形象生动、主次分明的演示文稿，如教师授课使用的讲义文稿、介绍公司概况的演讲文稿、用于产品展示的演示文稿等。

利用 PowerPoint 2010 制作的演示文稿具有文字、图形、图像、动画、声音以及视频剪辑等各种丰富多彩的多媒体对象，是一个非常实用的办公应用软件。

PowerPoint 主要功能如图 3.1 所示。从图 3.1 中可见，PowerPoint 功能主要有演示文稿的创建、幻灯片的编辑、元素的插入（包括文本、符号、图形、图表、动画和多媒体）、演示文稿主题与背景的设计、幻灯片切换及效果的设计、演示文稿放映设置、演示文稿的保存发送与打印等。

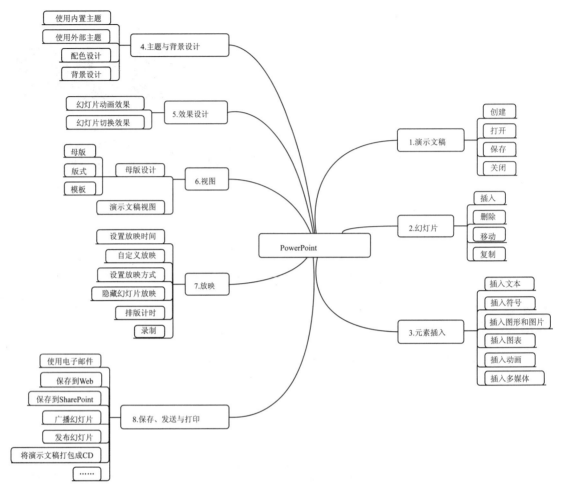

图 3.1　PowerPoint 功能图

3.1.2　高级功能

PowerPoint的整体操作趋于简单，对于绝大部分基础功能，用户都可以轻松地理解和掌握。但是 PowerPoint 中也包含很多高级功能，这些功能使得演示文稿变得更加生动有趣。

本章节主要针对 PowerPoint 的高级应用进行详细讲解，主要内容如下：

（1）输入和编辑文本，绘制图形，插入文本框、图片、声音和艺术字。

（2）认识主题、母版和模板，使用幻灯片母版，应用主题，选择与编辑模板。

（3）利用超链接组织演示文稿的内容，制作具有交互功能的演示文稿。

（4）动画效果的制作，播放效果的设置，演示文稿的放映。

（5）通过转换文件格式，打包演示文稿，使演示文稿适应不同的播放环境。

3.2　文稿布局

文稿布局是制作演示文稿的基础，可以简单概括为版式设计、主题设计和背景设计三个方面。

3.2.1 幻灯片版式设计

幻灯片版式是指幻灯片中各种对象的整体布局，它包括对象的种类和对象与对象之间的相对位置。漂亮和合理的版式会大大加强幻灯片的吸引力和说服力，而且选择合适的版式可以减少很多工作量，起到事半功倍的效果。若找不到合适的版式，也可选择"空白"版式，然后通过插入对象的方式自己设计版式。

版式是由多种占位符组成，占位符是指创建新幻灯片时出现的虚线方框。幻灯片版式包含各种组合形式的文本和对象占位符，可以调整它们的大小和移动位置，并可以用边框和颜色设置其格式。可将标题、副标题和正文文字输入到文本占位符内。

用户在编辑幻灯片过程中，也可单击"开始"选项卡→"幻灯片"选项组→"版式"按钮，在打开的 11 种版式中选择并更改当前版式。应用一个新版式时，所有的文本和对象仍都保留在幻灯片中，但必须重新排列它们以适应新的版式。

3.2.2 幻灯片主题设计

在 PowerPoint 2010 演示文稿中，主题是模板、母版、配色、文字格式和图形效果的统称。因此，主题设计包括了母版、模板的设计和配色方案、文字格式及图形效果的设置。

1. 幻灯片的母版设计

母版是存储了背景、颜色、字体、效果等主题信息和占位符大小、位置的版式信息的特殊幻灯片。它可以使用户方便地设置演示文稿中所有幻灯片的共用元素。如用户要在每张幻灯片的固定位置放置某个图形，可直接将它放在母版上，这样该图形会出现在所有的幻灯片中。母版有幻灯片母版、讲义母版、备注母版三种类型。

幻灯片母版是最常用的母版，是由主母版和若干版式子母版组成的成套系列，它可以预先设定幻灯片中文本的字体、字号、颜色（包括背景色）、阴影和项目符号样式等要素的格式。应用主题可以使每张幻灯片具有统一的格式。一套母板中，主母版的设置会影响所有幻灯片，而版式子母版的设置只影响使用该版式的幻灯片。一旦修改了幻灯片母版中的某项格式，则所有基于这一母版的幻灯片格式也将随之改变。一个演示文稿中可以设置风格不同的多套母版。

讲义母版用于设置幻灯片按讲义形式打印的格式，可设置一页中打印的幻灯片数量、页眉格式等；备注母版用于设置幻灯片按备注页形式打印的格式。

下面以最常用的"幻灯片母版"为例，来说明母版的建立和使用。

1) 进入母版编辑状态

单击"视图"选项卡→"母版视图"选项组→"幻灯片母版"按钮，此时"幻灯片母版"选项卡被激活，演示文稿窗口以图 3.2 所示"幻灯片母版"视图方式显示。此时，可通过"幻灯片母版"选项卡中的功能按钮或快捷菜单对幻灯片母版进行编辑操作。

> 注意：窗口左侧大纲窗格显示的一系列幻灯片母版缩略图中，一张较大的缩略图即为主母版，其余则为版式子母版。

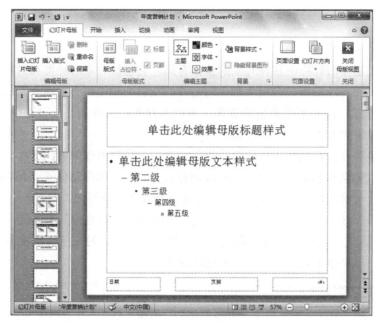

图 3.2　"幻灯片母版"视图

2）修改母版字体设置

单击"单击此处编辑母版标题样式"字符，然后再单击"开始"选项卡，在该选项卡中选择"字体"选项组、"段落"选项组对应的功能按钮进行设置；或右击，在随后弹出的"字体"工具栏和快捷菜单中选择操作。在设置好相应的对话框选项后单击"确定"按钮返回主窗口。

用同样方法可以设置"单击此处编辑母版文本样式"及下面的"第二级、第三级……"等字符。

3）修改"页眉和页脚"

直接在母版的日期、页脚、数字占位符中输入文本并设置格式。若要输入系统的日期时间并设置显示格式、幻灯片编号，则需要单击"插入"选项卡→"文本"选项组→"页眉和页脚"按钮，打开图 3.3 所示"页眉和页脚"对话框，在"幻灯片"选项卡中进行设置。

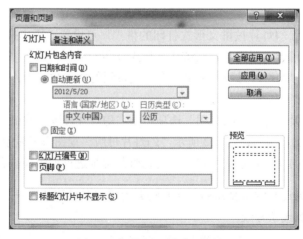

图 3.3　"页眉和页脚"对话框

4）在母版中插入图片

在母版中插入图片和在幻灯片插入图片，方法上没有区别，但在主母版上插入的图片会出现在所有基于该母版的幻灯片上，因此常常会把标志性的图片或图标放置在主母版中。例如Logo标志常放置在母版的左上角或右上角。

5）在母版中应用主题

单击"幻灯片母版"选项卡→"编辑主题"选项组→"主题"下拉按钮，展开图 3.4 所示"所有主题"列表选项。鼠标指针停留在某主题选项上，将会显示该主题"名称"的提示，编辑区母版也将显示应用该主题的预览效果。单击所选中的主题，则所有的幻灯片上都会应用该主题；右击并在弹出的快捷菜单中选择"应用于所选幻灯片母版"，则被选中的幻灯片将应用该主题，并在大纲窗格中增添一套应用该主题的母版。

图 3.4 "所有主题"列表

6）母版的页面设置

单击"幻灯片母版"选项卡→"页面设置"选项组→"页面设置"按钮，打开图 3.5 所示幻灯片"页面设置"对话框。在该对话框中可以设置幻灯片大小、编号起始值等项目。特别是选择幻灯片大小为"全屏显示（16:9）"更适合目前广泛使用的 16:9 的宽屏显示屏。

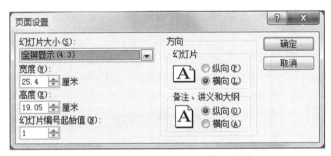

图 3.5 幻灯片"页面设置"对话框

7）将母版保存为模板

要保存母版，供日后需要时反复使用，则需要把母版保存为演示文稿模板。单击"文件"选项卡→"另存为"命令，打开"另存为"对话框，指定一个文件名，在"保存类型"下拉列表中选择"PowerPoint 模板"，单击"确定"按钮。系统将该模板文件放置在默认的用户模板文件夹中，以后可在"我的模板"中打开使用。

全部修改完成后，单击"幻灯片母版"选项卡→"关闭"选项组→"关闭母版视图"按钮，或单击状态栏"视图切换"按钮，则返回到幻灯片普通视图方式。

> 注意：向母版插入的对象只能在幻灯片母版编辑状态下进行编辑，不能在其他视图下编辑。

2．幻灯片中应用配色

配色是制作演示文稿中的重要环节。配色就是合理搭配各种颜色，使其在视觉效果上赏心悦目。配色决定了演示文稿的风格和整体效果。

演示文稿中幻灯片的配色方案是由"主题"决定的。因此，幻灯片中应用配色方案可以使用系统内置的主题或主题中的"颜色"设置进行整体配色，也可以在修改"主题"颜色基础上，应用"新建主题颜色"自定义配色。

1）使用系统内置的主题或主题中的"颜色"配色

在"设计"选项卡"主题"选项组中，显示了许多系统内置的"主题"，单击组内滚动条下方的"其他"按钮，展开图 3.4 所示"所有主题"列表。与前面介绍的"在母版中应用主题"方法一样应用所选主题，只是当前是在"普通视图"中进行的操作。

应用"主题"，会对幻灯片中的颜色、字体、效果整体起作用，若仅对配色进行设置，只需单击"主题"选项组中"颜色"下拉按钮，展开图 3.6 所示"颜色"下拉列表，在该列表中列出了"内置"和"自 office.com"主题的配色方案及其名称。鼠标指针停留在某配色方案选项上，幻灯片也将显示应用该配色方案的预览效果。单击某配色方案选项，将应用该配色方案。右击则在快捷菜单中可选择该配色方案的应用范围。

2）应用"新建主题颜色"自定义配色

单击图 3.6 所示"颜色"下拉列表中的"新建主题颜色"命令，打开图 3.7 所示的"新建主题颜色"对话框。在"主题颜色"栏中包含四种文本/背景颜色、六种强调文字颜色以及两种超链接颜色。在"示例"栏中可预览文本字体样式和颜色的显示效果。

单击要更改的项目颜色右边的下拉按钮，在展开的图 3.8 所示"主题颜色"列表中也可以更改"主题颜色"，或单击"主题颜色"列表中的"其他颜色"命令，在"颜色"对话框中选择更多颜色。

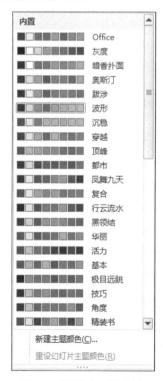

图 3.6 "颜色"下拉列表

图 3.7 "新建主题颜色"对话框

逐项更改后,在"名称"文本框中为主题颜色配色命名。单击"保存"按钮完成自定义配色。此时,在"颜色"下拉列表中将增加"自定义"颜色列表。右击,则在快捷菜单中可选择自定义配色方案的应用范围或将其删除。

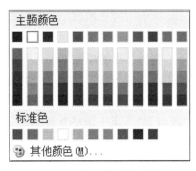

图 3.8 "主题颜色"列表

3)保存更改后的主题

要保存对现有主题的颜色、字体或者线条与填充效果做出的更改,便于将该主题应用到其他文档或演示文稿,可以在展开的图 3.4 所示"所有主题"列表选项中,单击"保存当前主题"命令。打开"保存当前主题"对话框,指定一个文件名,在"保存类型"下拉列表中选择"Office Theme",即扩展名为".thmx"的文件。单击"保存"按钮。系统将该主题自动添加到"设计"选项卡"主题"选项组中的自定义主题列表中。

注意:在演示文稿中一旦应用主题配色,也将更改演示文稿的幻灯片母版,使整个演示文稿进行统一配色。

3.2.3 幻灯片背景设计

背景是幻灯片的风格体现。设置背景需要突出背景的衬托作用,处理好与前景对象的和谐关系。背景既可以在母版中设置,也可以根据需要为不同幻灯片单独设置。

设置幻灯片背景可以套用"背景样式",也可以通过填充方式将颜色、图案或纹理、图片等设置为幻灯片背景。

1.套用"背景样式"设置幻灯片背景

选定需要添加背景的幻灯片,单击"设计"选项卡→"背景"选项组→"背景样式"按钮,展开图 3.9 所示"背景样式"列表。在该列表中可以选择当前系统主题中预设的背景色。右击选中的背景色,在快捷菜单中可选择背景色的应用范围。

2.通过填充方式设置幻灯片背景

选定需要添加背景的幻灯片,单击图 3.9 所示"背景样式"列表中的"设置背景格式"命令;或右击幻灯片空白区域,在快捷菜单选择"设置背景格式"命令,都将打开图 3.10 所示"设置背景格式"对话框。在该对话框"填充"栏中的各个设置选项,就是用于为幻灯片指定不同的背景、改变其显示效果、设置其格式等操作。

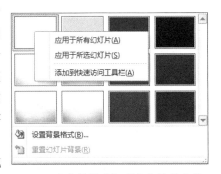

图 3.9 "背景样式"列表和快捷菜单

填充方式共有"纯色填充"、"渐变填充"、"图片或纹理填充"和"图案填充"等四种供选择,默认为"纯色填充"。选中不同的填充方式,"填充"栏中所要设置的项目也有所不同。

选中"纯色填充"，则单击"颜色"按钮图标，显示与图3.8一致的"主题颜色"列表，与前面选择自定义配色方法一样，选择某种颜色，即成为幻灯片背景色。

选中"渐变填充"，则出现图3.11所示"设置背景格式"对话框之"渐变填充"的设置项目。单击"预设颜色"按钮，可在不同名称的预设颜色中选择背景。设置"类型"、"方向"和"角度"等将影响背景色的填充方式。设置"颜色"，将所选颜色添加为背景色成分。设置"亮度"、"透明度"，用于调整背景的显示效果。

选中"图片或纹理填充"，则出现图3.12所示"设置背景格式"对话框之"图片或纹理填充"的设置项目，此时，幻灯片背景将默认设置为"纸莎草纸"的纹理图案。单击"纹理"按钮，可选择其他已命名的纹理图案作背景。单击"文件"按钮，可选择图片文件作为背景。单击"剪贴板"，将剪贴板中的图片或图形填充为背景。单击"剪贴画"，可选择系统中的剪贴画作为背景图案。

选中"图案填充"，则出现图3.13所示"设置背景格式"对话框之"图案填充"的设置项目。

至此，若单击"关闭"按钮，则完成背景设置并应用于当前编辑的幻灯片。若单击"全部应用"按钮，则将设置的背景应用于演示文稿中的所用幻灯片。若单击"重置背景"按钮，将背景恢复为该幻灯片"主题"预设的背景。

图3.10 "设置背景格式"对话框

图3.11 "设置背景格式"对话框之"渐变填充"

> **注意**：若未选中"设置背景格式"对话框"填充"栏中的"隐藏背景图形"复选框，设置的背景效果可能被"主题"中的背景图形遮盖而不可见。

图 3.12 "设置背景格式"对话框之"图片或纹理填充"图 3.13 "设置背景格式"对话框之"图案填充"

3.3 素材处理

在幻灯片中可以插入图片、形状、艺术字、SmartArt 图形、表格、图表等素材，也可以插入伴奏配音、表现视频等，使整个演示文稿美观有趣、醒目张扬、生动活泼、有声有色。

3.3.1 文本

在幻灯片中可输入的文本有四种类型：文本占位符中的文本、文本框中的文本、自选图形中的文本和艺术字文本。文本的输入、编辑和格式设置操作在普通视图中进行，其操作方法与 Word 中的同类操作是相同的。

3.3.2 图片

1. 插入图片

选中幻灯片，单击"插入"选项卡"图像"选项组的"图片"按钮，在弹出的浏览文件对话框中选择图片文件，如图 3.14 所示，单击"插入"按钮即可将图片插入到幻灯片中。

图 3.14 通过功能区按钮插入图片

在很多版式的幻灯片中还提供占位符，例如，图 3.15 所示为一张"两栏内容"版式的幻灯片，在"单击此处添加文本"的占位符中，除可输入文本外，还可单击一些图标，分别插入表格、图表、SmartArt 图形、图片、剪贴画、视频等。单击其中的"插入来自文件的图片"的图标🖼，将打开"浏览文件"对话框插入文件中的图片。

图 3.15　通过占位符插入图片

除插入文件中的图片外，还可通过"复制＋粘贴"的方法将位于其他文档（如 Word 文档）中的图片直接粘贴到幻灯片中。另外，如果缺少合适的图片素材，还可以到 Office 剪贴画中找。在"插入"选项卡"图像"选项组中单击"剪贴画"按钮，打开"剪贴画"任务窗格，单击"搜索"按钮（如不输入任何内容直接单击"搜索"按钮，将搜索出所有剪贴画），然后在下方搜索出的剪贴画中单击所需剪贴画，即可将它插入到幻灯片中。

2. 设置图片格式

在 PowerPoint 中，对图片的很多操作与在 Word 文档中的类似，例如，直接拖动图片本身可调整图片位置、拖动图片四周的控点可调整图片大小、拖动上方绿色控点可旋转图片。单击"图片工具"→"格式"选项卡"大小"选项组右下角的对话框启动器 ⬚，打开"设置图片格式"对话框，对图片大小和位置及旋转角度等可做精确调整。如图 3.16 所示，在对话框的"大小"选项卡中，如选中了"锁定纵横比"，则在更改图片高度的同时宽度会自动变化，以适应纵横比例；在更改宽度的同时高度也会自动变化，以适应纵横比例。要分别设置高度和宽度，应先取消选中"锁定纵横比"，然后再分别设置。

图 3.16　"设置图片格式"对话框

3.3.3　相册

如需插入大量图片，可使用相册功能：PowerPoint 会自动将图片分配到每一张幻灯片中。

在"插入"选项卡"图像"选项组中单击"相册"按钮，从下拉列表中选择"新建相册"命令，弹出"相册"对话框，如图 3.17 所示。单击"文件/磁盘"按钮，弹出"浏览文件"对话框。在对话框中选择图片（可按住【Shift】键选择连续的多张图片，按住【Ctrl】键选择不连续的多张图片）。例如，这里同时选中 10 张图片，单击"插入"按钮，返回到"相册"对话框。PowerPoint 可以将每张图片单独放在一张幻灯片中，也可以在一张幻灯片中包含多张图片。这里希望在一张幻灯片中包含 4 张图片，在对话框的"图片版式"下拉框中选择"4 张图片"。在"相框形状"中选择一种图片效果，如"居中矩形阴影"。单击"创建"按钮，则自动创建了一个新的演示文稿，其中，创建了包含这些图片的若干张幻灯片，并创建了标题幻灯片，创建相册后的效果如图 3.18 所示。

图 3.17　新建相册

图 3.18　创建相册后的效果

3.3.4　SmartArt 图形

SmartArt 图形是预先组合并设置好样式的一组文本框、形状、线条等，在幻灯片中应大量使用 SmartArt 图形，这比使用单纯的文字更能加强图文效果和丰富幻灯片的表现力。

1. 插入 SmartArt 图形

在 PowerPoint 中插入 SmartArt 图形和对 SmartArt 图形的编辑修饰，与在 Word 文档中是类似的。这里举例说明。

在"插入"选项卡"插图"选项组中单击 SmartArt 按钮（在某些具有占位符版式的幻灯片中，也可单击占位符中的"插入 SmartArt 图形"的图标），然后在弹出的"选择 SmartArt 图形"对话框中选择一种 SmartArt 图形。例如，图 3.19 中插入了"列表"中的"垂直框列表"的 SmartArt 图形，并通过"SmartArt 工具"→"设计"选项卡"添加形状"按钮的"在后面添加形状"添加一个形状。在 4 个形状中依次输入"第一代计算机"~"第四代计算机"。

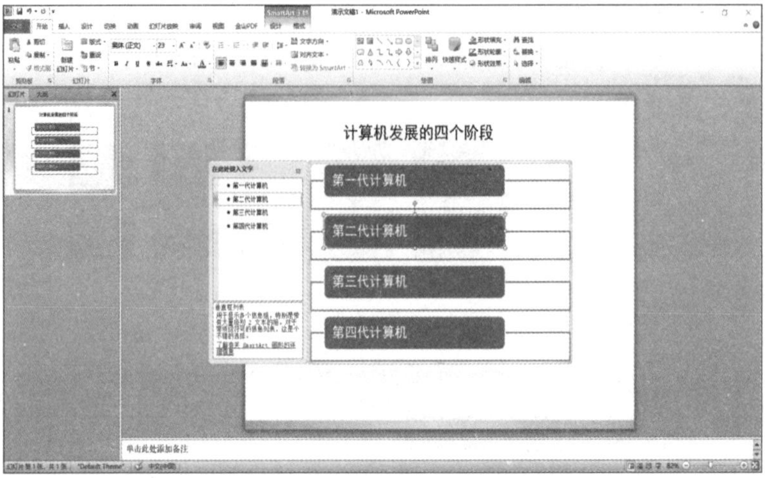

图 3.19　插入 SmartArt 图形

与在 Word 中的操作相同，在"开始"选项卡"字体"选项组中可设置 SmartArt 图形中文字的字体、字号、颜色等，在"SmartArt 工具"→"设计"选项卡"SmartArt 样式"选项组中，可更改 SmartArt 图形的颜色和样式。

2．SmartArt 图形的转换

在 PowerPoint 中，可将文本直接转换为 SmartArt 图形。图 3.20 已在文本框中输入了若干分级文本。选中这些文本，单击"开始"选项卡"段落"选项组中的"转换为 SmartArt"按钮（或右击，从快捷菜单中选择"转换为 SmartArt"），从下拉列表中选择"其他 SmartArt 图形"命令，同样弹出"选择 SmartArt 图形"对话框。从对话框中选择一种类型，如"列表"中的"水平项目符号列表"，单击"确定"按钮，文本即被转换为 SmartArt 图形。再为 SmartArt 图形做一些修饰，如在"SmartArt 工具"→"设计"选项卡"SmartArt 样式"选项组中单击"中等效果"，效果如图 3.21 所示。

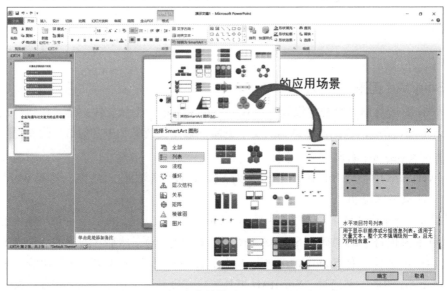

图 3.20　文本转换为 SmartArt 图形

图 3.21　转换后并设置样式为中等效果

3.3.5　表格和图表

在幻灯片中插入表格及对表格的编辑修改，与在 Word 文档中是类似的。单击"插入"选项卡"表格"选项组的"表格"按钮，在下拉列表的预设方格内选择所需的行列数；或者单击"插入表格"命令，在弹出的"插入表格"对话框中输入行数和列数。例如，图 3.22 所示为在幻灯片中插入了一个 6 行 5 列的表格，然后可以在表格中输入文本，如依次输入各列标题为"图书名称""出版社""作者""定价""销量"。在幻灯片中也可以通过单击占位符中的"插入表格"图标插入表格。

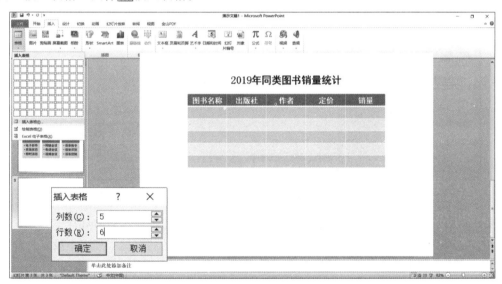

图 3.22　插入表格

3.3.6　音频和视频

1. 插入音频

在幻灯片中添加声音能够起到吸引观众注意力和增加新鲜感的目的。然而，声音不能用得过多，否则会喧宾夺主，成为噪声。

声音既可以来自声音文件，也可以来自剪辑管理器。插入文件中的声音与插入图片的方法类似，插入剪辑管理器中的声音与插入剪贴画的方法类似。

例如，选中一张幻灯片，在"插入"选项卡"媒体"选项组中单击"音频"下拉按钮，从下拉列表中选择"文件中的音频"，如图 3.23 所示。在弹出的浏览文件对话框中选择声音文件，如 BackMusic.mp3，单击"插入"按钮。在幻灯片中出现一个音频图标 ◀，表示声音已经插入。

图 3.23　插入音频

音频图标 ◀ 也类似一个图片，可移动它的位置或改变其大小。当选中音频图标时，在它旁边还出现用于预览声音的播放控制条，如图 3.24 所示。单击该播放条中的播放按钮，就可以播放声音预览声音的效果了。

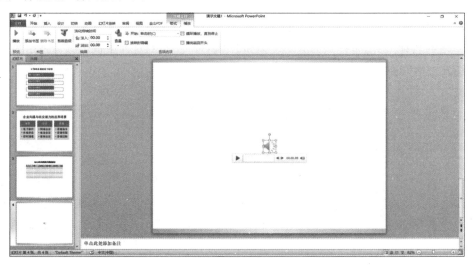

图 3.24　插入音频后的图标和"音频工具"→"播放"选项卡

要在幻灯片放映时播放声音，还要进行一些设置。单击选中插入到幻灯片中的音频图标 ◀，在"音频工具"→"播放"选项卡"音频选项"选项组的"开始"列表中设置此音频开始播放的方式，其中包含的 3 个选项及含义见表 3.1。

表 3.1　"音频选项"选项组"开始"列表中各选项的含义

选　　项	含　　义
自动	时间线上的上一动画结束后（如没有上一动画，则是本张幻灯片开始放映后），自动开始播放声音，切换到下一张幻灯片播放即停止
单击时	时间线上的上一动画结束后（如没有上一动画，则是本张幻灯片开始放映后），并不自动开始播放声音，还需再单击才开始播放声音
跨幻灯片播放	时间线上的上一动画结束后（如没有上一动画，则是本张幻灯片开始放映后），自动开始播放声音，切换到下一张幻灯片声音也不停止，一直播放到演示文稿的所有幻灯片放映结束或整个声音播放完毕

在幻灯片放映结束前，如果声音已经播放完，则声音停止，尤其对于时长比较短的声音。如果希望声音在播放一遍结束后还能重新再重头播放，一直到所有幻灯片都放映结束，则需选中该选项组中的"循环播放，直到停止"复选框，这样即使对于时长比较短的声音，也能保证全程放映幻灯片时都有背景音乐。

音频图标🔊如果没有被放到幻灯片外，是会一直显示的。如果在放映时自动播放音频，则往往不希望再显示图标，此时可选中该选项组中的"放映时隐藏"。

综上，如果希望在幻灯片开始放映时就播放声音，切换到下一张幻灯片时播放也不停止，在播放全程都有持续的背景声音，一般应在"开始"列表中选择"跨幻灯片播放"，并选中"放映时隐藏"。如果音频时长较短，为使全程都有声音，还需选中"循环播放，直到停止"。

2．插入视频

在"插入"选项卡"媒体"选项组中单击"视频"按钮，从下拉菜单中选择"文件中的视频"或"剪贴画视频"，可分别插入对应来源的视频，方法与插入音频类似。

3.3.7　其他文档对象

与在 Word 文档中以对象方式嵌入其他文档类似，在 PowerPoint 幻灯片中也可以嵌入来自其他应用程序的文档，且可以设置与外部文档链接：当外部文档被修改后，在幻灯片中插入的对象也会对应修改。

3.4　动画设置

PowerPoint 最大的魅力是提供了丰富的动画功能来突出重点，使播放时生动活泼，充满趣味性。在演示文稿中，为幻灯片中的文本、图片和其他对象设置旋转、飞入、按序逐一显示等各种动画效果，被称为幻灯片动画设置；为幻灯片之间转换设置不同的动画效果，使其以不同的方式呈现，被称为幻灯片切换设置。

3.4.1　幻灯片动画设置

演示文稿中幻灯片动画共有"进入"、"强调"、"退出"和"动作路径"四种类型，每种类型包含多种动画样式。

"进入"动画，就是幻灯片放映时，幻灯片中的动画对象从无到有的显现过程。"强调"动画，就是幻灯片放映时，通过动画对象的动作引起注意，强调动画对象的重要性。"退出"动画与"进入"动画正好相反，就是让动画对象从有到无的消隐过程。"路径动画"就是让动画对象沿预先设计好的路径从起点到终点移动，并伴随一些特殊效果。一个动画对象上也可以设置多种动画样式，完成较复杂的动画效果。

幻灯片动画设置在"动画"选项卡中进行。选中要设置动画的幻灯片对象，即动画对象，如图 3.25 所示，"动画"选项卡被激活。选项卡中有"预览"、"动画"、"高级动画"和"计时"四个分类组。"动画"组中的"动画样式"列表是选择动画的主要区域。

四种类型的幻灯片动画在设置方法上基本一致。下面介绍基本操作步骤。

1．选择动画类型和动画样式

选中要设置的动画对象，单击"动画样式"列表右下"其他"按钮，展开图 3.26 所示"动画样式"列表。每个类别用不同颜色列出了常用的动画样式。要查看更多动画样式，可分类选择"动画样式"列表下的菜单命令，在打开的对话框中查看并选择。在此过程中，动画对象将根据所选择的"动画样式"演示其预览效果。

图 3.25　"动画"选项卡

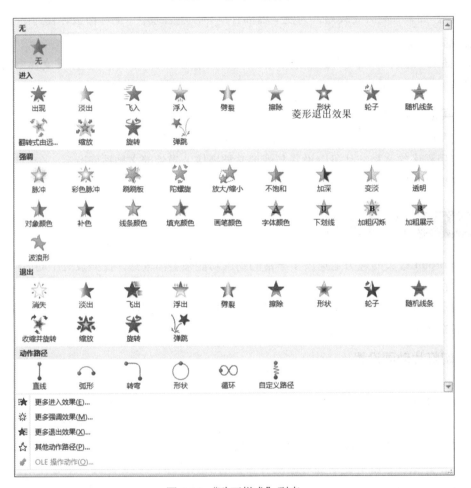

图 3.26　"动画样式"列表

选中所需要的动画样式后，例如"进入"类的"飞入"，在该对象左侧将标注动画播放"序号"，表示动画演示的顺序。"动画样式"列表中"飞入"样式图标将显示选中状态。

2．添加动画样式

若要在同一个动画对象上添加其他"动画样式"，例如，在已有"飞入"样式上添加"强调"类的"放大 / 缩小"样式，必须单击"高级动画"选项组中的"添加动画"按钮，在同样展开的"动画样式"列表中，选中"放大 / 缩小"样式，此时，"动画"选项组"动画样式"

列表中将显示表示动画对象上设置了多个动画样式的图标 。

> 注意：若直接在图3.26所示"动画样式"列表中选择，则会将已有"飞入"样式更改为"放大／缩小"样式，而不是添加操作。

3. 设置动画效果

选中"动画样式"后，列表右侧的"效果选项"按钮被激活，单击该按钮，展开"效果选项"按钮组，可以快速设置动画效果。

要选择更多"效果选项"，单击"动画"选项组右下角 按钮，打开图3.27所示"效果选项"对话框之"效果"选项卡。在该对话框中，可以设置更详尽的"效果选项"，如动画动作的持续时间、伴随动画播放的声音等。单击图中"计时"选项卡，显示图3.28所示"效果选项"对话框之"计时"选项卡。在该对话框中可以设置动画开始的方式，默认是单击鼠标时开始播放动画。动画延续的时间即播放动画效果的时长。"重复"即循环播放次数等。设置"开始"和"延迟"选项，可以使动画播放自动连续地进行。单击"触发器"按钮，在展开的选项中设置触发机制。该选项的常用设置也可在"动画"选项卡"计时"选项组中对应的项目中进行。"动画样式"不同，"效果选项"设置项目也有所不同。

图 3.27 "效果选项"对话框之"效果"选项卡　　图 3.28 "效果选项"对话框之"计时"选项卡

可以对幻灯片中要设置动画的其他对象依次设置"动画样式"，完成整张幻灯片动画的设置。单击"动画"选项卡"预览"选项组中的"预览"按钮，可以预览整个动画效果。单击"动画"选项卡"计时"选项组中的"向前移动"或"向后移动"按钮，可以调整动画对象的播放顺序。要删除动画设置，只要选中动画对象，单击"动画样式"列表中的"无"即可。

在"动画"选项卡"高级动画"选项组中的"动画刷"按钮是PowerPoint2010新增功能之一，利用它就像在Word中使用"格式刷"一样，而它能复制的只是"动画样式"。

4. 使用"动画窗格"

单击"动画"选项卡"高级动画"选项组中的"动画窗格"按钮，打开图3.29所示"动画窗格"，该窗格可以方便用户对动画细节进行调整。窗格列出了当前已设置动画的动画对象列表，包括了动画序号、动画样式、动画对象和播放的持续时间等信息。单击选中的动画对象的下拉按钮，展开图3.30所示下拉列表，选择该列表中的相关命令可以进一步调整动画效果，或者删除动画设置。单击窗格中的"播放"按钮可观看整个动画效果。单击"重新排序"（ 和 ）可以调整动画对象播放顺序。

图 3.29　动画窗格　　　　　　　　　　图 3.30　动画窗格之下拉列表

3.4.2　幻灯片切换设置

幻灯片切换是指放映演示文稿时，从一张幻灯片转换成另一张幻灯片时的过程，转换时产生的不同动画效果就是幻灯片的切换效果。用户可选择各种不同的切换效果，并设置切换速度和伴随的声音。设置切换效果可以在普通视图或幻灯片浏览视图中进行，在图 3.31 所示"切换"选项卡中进行。

图 3.31　"切换"选项卡

下面介绍基本操作步骤：

1．选择切换方案

打开演示文稿文件，在普通视图或幻灯片浏览视图中，选择需要应用切换效果的幻灯片。单击"切换"选项卡"切换到此幻灯片"选项组"切换方案"列表，或单击"切换方案"列表右下"其他"按钮，展开图 3.32 所示完整的"切换方案"列表。选中某切换方案，例如"推进"切换方案。此时"切换方案"列表中，"推进"方案显示被选中状态。在幻灯片左侧（普通视图）或左下方（浏览视图）会显示一个"播放动画"标记 ，单击该标记，可以预览切换方案的播放效果。

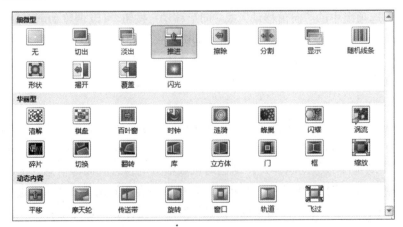

图 3.32　"切换方案"列表

2．设置效果选项

选中"切换方案"后，"切换方案"列表右侧"效果选项"按钮被激活。单击该按钮，展开"效果选项"按钮组，选择其中一种，可显示不同效果。

3．设置计时选项

单击"切换"选项卡"计时"选项组"声音"下拉按钮，展开图 3.33 所示"声音"下拉列表。在该列表中可选择系统中预置的声音，还可以插入音频文件为切换配音，只是音频文件必须为".wav"格式。调整"持续时间"选项内数值，可设置切换过程的时限。单击"全部应用"按钮，则将所有幻灯片设置成当前"切换方案"。

4．设置换片方式

默认情况下，换片方式采用鼠标单击，即播放时单击鼠标才触发幻灯片切换过程，否则一直播放当前幻灯片。要让幻灯片自动完成切换过程可以选中"设置自动换片事件"复选框，并设置时限值。此时，在浏览视图中幻灯片下方会显示时限值，幻灯片播放时间达到时限值，自动切换到下一张幻灯片。

图 3.33 "声音"下拉列表

依次按上面步骤，对每张幻灯片进行切换设置。完成设置后，按【F5】键，观看整个演示文稿的放映。

3.5　放映和输出

演示文稿的放映是设置幻灯片的最后环节，也是幻灯片制作的最终目标。有效设置演示文稿的放映，是演示文稿能真正发挥作用的关键。

3.5.1　演示文稿的放映

PowerPoint 为幻灯片的放映设计了灵活、多样的放映方式，通过对放映环节的各项设置，达到既能体现演讲者意图、又能适应环境需要的有效放映要求。

1．设置放映时间

演示文稿的放映速度会影响观众的反应，因此用户在正式放映演示文稿之前，可通过前面介绍的"切换"选项卡"计时"选项组"换片方式"中"设置自动换片时间"确定幻灯片放映时长的方法；也可通过"排练计时"记录放映时间，设计好理想的放映速度。后者的操作步骤如下：

（1）单击"幻灯片放映"选项卡"设置"选项组中的"排练计时"按钮。系统开始全屏播放幻灯片，并显示"录制"控制条。该控制条上有"下一项"、"暂停"和"重复"按钮，并显示当前"幻灯片放映时间"及总的放映时间。

（2）要播放下一张幻灯片时，可单击"录制"控制条上，或出现在放映窗口下的"下一项"按钮 ➡。

（3）放映结束或中断放映，系统会显示此次放映使用的时间，并询问是否要保留新定义的时间。单击"是"接受，系统在"幻灯片浏览视图"中，显示每张幻灯片的播放用时。单击"否"则退出放映。

2．设置自定义放映

演示文稿由多张幻灯片组成，在不同场合，有不同要求的演讲需要在演示文稿中选择部分幻灯片重新组织后放映，实现"一稿多用"的功能。此时就需要设置自定义放映。具体操作如下：

（1）单击"幻灯片放映"选项卡→"开始放映幻灯片"选项组→"自定义幻灯片放映"按钮，在展开的列表中选中"自定义放映"项，打开图 3.34 所示"自定义放映"对话框。

（2）在图 3.34 所示对话框中，单击"新建"按钮，打开图 3.35 所示"定义自定义放映"对话框。在该对话框"在演示文稿中的幻灯片"列表中可以选择需要放映的幻灯片"添加"到"在自定义放映中的幻灯片"列表中，允许多选、复选。在"在自定义放映中的幻灯片"列表中，也可以调整放映的顺序。在"幻灯片放映名称"文本框中命名"自定义放映"的名称(本例为"营销计划概要")，便于引用。单击"确定"按钮，返回"自定义放映"对话框。

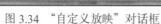

图 3.34 "自定义放映"对话框　　　　图 3.35 "定义自定义放映"对话框

此时，在"自定义放映"对话框的"自定义放映"列表框中将增加一项名为"营销计划概要"的自定义放映。可以继续按以上步骤新增自定义放映，所有的自定义放映名都将出现在"自定义幻灯片放映"按钮的下拉列表项中。单击"放映"按钮，系统开始按自定义放映设置进行放映。单击"关闭"按钮，完成设置。

3．隐藏幻灯片

演示文稿放映时，会跳过设置为隐藏的幻灯片。要将幻灯片设置为隐藏，可在普通视图或幻灯片浏览视图中进行，后者更为方便。选中要隐藏的幻灯片（可以多选），单击"幻灯片放映"选项卡→"设置"选项组→"隐藏幻灯片"按钮即可。此时，幻灯片编号上会打上"\"标记，表示该幻灯片被隐藏，放映时将略过。

4．设置放映方式

在 PowerPoint 中，用户可根据需要，使用不同方式放映幻灯片。单击"幻灯片放映"选项卡→"设置"选项组"设置放映方式"按钮，打开图 3.36 所示"设置放映方式"对话框。各项主要设置操作如下：

1）设置放映类型

有三种放映类型可供选择：

（1）演讲者放映（全屏幕）。此方式一般是演讲者边讲边演示，由演讲者控制放映。可采用自动或人工方式运行幻灯片放映、演讲者可以暂停放映、录下旁白或即席反应。当需要将幻灯片投影到大屏幕上或使用演示文稿会议时，一般用此方式。

（2）观众自行浏览（窗口）。此方式可运行小屏幕的演示文稿。此时，放映的演示文稿出现在窗口，并提供一些常用命令，可在放映时移动、编辑、复制和打印幻灯片，同时可运行其他程序。

（3）在展台浏览（全屏幕）。选择此选项可自动反复运行演示文稿。如在摊位、展台或其他需要运行无人管理的幻灯片，可选此放映方式。运行时大多数命令都不可用，且放映完毕后会自动重新开始播放。

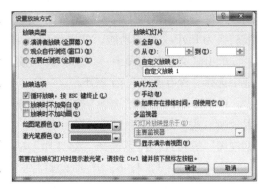

图 3.36 "设置放映方式"对话框

2）设置放映幻灯片

要完整放映演示文稿中的全部幻灯片，可选择"全部"。要放映演示文稿中的部分幻灯片，有两种选择：

（1）放映的是演示文稿中按顺序连续编号的幻灯片，则在"从…到…"指定开始到结束的幻灯片编号，如从 10 到 20。

（2）放映的是演示文稿中不按序号排列的幻灯片，则必须先按前面介绍的"设置自定义放映"的方法设置并命名一个自定义放映后，选择"自定义放映"选项，在下拉列表中选择该自定义放映。

3）设置放映选项

默认为"循环放映，按 ESC 键终止"。单击"绘图笔颜色"下拉按钮，可以设置放映时在幻灯片上做出标记的墨迹颜色。单击"激光笔颜色"下拉按钮，可以设置放映时模拟激光笔指示的颜色。

4）设置换片方式

默认为"手动"，即鼠标单击或按下【Enter】键切换幻灯片。若已通过"排练计时"，保留了排练时间，则可选中"如果存在排练时间，则使用它"，使放映过程在一定的时间内完成。

5．放映幻灯片

在 PowerPoint 中全屏放映幻灯片，都将按"设置放映方式"中的设置放映，方法主要有：

- 在幻灯片任何一种视图下，按下【F5】键，全屏放映幻灯片。
- 单击演示文稿右下角的视图按钮组中的"幻灯片放映"按钮 🖵 。
- 单击"幻灯片放映"选项卡→"开始放映幻灯片"选项组→"从头开始"按钮。
- 单击"文件"选项卡→"另存为"按钮。将演示文稿保存为"PowerPoint 放映"即扩展名为".ppsx"的文件。在不打开 PowerPoint 的情况下，直接播放。

3.5.2 演示文稿的输出

1．演示文稿的保存

1）保存为 PDF 文件

PDF 文件是广为流传的一种文件格式，有良好的通用性和安全性，虽然需要专门的 PDF

阅读软件查看，但网上有大量免费的 PDF 阅读软件供下载使用。PowerPoint 提供了将演示文稿转换为 PDF 文档的功能，其操作如下：

单击"文件"选项卡→"另存为"按钮，打开图 3.37 所示"另存为"对话框。在该对话框中选择"保存类型"为 PDF。

单击图 3.37 中的"选项"按钮，打开图 3.38 所示"选项"对话框。注意"范围"选项与"设置放映方式"对话框中对应项的一致性。"发布内容"下拉列表中还有"备注页""讲义""大纲视图"等可选。注意选择"幻灯片"和"讲义"的区别。前者每张幻灯片为一页，后者每页可选"1，2，3，4，6，9"张幻灯片。

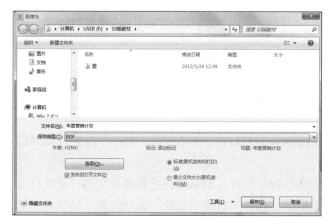

图 3.37 "另存为"对话框　　　　　　　　　图 3.38 "选项"对话框

单击"确定"按钮返回"另存为"对话框，再单击"保存"按钮，系统显示发布进程。完成转换过程，使用系统默认的 PDF 阅读程序打开文档。

同样可以单击"文件"选项卡→"保存并发送"选项组→"创建 PDF/XPS 文档"按钮，展开图 3.39 所示"保存与发送"窗口，在该窗口中，单击右侧"创建 PDF/XPS"按钮，接下来打开"发布"对话框与前面"另存为"对话框类似，进行类似的设置也能将演示文稿转换成 PDF 文档。

图 3.39 "保存与发送"窗口

2）打包演示文稿

打包演示文稿，就是将所有与演示文稿有关的文件全部放入一个文件夹中，然后将该文件夹整体复制到外存储器中或其他计算机中，该文件夹也称包。该文件夹中可包含任何链接的文件，如文稿中要用到 TrueType 的字体。若要在没有安装 PowerPoint 的计算机上运行演示文稿，则必须将 PowerPoint 播放器一并放入文件夹。打包演示文稿的步骤如下：

（1）打开"打包成 CD"对话框。在图 3.39 所示"保存与发送"窗口中，单击"将演示文稿打包成 CD"，再单击窗口右侧"打包成 CD"按钮，打开图 3.40 所示"打包成 CD"对话框。

（2）添加文件。在"打包成 CD"对话框中，单击"添加"按钮，可添加要求在包中包含的文件。

（3）设置选项。在"打包成 CD"对话框中，单击"选项"按钮，打开图 3.41 所示打包"选项"对话框，对该对话框中设置密码可以增强演示文稿的安全性。完成设置后，单击"确定"按钮，返回打包"选项"对话框。

图 3.40 "打包成 CD"对话框

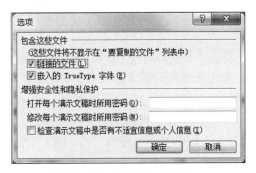

图 3.41 "选项"对话框

（4）选择文件夹存放位置

单击"复制到文件夹"按钮，通过"浏览"找到存放打包文件的目标位置。单击"复制到 CD"按钮，将文件夹刻录到 CD 盘上。最后单击"关闭"按钮，完成打包操作。

2．演示文稿的打印

当用户需要将幻灯片、讲义、备注页或大纲从打印机输出，单击"文件"选项卡→"打印"组，展开图 3.42 所示"打印"窗口。在该窗口进行设置，就能打印出满意的多种形式的幻灯片文稿。

"打印"窗口中的部分设置项目如下：

打印范围，单击"打印全部幻灯片"按钮，展开图 3.43 所示打印范围设置列表，可根据打印要求单击相应按钮，完成设置。

设置打印版式和讲义，内容可以是幻灯片、讲义、备注页和大纲。幻灯片就是一页只打印一张幻灯片，打印出来的效果与幻灯片视图中显示的相同。讲义是将多张幻灯片打印在一页上，可选择每页打印的幻灯片数目以及打印顺序。选择备注页，可以在打印幻灯片时，同时打印备注。选择大纲可以打印大纲窗格中显示的所有文本。版式是幻灯片在页面的位置分布。

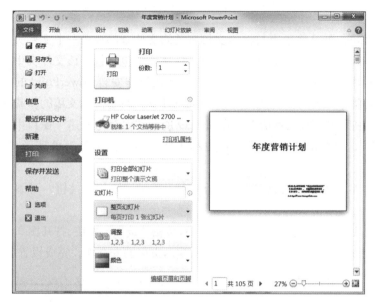

图 3.42　"打印"窗口

　　单击"整页幻灯片"按钮,展开图 3.44 所示"打印版式"列表。用户根据该列表各选项说明,单击选择符合要求的版式。根据纸张调整大小选项,用于缩小或放大幻灯片的图像,使它们适应打印的页。在设置过程中,可同时在预览窗口查看打印的效果。

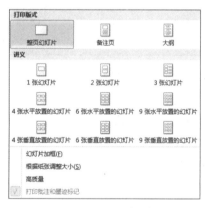

图 3.43　打印范围设置列表　　　　　　　图 3.44　"打印版式"列表

3.6　演示文稿设计实验

　　通过本章的学习与实验,读者应该掌握如下知识点:
* 演示文稿的创建、幻灯片的编辑、元素的插入（包括文本、符号、图形、图表、动画和多媒体）。
* 演示文稿主题与背景的设计。
* 幻灯片切换及效果的设计。
* 演示文稿放映设置、演示文稿的保存发送与打印等。

本章主要针对 PowerPoint 的高级应用设计了 7 个实验（共 30 个任务），让读者能够熟练掌握幻灯片中对象的使用（包括图片、图形、艺术字、表格、图表及音视频）、动画效果、切换效果及幻灯片放映的设置，从而更好地强化读者实际动手能力。

实验1 文本动画设计

通过本实验让读者熟练掌握幻灯片的创建、模板的设计、日期的插入与更新、文本动画效果、动作按钮的添加及幻灯片切换效果的设计方法及步骤。

任务 1 "龙腾四海"模板设计及日期插入

任务描述：

在答题文件夹下，打开"ppt1.pptx"文件，将幻灯片的设计模板设置为"龙腾四海"；给幻灯片插入日期（自动更新，格式为 × 年 × 月 × 日），效果如图 3.45 所示。

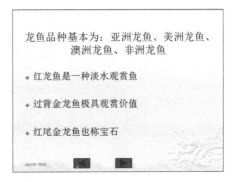

图 3.45　模板设计及日期插入效果图

操作步骤：

（1）打开"ppt1.pptx"文件，单击"设计"选项卡，在"主题"选项组中选择"内置"中的"龙腾四海"主题效果（见图 3.46）。

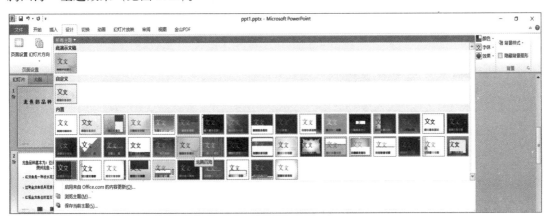

图 3.46　模板设计

（2）单击"插入"选项卡→"文本"选项组"页眉和页脚"，在"页眉和页脚"对话框中选择"幻灯片"选项卡，勾选"日期和时间"复选框，选中"自动更新"单选按钮，并选择时间格式为×年×月×日，再勾选"标题幻灯片中不显示"，最后单击"全部应用"按钮（见图3.47）。

图3.47 日期插入与更新

任务2 文本进入、强调和退出效果设置

任务描述：

将第二张幻灯片中文本内容"红龙鱼是一种淡水观赏鱼"的进入效果设置成"飞入→自顶部"；"过背金龙鱼极具观赏价值"的强调效果设置成"彩色脉冲"；"红尾金龙鱼也称宝石"的退出效果设置成"菱形"，效果如图3.48所示。

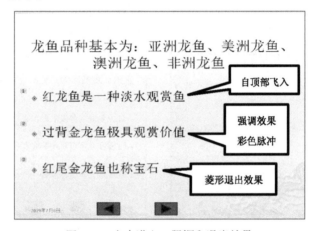

图3.48 文本进入、强调和退出效果

操作步骤：

（1）选中文本内容，单击"动画"选项卡，在"进入"选项组中选择"飞入"效果，在"效果选项"下拉列表中选择"自顶部"（见图3.49）。

（2）选中文本内容，单击"动画"选项卡，在"强调"选项组中选择"彩色脉冲"效果（见图3.50）。

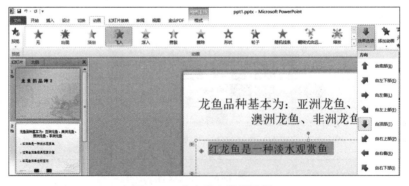

图3.49 文本进入效果设置

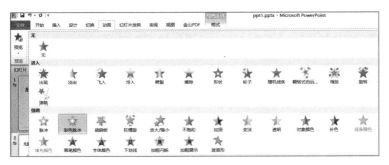

图 3.50　文本强调效果设置

（3）选中文本内容，单击"动画"选项卡→"高级动画"选项组→"添加动画"，在下拉列表中选择"更多退出效果"，在"基本型"组中选择"菱形"效果（见图 3.51）。

任务 3　幻灯片切换效果设置

任务描述：

将幻灯片的切换效果为"覆盖→从左上部"；实现每隔 2 s 自动切换。

操作步骤：

（1）单击"切换"选项卡，在"切换到此幻灯片"选项组中选择"覆盖"效果，再单击"效果选项"，在下拉列表中选择"从左上部"（见图 4.8）。

图 3.51　文本退出效果设置

（2）在"切换"选项卡下"计时"选项组的"换片方式"中，勾选"设置自动换片时间"，并设置时间为 2 s；最后单击"全部应用"按钮（见图 3.52）。

图 3.52　切换效果设置

任务 4　动作按钮的添加

任务描述：

在页面中先添加"前进"动作按钮（前进或下一项），再添加"后退"（后退或前一项）的动作按钮（使用幻灯片母版，在母版第一页实现）。

操作步骤：

单击"视图"选项卡，在"母版视图"选项组中选择"幻灯片母版"，选中母版第一页，单击"插入"选项卡→"插图"选项组→"形状"，在"动作按钮"中分别选择"前进或下一项"

和"后退或前一项"并放置幻灯片中，如图 3.53 所示。在"动作设置"对话框中分别选中"超链接到"→"下一张幻灯片"和"上一张幻灯片"如图 3.54 所示。

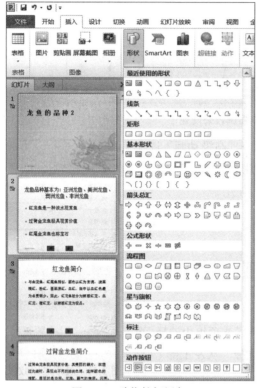

图 3.53　动作按钮添加

图 3.54　动作设置

任务 5　文本动画效果设置

任务描述：

在幻灯片最后一页后新增加一页。设计出如下效果：单击鼠标，文字动作轨迹从底部垂直向上显示，最后消失，效果如图 3.55 和图 3.56 所示。注意：字体规定为宋体、20 号，文字内容指定如下（最后不要多添加空行）：

红龙鱼是一种淡水观赏鱼

过背金龙鱼极具观赏价值

红尾金龙鱼也称宝石

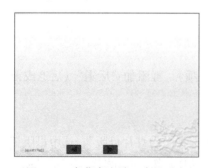

图 3.55　字幕在底端，未显示出

图 3.56　字幕垂直向上移动，最后消失

操作步骤:

(1)选中最后一张幻灯片,单击"新建幻灯片",右击新建的幻灯片,选择快捷菜单中的"版式"→"空白"主题。输入相应的文本内容,选中文本,右击选择"字体",在弹出的"字体"对话框中,"中文字体"选择"宋体","大小"选择"20"。

(2)选中文本内容,单击"动画"选项卡,在"动画"选项组"其他"下拉列表中选择"其他动作路径"在弹出对话框中选择"向上"(见图 3.57),拖动线条首尾箭头调整直线位置及长度,注意线条长度要比幻灯片高度长。

图 3.57　动作路径设置

实验 2　笑脸动画设计

通过本实验让读者熟练掌握幻灯片的创建、模板的设计、日期的插入与更新、文本和图形动画效果、动作按钮的添加及幻灯片切换效果的设计方法及步骤。

任务 1　"穿越"模板设计及日期插入

任务描述:

在答题文件夹下,打开"ppt2.pptx"文件,将幻灯片的设计模板设置为"市镇";给幻灯片插入日期(自动更新,格式为 × 年 × 月 × 日),标题幻灯片中不显示,效果如图 3.58 所示。

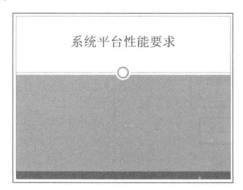
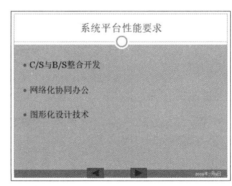

图 3.58　模板设计及日期插入效果

操作步骤:

(1)打开"ppt2.pptx"文件,单击"设计"选项卡,在"主题"选项组中选择"内置"中的"市镇"主题效果(见图 3.59)。

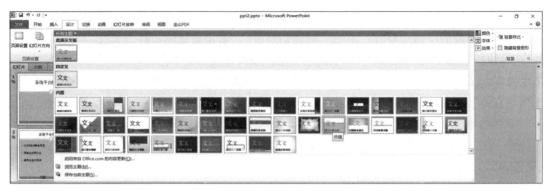

图 3.59　模板设计

（2）单击"插入"选项卡→"文本"选项组"页眉和页脚"，在"页眉和页脚"对话框中选择"幻灯片"选项卡，勾选"日期和时间"复选框，选中"自动更新"单选按钮并选择时间格式为 × 年 × 月 × 日，再勾选"标题幻灯片中不显示"复选框，最后单击"全部应用"按钮（见图 3.60）。

图 3.60　日期插入与更新

任务 2　文本进入、强调和退出效果设置

任务描述：

将文本内容"C/S 与 B/S 整合开发"的进入效果设置成"飞入→自左侧"；"网络化协同办公"的强调效果设置成"彩色脉冲"；"图形化设计技术"的退出效果设置成"飞出→到右侧"，如图 3.61 所示。

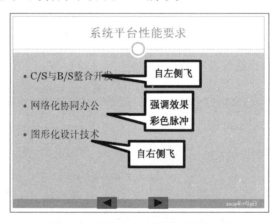

图 3.61　文本进入、强调和退出效果

操作步骤：

（1）选中文本内容，单击"动画"选项卡，在"进入"组中选择"飞入"效果，单击"效果选项"，在下拉列表中选择"自左侧"（见图 3.62）。

（2）选中文本内容，单击"动画"选项卡，在"强调"组中选择"彩色脉冲"效果（见图 3.63）。

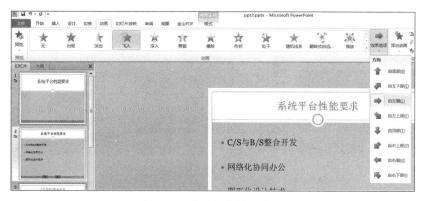

图 3.62　文本进入效果设置

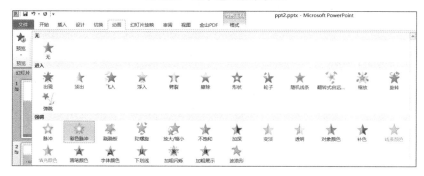

图 3.63　文本强调效果设置

（3）选中文本内容，单击"动画"选项卡，在"退出"组中选择"飞出"效果，单击"效果选项"，在下拉列表中选择"到右侧"（见图 3.64）。

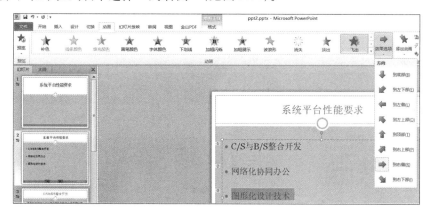

图 3.64　文本飞出效果设置

任务 3　幻灯片切换效果设置

任务描述：

将幻灯片的切换效果设置为"覆盖→从右下部"；实现每隔 2 s 自动切换。

操作步骤

（1）单击"切换"选项卡，在"切换到此幻灯片"选项组中选择"覆盖"效果，再单击"效果选项"，在下拉列表中选择"从右下部"（见图 3.65）。

（2）在"计时"选项组"换片方式"中，勾选"设置自动换片时间"复选框，并设置时间为 2 s；最后单击"全部应用"按钮（见图 3.65）。

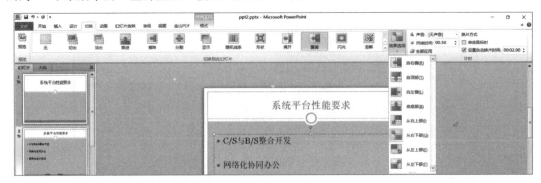

图 3.65　切换效果设置

任务 4　动作按钮的添加

任务描述：

在页面中先添加"前进"动作按钮（前进或下一项），再添加"后退"（后退或前一项）的动作按钮。（使用幻灯片母板，在母板第一页实现。）

操作步骤：

单击"视图"选项卡，在"母版视图"选项组中选择"幻灯片母版"，选中母版第一页，单击"插入"选项卡→"插图"选项组→"形状"按钮，在"动作按钮"中分别选择"前进或下一项"和"后退或前一项"，并放置幻灯片中，在弹出的"动作设置"对话框"超链接到"单选按钮下，分别选择"下一张幻灯片"和"上一张幻灯片"（见图 3.66）。

图 3.66　动作按钮添加

任务 5　图形动画效果设置

任务描述：

在幻灯片最后一页后，新增加一页。设计出如下效果：单击，"右箭头"为圆形运动轨迹，旋转 3 遍，效果如图 3.67 和图 3.68 所示。（注意：先设计笑脸，然后右箭头。笑脸图像高、宽为 6 cm、右箭头大小由读者自定。）

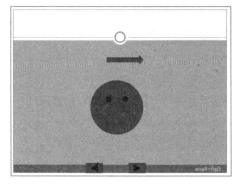

图 3.67　初始界面

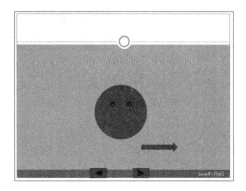

图 3.68　右箭头，图形扩展，旋转 3 遍

操作步骤：

（1）选中最后一张幻灯片，单击"开始"选项卡→"幻灯片"选项组→"新建幻灯片"，即可新建一张幻灯片。右击新建的幻灯片，在弹出的快捷菜单中选择"版式"，在弹出的"office 主题"中选择"空白"。新建幻灯片变为空白幻灯片。单击"插入"选项卡→"插图"选项组→"形状"，选择"基本形状"中的"笑脸"插入到幻灯片中。

（2）单击笑脸，再"绘图工具"→"格式"选项卡，在"大小"选项组中将高度和宽度设置为 6 厘米。

（3）单击"插入"选项卡→"插图"选项组→"形状"，在"箭头汇总"中选择"右箭头"插入幻灯片中，选中右箭头，在"动画"选项卡→"动画"选项组的"动作路径"中选择"形状"，再对形状做相应调整，使其能够绕着笑脸运行。

（4）单击"高级动画"选项组中的"动画窗格"在弹出的"动画窗格"任务窗格中右击"右箭头"，在快捷菜单中选择"计时"命令，弹出"圆形扩展"对话框，在"计时"选项卡中设置重复 3 次，最后单击"确定"按钮（见图 3.69）。

图 3.69　动画计时

实验3　五角星动画设计

通过本实验，让读者熟练掌握幻灯片的创建、模板的设计、日期的插入与更新、文本和图形动画效果、动作按钮的添加及幻灯片切换效果的设计方法及步骤。

任务 1　"平衡"模板设计及日期插入

任务描述：

在答题文件夹下，打开"ppt3.pptx"文件，将幻灯片的设计模板设置为"平衡"；给幻灯片插入日期（自动更新，格式为 × 年 × 月 × 日），效果如图 3.70 所示。

图 3.70　模板设计与日期插入

操作步骤：

（1）打开"ppt3.pptx"文件，单击"设计"选项卡，在"主题"选项组中选择并单击"内置"中的"平衡"主题效果（见图 3.71）。

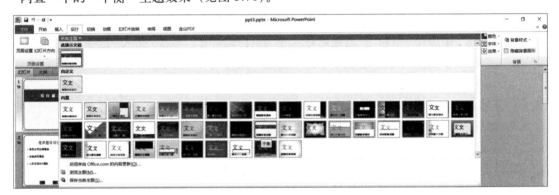

图 3.71　模板设计

（2）单击"插入"选项卡→"文本"选项组→"页眉和页脚"，在"页眉和页脚"对话框中选择"幻灯片"选项卡，勾选"日期和时间"复选框，选中"自动更新"并选择时间格式为 × 年 × 月 × 日，再勾选"标题幻灯片中不显示"复选框，最后单击"全部应用"按钮（见图 3.72）。

图 3.72　日期插入与更新

任务 2　文本进入、强调和退出效果设置

任务描述：

将文本内容"信息分析处理模块"的进入效果设置成"飞入→自左侧"；"功能实现模块"的强调效果设置成"波浪形"；"人机交互 GUI 模块"的退出效果设置成"棋盘"。

操作步骤：

（1）选中文本内容，单击"动画"选项卡，在"进入"组中选择"飞入"效果，单击"效果选项"，在下拉列表中选择"自左侧"（见图 3.73）。

图 3.73　文本进入效果

　　(2) 选中文本内容，单击"动画"选项卡，在"更多强调效果"的"华丽型"栏中选择"波浪形"效果（见图 3.74）。

　　(3) 选中文本内容，单击"动画"选项卡，在"更多退出效果"的"基本型"栏中选择"棋盘"效果（见图 3.75）。

图 3.74　文本强调效果

图 3.75　文本退出效果

任务 3　幻灯片切换效果设置

任务描述：

将幻灯片的切换效果为"覆盖→从右上部"；实现每隔 2 s 自动切换。

操作步骤：

　　(1) 单击"切换"选项卡，在"切换到此幻灯片"选项组中选择"覆盖"效果，再单击"效果选项"，在下拉列表中选择"从右上部"。

　　(2) 单击"切换"选项卡，在"计时"选项组的"换片方式"中，勾选"设置自动换片时间"复选框，并设置时间为 2 s；最后单击"全部应用"按钮。（见图 3.76）

图 3.76　切换效果设置

任务 4　动作按钮的添加

任务描述：

在页面中先添加"前进"动作按钮（前进或下一项），再添加"后退"（后退或前一项）动作按钮（使用幻灯片母板，在母板第一页实现。）

操作步骤：

单击"视图"选项卡，选择"幻灯片母版"，选中母版第一页，单击"插入"选项卡→"插图"选项组中的"形状"，在"动作按钮"中分别选择"前进或下一项"和"后退或前一项"并放置幻灯片中，在"动作设置"对话框中分别选中"超链接到"→"下一张幻灯片"和"上一张幻灯片"（见图 3.77）。

图 3.77　动作设置

任务 5　图形动画效果设置

任务描述：

在幻灯片最后一页后，新增加一页。设计出如下效果：单击，依次逆时针"飞入→自底部"五角星的光芒，效果如图 3.78 和图 3.79 所示（注意：先设计五角星，然后右箭头光芒。五角星图像高、宽为 6 cm、右箭头光芒的大小由读者自定）。

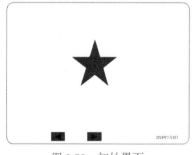

图 3.78　初始界面

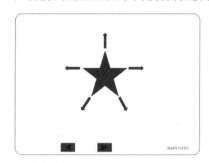

图 3.79　单击鼠标，逆时针依次显示五角星的光芒

操作步骤：

（1）选中最后一张幻灯片，单击"新建幻灯片"，即可新建一张新的幻灯片，右击新建好的幻灯片，单击"版式"，在弹出的"Office 主题"中选择"空白"。单击"插入"选项卡→"插图"选项组中的"形状"，选择"五角星"。

（2）单击五角星，再选择"格式"选项卡，在"大小"选项组中将高度和宽度设置为 6 cm。

（3）单击"插入"选项卡→"插图"选项组中的"形状"，选择"右箭头"，放置到幻灯片相应位置。

（4）单击"动画"选项卡，依次逆时针单击 5 个箭头，设置成"飞入"效果，再在"添加动画"中选择"自底部"即可。

实验 4 西湖介绍演示文稿制作

2007 年，杭州市西湖风景名胜区被评为"国家 AAAAA 级旅游景区"，其中"西湖十景"，景名合一，令人如临其境，如见其形，深受国内外广大游客欢迎，堪称景点命名的典范之作。"西湖十景"景名之美，甚至打动了国际古迹遗址理事会的评审专家，对西湖申遗成功有着不可磨灭的功绩。

通过本实验让读者熟练掌握演示文稿的制作步骤，能够掌握文稿设计、动画效果设置、切换效果设置以及放映的设置。实验结果如图 3.80~ 图 3.91 所示。

图 3.80　第 1 张幻灯片

图 3.81　第 2 张幻灯片

图 3.82　第 3 张幻灯片

图 3.83　第 4 张幻灯片

图 3.84　第 5 张幻灯片

图 3.85　第 6 张幻灯片

图 3.86　第 7 张幻灯片

图 3.87　第 8 张幻灯片

图 3.88　第 9 张幻灯片

图 3.89　第 10 张幻灯片

图 3.90　第 11 张幻灯片

图 3.91　第 12 张幻灯片

任务 1　演示文稿创建及设计

任务描述：

在答题文件夹下，根据提供的"实验素材"文件夹中图片和文档素材，创建一份有 8 张幻灯片的演示文稿，演示文稿的主题为"暗香扑面"。第 1 张幻灯片版式为"仅标题"，其余幻灯片版式为"空白"，要求有标题页和结束页，中间每张幻灯片都有图片和文字说明。首尾页字体为"黑体、80 磅、加粗、黄色、文字阴影"，其余幻灯片中景点名称的字体为"华文中宋、40 磅、加粗、黄色、文字阴影"，景点介绍的字体为"黑体、18 磅、黑色"，段落两端对齐，首行缩进 2 字符，单倍行距。

操作步骤：

（1）演示文稿创建与主题设计。

① 打开演示文稿，新建 12 张幻灯片，第 1 张版式设置为"仅标题"，其余 11 张幻灯片版式为"空白"。

② 单击"设计"选项卡，在主题中单击"暗香扑面"。

（2）文本内容与图片的插入。

① 从第 2 张幻灯片开始至第 11 张幻灯片，依次在每张幻灯片中单击"插入"选项卡→"图像"选项组中的"图片"，选择素材文件夹中的景点图片。

② 从第 2 张幻灯片开始至第 11 张幻灯片，依次在每张幻灯片中单击"插入"选项卡→"文本"选项组中的"文本框"→"横排文本框"，将文档中的各景点文字对应地复制、粘贴到文本框中。

（3）艺术字插入。

① 在第 1 张幻灯片中，单击"插入"选项卡→"文本"选项组中的"艺术字"，选择"填充 - 深黄，强调文字颜色 1，塑料棱形，映像"的样式，内容为"西湖十景介绍"。

② 将第 2 张幻灯片中的图片格式设置为"柔化边缘 20 磅"，单击"格式刷"，将第 3~11 张幻灯片中的图片变成同样的图片格式。

③ 将第 2 张幻灯片中的景点名称"断桥残雪"以艺术字的形式插入，样式为"填充 - 深黄，强调文字颜色 1，塑料棱形，映像"，字体为"华文中宋"，字号为 40 磅，并调整艺术字位置以及文本的对齐方式为两端对齐、黑体、18 号。使用格式刷依次将第 3~11 张幻灯片中的景点名和文本内容进行同样的设置。

④ 在第 12 张幻灯片中插入艺术字"谢谢观赏！"，艺术字样式同第一张幻灯片。

任务 2　动画效果设置

任务描述：

给所有幻灯片中的艺术字"进入"效果设置为"4 轮辐图案"中的"轮子"；图片"进入"效果设置为"浮动"；文本设置为向上的直线动作路径。

操作步骤：

（1）选中第 1 张幻灯片的艺术字，单击"动画"选项卡→"动画"选项组"进入"中的"轮子"，再单击"效果选项"选择下拉列表中的"4 轮辐图案"，剩余幻灯片中的艺术字做同样的操作。

（2）选中第 2 张幻灯片中的图片，单击"动画"选项卡"动画"选项组中的"其他"按钮，选择下拉列表中的"更多进入效果"，在弹出对话框中，选择"华丽型"下的"浮动"，剩余幻灯片中的图片做同样的操作。

（3）选中第 2 张幻灯片中的文本，单击"动画"选项卡"动画"选项组中的"动作路径"→"直线"，单击"效果选项"，在下拉列表中选择"向上"，调整好直线的首末箭头位置。

任务 3　切换效果设置

任务描述：

为了让静态幻灯片在播放的过程中有一定的切换效果，需将所有幻灯片的切换效果设置成"涟漪"。

操作步骤：

幻灯片切换效果设置。单击第 1 张幻灯片，单击"切换"选项卡，在"切换到此幻灯片"中选择"涟漪"的切换效果，单击"全部应用"按钮。

任务 4　演示文稿放映

任务描述：

要求幻灯片以"演讲者放映（全屏幕）"类型放映，且换片方式为"手动"。

操作步骤：

放映设置。在"幻灯片放映"选项卡"设置"选项组中，单击"设置幻灯片放映"，在弹出对话框中的"放映类型"选择"演讲者放映（全屏幕）"，在"换片方式"中选择"手动"（见图 3.92）。

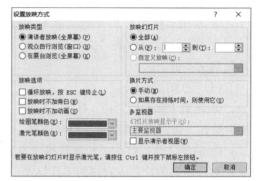

图 3.92　放映设置

实验 5　诗词课件《水调歌头》的制作

PowerPoint 课件作为一种教学辅助工具，可以使教学直观、形象、生动。课件中彩色、立体、活动的图形显示和语言文字解说，可使古诗词教学锦上添花。

通过本实验，让读者熟练掌握演示文稿的制作步骤，能够掌握文稿设计、动作按钮及图形的添加、动画效果设置、切换效果设置以及放映的设置。实验结果如图 3.93~ 图 3.101 所示。

图 3.93　第 1 张幻灯片

图 3.94　第 2 张幻灯片

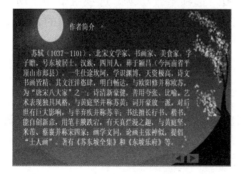

图 3.95　第 3 张幻灯片

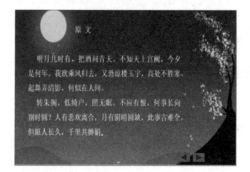

图 3.96　第 4 张幻灯片

图 3.97　第 5 张幻灯片

图 3.98　第 6 张幻灯片

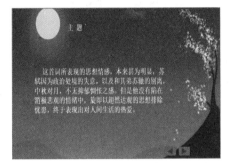

图 3.99　第 7 张幻灯片

图 3.100　第 8 张幻灯片

图 3.101　第 9 张幻灯片

任务 1　演示文稿创建及设计

任务描述：

在答题文件夹下，利用"水调歌头"文件夹中图文和音频素材，创建一份有 9 张幻灯片的演示文稿，演示文稿背景为素材中的图片"背景 .jpg"，要求有标题页和结束页，所有字体为白色，字体其他格式由读者自定。

操作步骤：

（1）打开演示文稿，新建 9 张幻灯片，右击第一张幻灯片，单击"版式"，选择"仅标题"，再依次右击剩余的幻灯片，将版式设置成"空白"。分别将"水调歌头 .docx"中的文档内容复制粘贴到第 2 张 ~8 张幻灯片中，分别选中所有文本，右击选择"字体"，字体颜色设置成"白色"，其他格式读者根据效果图自定。

（2）右击第 1 张幻灯片，选择"设置背景格式"，在弹出对话框中选择"填充"→"图片或纹理填充"，单击"插入自"下的"文件"按钮，选中素材文件夹中的"背景 .jpg"，最后单击"全部应用"按钮。

任务2　动作按钮及图音添加

任务描述：

利用幻灯片母版添加"前进/后退"按钮，链接到"上一张幻灯片/下一张幻灯片"，并在第1张幻灯片左下角添加音频"水调歌头.mp3"，在第2张幻灯片中添加SmartArt流程图。

操作步骤：

（1）单击"视图"选项卡→"母版"选项组→"幻灯片母版"，选择第1张母版幻灯片，单击"插入"选项卡→"插图"选项组中的→"形状"→"动作按钮"，分别选择"前进"和"后退"按钮，添加至母版幻灯片右下角，并分别将按钮链接到"上一张幻灯片/下一张幻灯片"，最后关闭幻灯片母版。

（2）选中第1张幻灯片，单击"插入"选项卡→"媒体"选项组中的→"音频"→"文件中的音频"，选择"水调歌头"文件夹中的"水调歌头.mp3"，并将音频图标放置于幻灯片左下角。

（3）选中第2张幻灯片，单击"插入"选项卡→"插图"选项组中的"SmartArt"，在弹出对话框中选择"流程"→"基本流程"（见图3.102），选中流程图中每个框，右击框，在弹出的快捷菜单中选择"设置形状格式"，在弹出的对话框中选择"线条颜色"→"无线条"，效果如图3.103所示。

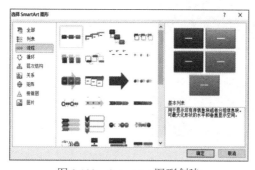

图 3.102　SmartArt 图形创建

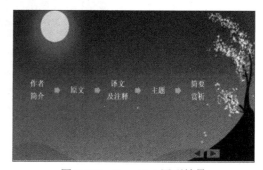

图 3.103　SmartArt 图形效果

任务3　动画效果设置

任务描述：

将第1张和第9张幻灯片中的文本动画效果设置成"左右向中间收缩的劈裂"效果；第2张幻灯片中的文本动画效果为"水平的随机线条"效果；第3张～第8张幻灯片文本动画效果设置成"对象中心的缩放"效果。

操作步骤：

（1）分别选中第1张和第9张幻灯片的文本，单击"动画"选项卡→"动画"选项组→"劈裂"，单击"效果选项"选择"左右向中间收缩"。

（2）选中第2张幻灯片的文本，单击"动画"选择卡→"动画"选项组→"随机线条"，单击"效果选项"选择"水平"；依次选中第3张～第8张幻灯片中的文本，单击"动画"选项卡→"动画"选项组→"缩放"，单击"效果选项"选择"对象中心"。

任务 4 切换和放映效果设置

任务描述：

为每张幻灯片设置"百叶窗"的切换效果，在放映的时候实现以"演讲者放映（全屏幕）"类型放映，并且是手动换片。

操作步骤：

（1）选中第 1 张幻灯片，单击"切换"选项卡→"切换到此幻灯片"选项组→"百叶窗"，其余幻灯片做同样的操作。

（2）在"幻灯片放映"选项卡"设置"选项组，单击"设置幻灯片放映"，在弹出对话框中的"放映类型"选择"演讲者放映（全屏幕）"，在"换片方式"中选择"手动"单击"确定"按钮。

实验 6 个人电子相册制作

现在是科技时代，数码产品不断升级和普及，基本人人都会用手机来拍照，但是拍出来的照片作用不大，只能当做自拍或者生活照，洗成照片又没必要。因此我们需要一个电子相册，将这些生活中的照片全部放到相册中，在有需要的时候可以随时拿出来欣赏。制作电子相册的软件有很多，其中操作最简单的就是用 PowerPoint 来制作电子相册。

通过本实验让读者熟练掌握演示文稿中电子相册的制作，能够掌握文稿设计、相册插入、图形及音频的添加、图文动画效果设置、切换效果设置以及放映的设置。实验结果如图 3.104~图 3.111 所示。

图 3.104 第 1 张幻灯片

图 3.105 第 2 张幻灯片

图 3.106 第 3 张幻灯片

图 3.107 第 4 张幻灯片

图 3.108　第 5 张幻灯片

图 3.109　第 6 张幻灯片

图 3.110　第 7 张幻灯片

图 3.111　第 8 张幻灯片

任务 1　演示文稿创建及设计

任务描述：

在答题文件夹下，利用"个人相册"文件夹中图文和音频素材，创建一份有 8 张幻灯片的演示文稿，要求有标题页，演示文稿的背景为素材中的"背景 .jpg"。素材中的图片要以相册的形式进行插入，第 2 张 ~7 张幻灯片中图片的数量依次设置为 1、1、3、2、1、2，样式依次设置为"棱台矩形""棱台透视""松散透视，白色""柔化边缘椭圆""棱台形椭圆、黑色""映像右透视"，并调整相应的旋转角度，图片大小自行调整。

操作步骤：

（1）文稿创建。

① 打开演示文稿，新建 8 张幻灯片，右击第 1 张幻灯片，在快捷菜单中选择"版式"选择"仅标题"，其余幻灯片版式选择"空白"。依次选中第 1 张和第 8 张幻灯片，单击"插入"选项卡→"插图"选项组中的"文本框"→"横排文本框"，并置于幻灯片中，在文本框中输入内容分别为"今日巨星""巨星永远有人气"，依次选中文本，右击选择"字体"，格式为"宋体、60 磅、黄色、加粗、文字阴影"。

② 选中第 2 张幻灯片，单击"插入"选项卡→"插图"选项组中的"相册"→"新建相册"，在弹出的对话框中，单击"文件 / 磁盘"，选择需要的图片插入，单击"创建"按钮。最后将"感觉自己是巨星 .docx"中的文本有选择性地复制粘贴到第 2 张 ~8 张幻灯片中，字体格式为"宋体、20 磅、黄色、加粗"。

③ 调整每张幻灯片中的图片数量，使得第 2 张 ~7 张幻灯片中图片的数量依次为 1、1、3、2、1、2，图片大小自行调整，图片的样式依次设置为"棱台矩形""棱台透视""松散透视，

白色""柔化边缘椭圆""棱台形椭圆、黑色""映像右透视",并调整相应的旋转角度。

(2) 文稿设计。右击第 1 张幻灯片,选择"设置背景格式",在弹出对话框中选择"填充"→"图片或纹理填充",单击"插入自"下的"文件"按钮,选中素材文件夹中的"背景.jpg",最后单击"全部应用"按钮。

任务 2 图形音频添加

任务描述:
在第 1 张幻灯片中添加图形和音频。

操作步骤:
(1) 选中第 1 张幻灯片,单击"插入"选项卡→"插图"选项组中的"形状"→"六角星",并放入幻灯片中,调整大小,如效果图 3.104 所示。

(2) 选中第 1 张幻灯片,单击"插入"选项卡→"媒体"选项组中的"音频"→"文件中的音频",选择"个人相册"文件夹中的"感觉自己是巨星 .mp3",并将音频图标置于幻灯片右下角。单击音频图标,选中"音频工具"下的"播放"选项卡,做图 3.112 所示的设置。

图 3.112　音频设置

任务 3 图文动画效果设置

任务描述:
将第 2 张和第 3 张幻灯片中的图片动画效果设置为"翻转式由远及近",将第 4 张 ~7 张幻灯片的图片动画效果依次设置为"劈裂""轮子""弹跳""展开"。将第 1 张幻灯片中的图形动画效果设置为"旋转"。将所有幻灯片中的文本动画效果设置为"飞入"。

操作步骤:
(1) 依次选中第 2 张、第 3 张幻灯片中的图片,单击"动画"选项卡"动画"选项组→"进入"→"翻转式由远及近";选中第 4 张幻灯片中的图片,单击"动画"选项卡"动画"选项组"进入"→"劈裂";选中第 5 张幻灯片中的图片,单击"动画"选项卡"动画"选项组"进入"→"轮子";选中第 6 张幻灯片中的图片,单击"动画"选项卡"动画"选项组"进入"→"弹跳";选中第 7 张幻灯片中的图片,单击"动画"选项卡"动画"选项组"更多进入效果"在弹出对话框中选择"细微型"下的"展开"。

(2) 选中第 1 张幻灯片中的六角星,单击"动画"选项卡"动画"选项组"进入"→"旋转"。

(3) 依次选中所有幻灯片中的文本,单击"动画""动画"选项组"进入"→"飞入"。

任务 4 切换效果与放映设置

任务描述:
设置所有幻灯片的切换效果为"溶解",并设置自动换片时间为 4 s,以"观众自行浏览

（窗口）"的放映方式循环放映，按【Esc】键终止。

操作步骤：

依次选中每张幻灯片，单击"切换"选项卡→"切换到此幻灯片"选项组下的"华丽型"→"溶解"，在"换片方式"中取消"单击鼠标时"复选项，勾选"设置自动换片时间"，设置为 4 s。单击"幻灯片放映"选项卡→"设置"选项组中的"设置幻灯片"放应，在弹出的对话框中选中"观众自行浏览（窗口）"以及"循环放映，按 ESC 键终止"。

实验7 新生入学大数据分析演示文稿制作

即将开学，A 省某高校正在迎来一大批 00 后新生。今年，A 省多所高校开启了新生大数据分析。各个高校的男女比例是多少？哪些专业男生多？大部分新生来自哪个省份？什么星座的新生最多？让大数据为我们揭开 2019 级新生的面纱。

通过本实验让读者熟练掌握演示文稿的制作步骤，能够掌握文稿设计、动画效果设置、日期的添加与更新、切换效果设置以及放映的设置。实验结果如图 3.113~ 图 3.120 所示。

图 3.113　第 1 张幻灯片

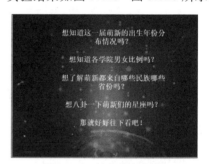

图 3.114　第 2 张幻灯片

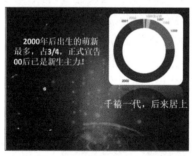

图 3.115　第 3 张幻灯片

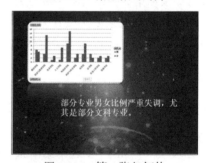

图 3.116　第 4 张幻灯片

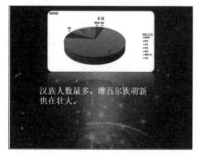

图 3.117　第 5 张幻灯片

图 3.118　第 6 张幻灯片

图 3.119　第 7 张幻灯片

图 3.120　第 8 张幻灯片

任务 1　演示文稿创建及设计

任务描述：

在答题文件夹下，根据提供的"新生入学大数据分析"文件夹中图片素材，创建一份有 8 张幻灯片的演示文稿，背景为素材中的"背景 .jpg"。要求有标题页和结束页且这两页的版式为"仅标题"，其他幻灯片版式为"空白"，中间每张幻灯片都要有图片和文字说明。

操作步骤：

（1）打开演示文稿，新建 8 张幻灯片，依次右击第 1 张和第 8 张幻灯片，在快捷菜单中选择"版式"选择"仅标题"，其余幻灯片版式选择"空白"。按照效果图依次将图片插入相应的幻灯片中，分别单击图片，再单击"图片工具"|"格式"选项卡，在"图片样式"选项组中选择"映像圆角矩形"。最后在每张幻灯片中插入相关的文本，文本内容见效果图，字体格式由读者自定。

（2）选择第 1 张幻灯片，右击在快捷菜单中选择"设置背景格式"，以弹出的对话框中，选择"填充"→"图片或纹理填充"，单击"插入自"下的"文件"按钮，选择素材文件夹中的"背景 .jpg"，最后单击"全部应用"按钮。

任务 2　动画效果及日期设置

任务描述：

给每张幻灯片中的图片添加"缩放"动画效果，文本添加"浮入"动画效果，并利用幻灯片母版页在每张幻灯片中添加日期，格式为 × 年 × 月 × 日，并能够自动更新。

操作步骤：

（1）依次选中每张幻灯片中的图片，单击"动画"选项卡"动画"选项组中的"缩放"。

（2）依次选中每张幻灯片中的文本，单击"动画"选项卡"动画"选项组中的"浮入"。

（3）单击"视图"选项卡"母版视图"选项组中的"幻灯片母版"，单击"插入"选项卡"文本"选项组中的"日期和时间"，在弹出的对话框中，勾选"日期和时间"复选框，选择"自动更新"单选按钮,在下拉列表中选择 × 年 × 月 × 日格式的日期,最后单击"全部应用"按钮。

任务 3　切换及放映效果设置

任务描述：

为了让演示文稿能够动态地放映，要求将所有幻灯片切换效果设置为"时钟"，并以演讲者放映（全屏幕）类型手动放映。

操作步骤：

（1）单击第 1 张幻灯片，单击"切换"选项卡，在"切换到此幻灯片"选项组中选择"时钟"的切换效果，再单击"全部应用"按钮。

（2）在"幻灯片放映"选项卡"设置"选项组中单击"设置幻灯片放映"，在弹出对话框中的"放映类型"选择"演讲者放映（全屏幕）"，在"换片方式"中选择"手动"，单击"确定"按钮。

课后习题

一、单选题

1. PowerPoint 2010 中默认的视图是（　　）。

    A. 阅读视图　　　　B. 浏览视图　　　　C. 普通视图　　　　D. 放映视图

2. PowerPoint 2010 演示文稿默认的文件扩展名是（　　）。

    A. .ppt　　　　　　B. .potx　　　　　　C. .ppsx　　　　　　D. .pptx

3. PowerPoint 2010 中，SmartArt 图形的作用是（　　）。

    A. 用于表示演示流程、层次结构、循环或关系

    B. 图形美化

    C. 压缩演示文稿便于携带

    D. 剪辑视频

4. PowerPoint 2010 中可以对幻灯片进行移动、删除、添加、复制、设置切换效果，但不能编辑幻灯片具体内容的视图是（　　）。

    A. 普通视图　　　　B. 幻灯片浏览视图　C. 幻灯片视图　　　D. 大纲视图

5. 在 PowerPoint 2010 中，为切换幻灯片时添加声音，可以使用（　　）选项卡中的功能按钮进行设置。

    A. 设计　　　　　　B. 工具　　　　　　C. 插入　　　　　　D. 切换

6. 在 PowerPoint 2010 中，可以创建某些（　　），在幻灯片放映时单击它们，就可以跳转到特定幻灯片。

    A. 按钮　　　　　　B. 过程　　　　　　C. 文本框　　　　　D. 菜单

7. 要使幻灯片在放映时能够自动播放，需要为其设置（　　）。

    A. 超链接　　　　　B. 动作按钮　　　　C. 使用计时　　　　D. 录制旁白

8. 演示文稿中的每张幻灯片都是基于某种（　　）创建的，它预定义了新建幻灯片的各种占位符布局情况。

    A. 版式　　　　　　B. 模板　　　　　　C. 母版　　　　　　D. 幻灯片

9. 在幻灯片放映中，要回到前一张幻灯，不正确的操作是（　　）。

    A. 按【PgUp】键　　　　　　　　　B. 按【P】键

    C. 按【Backspace】键　　　　　　　D. 按空格键

10. PowerPoint 2010 的占位符不可以容纳（　　　）。

    A. 对象　　　　　　B. 标题　　　　　　C. 文本　　　　　　D. 幻灯片

11. 下列退出 PowerPoint 的方法中，不正确的是（　　　）。

    A. 按【Alt+F4】组合键

    B. 双击控制菜单栏中的 Microsoft PowerPoint 图标

    C. "文件"选项卡中的"关闭"命令

    D. "文件"选项卡中的"退出"命令

12. PowerPoint 2010 文档不能保存为（　　　）文件。

    A. 演示文稿　　　　B. 文稿模板　　　　C. PDF　　　　　　D. TXT 纯文本

13. 要为放映幻灯片提供不同的播放顺序，可采用（　　　）。

    A. "设置切换效果"的功能　　　　　B. "插入超链接"的功能

    C. 隐藏幻灯片　　　　　　　　　　D. 将演示文稿内的幻灯片打包

14. 在 PowerPoint 2010 中提供了几十种"设计模板"，用户可运用"设计模板"创建演示文稿，这些模板预设了（　　　）。

    A. 字体和配色方案　　　　　　　　B. 格式和花边

    C. 格式和配色方案　　　　　　　　D. 字体、花边和配色方案

15. （　　　）不是 PowerPoint 2010 允许插入的对象。

    A. 图形、图表　　　B. 表格、声音　　　C. SmartArt　　　　D. EXE 文件

16. 要停止正在放映的幻灯片，只要使用键盘命令（　　　）即可。

    A.【Ctrl+X】　　　　B.【Ctrl+Q】　　　　C.【Esc】　　　　　D.【Alt】

17. 如果要从第三张幻灯片跳转到第五张幻灯片，应通过幻灯片的（　　　）设置。

    A. 超链接　　　　　B. 动画方案　　　　C. 幻灯片切换　　　D. 自定义动画

18. 在启动 PowerPoint 2010 时打开的第一个新演示文稿是（　　　）。

    A. 设计模板　　　　B. 内容提示向导　　C. 空演示文稿　　　D. 已有的演示文稿

19. 要实现从一张幻灯片自动进入到下一张幻灯片，应使用幻灯片的（　　　）设置。

    A. 动作　　　　　　B. 动画方案　　　　C. 幻灯片切换　　　D. 自定义动画

20. 如果要从第 3 张幻灯片跳转到第 8 张幻灯片，可通过幻灯片的（　　　）来实现。

    A. 幻灯片切换　　　B. 动作按钮　　　　C. 动画方案　　　　D. 自定义动画

21. PowertPoint 2010 提供了两类模板，它们是（　　　）。

    A. 设计模板和内容模板　　　　　　B. 普通模板和设计模板

    C. 备注页模板和设计模板　　　　　D. 内容模板和普通模板

22. 在 PowerPoint 2010 中，用户可以利用"动画"选项卡"动画样式"命令项为（　　　）设置动画效果。

    A. 文本　　　　　　B. 图形　　　　　　C. 表格　　　　　　D. 图表

23. 更改（　　　）会影响幻灯片的统一外观。

    A. 母版　　　　　　B. 模板　　　　　　C. 版式　　　　　　D. 配色方案

24. 在 PowerPoint 2010 中，用"文件"选项卡中的"另存为"命令，不能将文件保存为（   ）。

    A. 文本文件（*.txt）   B. PDF 文件（*.pdf）

    C. 大纲 /RTF 文件（*.rtf）   D. PowerPoint 放映（*.pps）

25. 可以编辑幻灯片中文本、图像、声音等对象的视图方式是（   ）

    A. 普通   B. 幻灯片浏览   C. 大纲   D. 备注

二、操作题

【第 1 题】

1. 将第一张幻灯片的主标题"营养物质的组成"的字体设置为"隶书"，字号默认。

2. 将第五张幻灯片的图片（即包含文字的图片）设置动画效果为"从顶部飞入"。

3. 在最后一张幻灯片的右下角插入一个动作按钮"开始"，单击按钮，链接到"第二张幻灯片"。

4. 将第八张幻灯片的切换方案设置为"自底部擦除"，"持续时间"为"1 秒"。

5. 将演示文稿的主题设置为"波形"。

【第 2 题】

1. 隐藏最后一张幻灯片（"The End"）。

2. 将第一张幻灯片的背景颜色设置为渐变填充"茵茵绿原"，类型为"路径"。

3. 将第二张幻灯片的切换方案为"垂直随机线条"，持续时间"2 秒"，切换声音为"风声"。

4. 将第三张幻灯片中的正文的行距设置为"1.5"。

5. 将第四张幻灯片中的剪贴画颜色重新着色，使用"灰度"效果。

【第 3 题】

1. 将第一张幻灯片的版式设置为"标题幻灯片"。

2. 为第一张幻灯片添加标题，内容为"超重与失重"，字体为"黑体"。

3. 将所有幻灯片设置宽度为 20 厘米、高度为 15 厘米。

4. 将第四张幻灯片的切换方案设置为"涡流"型。

5. 在第五张幻灯片中插入艺术字"下一堂课继续"，选择任意一种样式，字体为隶书，字号为 48 号，幻灯片中的图片和艺术字左右居中。

【第 4 题】

1. 将第一张幻灯片中艺术字对象"自由落体运动"动画效果设置为"飞入、自顶部"。

2. 将第二张幻灯片上面的文本框内容"自由落体运动"改为"自由落体运动的概念"。

3. 将所有幻灯片的切换方案设置为"库"。

4. 在最后插入一张"两栏内容"版式的幻灯片。

5. 在新插入的幻灯片中添加标题，内容为"加速度的计算"。

【第 5 题】

1. 第一张幻灯片的标题字体设置为"倾斜""加下画线"、字号为"60"。

2. 第二张幻灯片中插入 SmartArt 图画"关系"类别中的"齿轮"，不写文字。

3. 将第三张幻灯片中的正文的行距设置为"1.5"，并将该页的背景设置为渐变填充的"雨后初晴"效果。

4. 将所有切换方案设置为"覆盖",切换声音为"风铃",持续时间是"1.5 秒"。

5. 在放映过程中隐藏第五张幻灯片。

【第 6 题】

打开"ppt4.pptx"文件,完成以下操作。

1. 将幻灯片的设计模板设置为"中性";给幻灯片插入日期(自动更新、格式为 × 年 × 月 × 日)。

2. 将文本内容"红龙鱼是一种淡水观赏鱼"的进入效果设置成"飞入→自左上部";"星点龙鱼产于澳大利亚东部"的强调效果设置成"加粗闪烁";"尼罗河龙鱼生长于非洲"的退出效果设置成"棋盘"。

3. 将幻灯片的切换效果为"推进→自右侧";实现每隔 4 秒自动切换。

4. 在页面中先添加"前进"动作按钮(前进或下一项),再添加"后退"(后退或前一项)的动作按钮(使用幻灯片母板,在母板第一页实现)。

【第 7 题】

新建一张幻灯片,设计出如下效果:单击鼠标,逆时针依次在三角形顶端出现文字:A B C,效果如图 3.121 和图 3.122 所示(注意:先设计三角形,然后逐字输入 A、B、C 三个文字。三角形图像高、宽为 6 厘米、字体大小,由读者自定)。

图 3.121　初始界面　　　　　　图 3.122　分别单击,在三角形顶端分别显示 A、B、C

【第 8 题】

新建一张幻灯片,设计出如下效果:单击鼠标,三角形陀螺旋 360°,逆时针,旋转 3 遍,效果如图 3.123 和图 3.124 所示。(注意:三角形图像高、宽为 6 厘米、三角形位置,由读者自定。)

图 3.123　初始界面　　　　　　图 3.124　三角形陀螺旋 360°,逆时针,旋转 3 遍

【第 9 题】

根据书中实例制作一个"杭州欢迎您"的演示文稿。演示文稿中的幻灯片要求有统一的主题,有统一的切换效果,还要有合理的切换按钮,幻灯片中的对象要求布局合理,幻灯片标题有一致的动态效果(文字动态显示时并伴有声音)。

【第 10 题】

新建一个演示文稿,该演示文稿包括几张幻灯片,它们的版式分别为"表格""组织与结构""文本与图表""文本与媒体剪辑",请在每个幻灯片上插入版式所指示的对象,并使用恰当的文本和合理的布局。每个幻灯片要求有不同的主题颜色,有不同的切换效果,并使用"超链接"方式链接这几张幻灯片。

Word 2010 常用域类型表

在 Word 2010 中，域分为编号、等式和公式、链接和引用、日期和时间、索引和目录、文档信息、文档自动化、用户信息及邮件合并 9 种类型，共 73 个域。下面介绍 Word 2010 中常用的域。

1. 编号域

编号域用来在文档中根据需要插入不同类型的编号，共 10 个域名称，如表 A.1 所示。

表 A.1　编号域

域 名 称	域 代 码	域 功 能
AutoNum	{ AUTONUM [Switches] }	插入段落的自动编号
AutoNumLgl	{ AUTONUMLGL }	插入正规格式的自动编号
AutoNumOut	{ AUTONUMOUT }	插入大纲格式的自动编号
BarCode	{ BARCODE \u "LiteralText" 或书签 \b [Switches] }	插入收信人地点条码
ListNum	{ LISTNUM ["Name"] [Switches] }	在列表中插入元素
Page	{ PAGE [* Format Switch] }	插入当前页码
RevNum	{ REVNUM }	插入文档的保存次数
Section	{ SECTION }	插入当前节的编号
SectionPages	{ SECTIONPAGES }	插入当前节的总页数
Seq	{ SEQ Identifier [Bookmark] [Switches] }	插入自动序列号

2. 等式和公式域

等式和公式域用来创建科学公式、插入特殊符号及执行计算，共有 4 个域名称，如表 A.2 所示。

表 A.2　等式和公式域

域 名 称	域 代 码	域 功 能
=（Formula）	{ =Formula [Bookmark] [\# Numeric-Picture] }	计算表达式结果
Advance	{ ADVANCE [Switches] }	将一行内随后的文字向左、右、上、下偏移
Eq	{ EQ Instructions }	创建科学公式
Symbol	{ SYMBOL CharNum [Switches] }	插入特殊字符

3. 链接和引用域

链接和引用域用来实现将文档中指定的项目与另一个项目，或指定的外部文件与当前文档链接起来的域，共有 11 个域名称，如表 A.3 所示。

表 A.3　链接和引用域

域 名 称	域 代 码	域 功 能
AutoText	{ AUTOTEXT AutoText Entry }	插入"自动图文集"词条
AutoTextList	{ AUTOTEXTLIST "LiteralText" \s "StyleName" \t "TipText" }	插入基于样式的文字
Hyperlink	{ HYPERLINK "FileName" [Switches] }	打开并跳至指定文件
IncludePicture	{ INCLUDEPICTURE "FileName" [Switches] }	通过文件插入图片
IncludeText	{ INCLUDETEXT "FileName" [Bookmark] [Switches] }	通过文件插入文字
Link	{ LINK ClassName "FileName" [PlaceReference] [Switches] }	使用 OLE 插入文件的一部分
NoteRef	{ NOTEREF Bookmark [Switches] }	插入脚注或尾注编号
PageRef	{ PAGEREF Bookmark [* Format Switch] }	插入包含指定书签的页码
Quote	{ QUOTE "LiteralText" }	插入文本类型的文本
Ref	{ REF Bookmark [Switches] }	插入用书签标记的文本
StyleRef	{ STYLEREF StyleIdentifier [Switches] }	插入具有类似样式的段落中的文本

4. 日期和时间域

日期和时间域用来显示当前日期和时间，或进行日期和时间计算，共有 6 个域名称，如表 A.4 所示。

表 A.4　日期和时间域

域 名 称	域 代 码	域 功 能
CreateDate	{ CREATEDATE [\@ "Date-Time Picture"] [Switches]}	文档的创建日期
Date	{ DATE [\@ "Date-Time Picture"] [Switches] }	插入当前日期
EditTime	{ EDITTIME }	插入文档创建后的总编辑时间
PrintDate	{ PRINTDATE [\@ "Date-Time Picture"] [Switches] }	插入上次打印文档的日期
SaveDate	{ SAVEDATE [\@ "Date-Time Picture"] [Switches] }	插入文档最后保存的日期
Time	{ TIME [\@ "Date-Time Picture"] }	插入当前时间

5. 索引和目录项

索引和目录项用于创建、维护索引和目录，共 7 个域名称，如表 A.5 所示。

表 A.5　索引和目录项

域 名 称	域 代 码	域 功 能
Index	{ INDEX [Switches] }	创建索引
RD	{ RD "FileName"}	通过使用多篇文档来创建索引、目录、图表目录或引文目录
TA	{ TA [Switches] }	标记引文目录项
TC	{ TC "Text" [Switches] }	标记目录项
TOA	{ TOA [Switches] }	创建引文目录
TOC	{ TOC [Switches] }	创建目录
XE	{ XE "Text" [Switches] }	标记索引项

6. 文档信息域

文档信息域用来创建或显示文件属性的"摘要"选项卡中的内容，总共 14 个域名称，如表 A.6 所示。

表 A.6　文档信息域

域 名 称	域 代 码	域 功 能
Author	{ AUTHOR ["NewName"] }	文档属性中的文档作者姓名
Comments	{ COMMENTS ["NewComments"] }	文档属性中的备注
DocProperty	{ DOCPROPERTY "Name" }	插入在"选项"中选择的属性值
FileName	{ FILENAME [Switches] }	文档的名称和位置
FileSize	{ FILESIZE [Switches] }	当前文档的磁盘占用量
Info	{ [INFO] InfoType ["NewValue"] }	文档属性中的数据
Keywords	{ KEYWORDS ["NewKeywords"] }	文档属性中的关键词
LastSavedBy	{ LASTSAVEDBY }	文档的上次保存者
NumChars	{ NUMCHARS }	文档包含的字符数
NumPages	{ NUMPAGES }	文档的总页数
NumWords	{ NUMWORDS }	文档的总字数
Subject	{ SUBJECT ["NewSubject"] }	文档属性中的文档主题
Template	{ TEMPLATE [Switches] }	文档选用的模板名
Title	{ TITLE ["NewTitle"] }	文档属性中的文档标题

7. 文档自动化域

文档自动化域用来建立自动化的格式，可以进行运行宏及向打印机发送参数等操作，共有 6 个域名称，如表 A.7 所示。

表 A.7　文档自动化域

域 名 称	域 代 码	域 功 能
Compare	{ COMPARE Expression1 Operator Expression2 }	比较两个值并返回数字值 1（真）或 0（假）
DocVariable	{ DOCVARIABLE "Name" }	插入名为 Name 文档变量的值
GotoButton	{ GOTOBUTTON Destination DisplayText }	将插入点移至新位置
If	{ IF Expression1 Operator Expression2 TrueText FalseText }	按条件估算参数
MacroButton	{ MACROBUTTON MacroName DisplayText }	插入宏命令
Print	{ PRINT "PrinterInstructions" }	将命令下载到打印机

8. 用户信息域

用户信息域用来设置 Office 个性化设置选项中的信息，共 3 个域名称，如表 A.8 所示。

表 A.8　用户信息域

域 名 称	域 代 码	域 功 能
UserAddress	{ USERADDRESS ["New Address"] }	Office 个性化设置选项中的地址
UserInitials	{ USERINITIALS ["New Initials"] }	Office 个性化设置选项中的缩写
UserName	{ USERNAME ["NewName"] }	Office 个性化设置选项中的用户名

9. 邮件合并域

邮件合并域用来构建邮件，以及设置邮件合并时的信息，共 14 个域名称，如表 A.9 所示。

表 A.9　邮件合并域

域 名 称	域 代 码	域 功 能
AddressBlock	{ ADDRESSBLOCK [Switches] }	插入邮件合并地址块
Ask	{ ASK Bookmark "Prompt" [Switches] }	提示用户指定书签文字
Compare	{ COMPARE Expression1 Operator Expression2 }	比较两个值并返回数字值 1（真）或 0（假）
Database	{ DATABASE [Switches] }	插入外部数据库中的数据
Fillin	{ FILLIN ["Prompt"] [Switches] }	提示用户输入要插入到文档中的文字
GreetingLine	{ GREETINGLINE [Switches] }	插入邮件合并问候语
If	{ IF Expression1 Operator Expression2 TrueText FalseText }	按条件估算参数
MergeField	{ MERGEFIELD FieldName [Switches] }	插入邮件合并域
MergeRec	{ MERGEREC }	当前合并记录号
MergeSeq	{ MERGESEQ}	合并记录序列号
Next	{ NEXT }	转到邮件合并的下一条记录
NextIf	{ NEXTIF Expression1 Operator Expression2 }	按条件转到邮件合并的下一条记录
Set	{ SET Bookmark "Text" }	为书签指定新文字
SkipIf	{ SKIPIF Expression1 Operator Expression2 }	在邮件合并时按一定条件跳过一条记录

Excel 2010 常见函数列表

函数类别	函数名称	功 能
算术函数	MOD (number , divisor)	返回两数相除的余数。结果的正负号与除数相同
	ROUND (number , num_digits)	将指定数值 number 按指定的位数 num_digits 进行四舍五入
	SUM (number1 , [number2] , …)	将指定的 number1、number2…相加求和
	SUMIF (range , criteria , [sum_range])	将指定单元格区域中的符合指定条件的值求和
	COUNT (value1 , [value2] , …)	统计指定区域中包含数值的个数。只对包含数字的单元格进行计数
	COUNTIF (range , criteria)	统计指定区域中满足单个指定条件的单元格的个数
	AVERAGE (number1 , [number2] , …)	求指定参数 number1、number2…的算术平均值
	MAX (number1 , [number2] , …)	返回一组值或指定区域中的最大值
	MIN (number1 , [number2] , …)	返回一组值或指定区域中的最小值
	INT (number)	将数值 number 向下舍入到最接近的整数，number 为必需的参数
日期时间函数	NOW ( )	返回当前日期和时间。当将数据格式设置为数值时，将返回当前日期和时间所对应的序列号，该序列号的整数部分表明其与 1900 年 1 月 1 日之间的天数
	YEAR (serial_number)	返回指定日期对应的年份。返回值为 1900 ～ 9999 之间的整数
	MONTH (serial_number)	返回日期中的月份值，介于 1 ～ 12 之间的整数
	DAY (serial_number)	返回以序列号表示的某日期的天数，用整数 1 ～ 31 表示
	HOUR (serial_number)	返回时间值的小时数，介于 0（12：00 A.M.）～ 23（11：00 P.M.）之间的整数
文本函数	REPLACE (old_text , start_num , num_chars , new_text)	将一个字符串的部分字符用另一个字符串替换
	TEXT (value , format_text)	根据指定的数字格式将数字转换为文本
	FIND (find_text , within_text , start_num)	用来对原始数据中某个字符串进行定位，以确定其位置
布尔函数	AND (logical1 , [logical2] , …)	所有参数的计算结果同时为 TRUE 时，返回 TRUE；只要有一个参数的计算结果为 FALSE，即返回 FALSE
	OR (logical1 , [logical2] , …)	在其参数组中，任何一个参数逻辑值为 TRUE，即返回 TRUE；当所有参数的逻辑值均为 FALSE 时，才返回 FALSE

续表

函数类别	函数名称	功　能
逻辑函数	IF (logical_test , [value_if_true] , [value_if_false])	如果指定条件的计算结果为 TRUE，则将返回某个值；如果该条件的计算结果为 FALSE，则返回另一个值
排名函数	RANK (number , ref , [order])	返回一个值在指定数值列表中的排位
查找函数	VLOOKUP (lookup_value , table_array , col_index_num , [range_lookup])	搜索指定单元格区域的第一列，然后返回该区域相同行上任何指定单元格中的值
	HLOOKUP (lookup_value , table_array , row_index_num , [range_lookup])	搜索指定单元格区域的第一行，然后返回该区域相同列上任何指定单元格中的值

iStudy 通用实践评价平台
学生使用说明书

（Ver 20190722）

杭州师范大学计算机教育与应用研究所

1　软件安装的软件环境

1.1　系统环境要求

操作系统：Windows7。

运行环境：

- .NET Framework 4.5.2。
- Microsoft Visual C++ 2013 Redistributable x86。
- Microsoft Visual C++ 2013 Redistributable x64（若计算机为 64 位操作系统）。
- AccessDatabaseEngine。

软件环境：

- Chrome、IE8 以上的浏览器。
- Office 2010（至少选装 Word、Excel、PowerPoint）。
- Windows Live Mail。

1.2　软件安装

下载最新版软件：http://cai.hznu.edu.cn/resource/istudy/iStudyWin_Release_x86.zip。解压"软件压缩包"之后，单击"iStudyWin.exe"即可。

2　Web 端使用说明

2.1　"我的课程"操作说明

此功能针对学生的学习课程设定，可以下载学习资料、做作业、做实验、做练习、另外，还增设同学间互相评论和课题讨论功能。单击界面主页上"我的课程"按钮，进入"我的课程"界面列表，如图 C.1 所示，界面上列出本用户正在学习的课程，每门课程后都有"立即学习"按钮，单击此按钮，进入该门课程的学习界面，如图 C.2 所示。

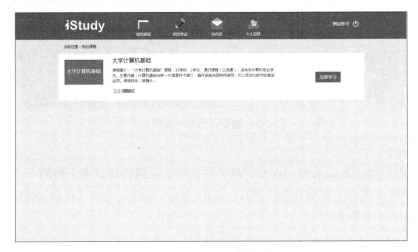

图 C.1　课程列表界面

图 C.2　立即学习界面

【课程信息】

"课程信息"处于界面左上角"课程信息"栏中，具体介绍了课程的总学时、学分及课程性质，此处信息由课程介绍者在组建课程时设置。

【消息通知】

"消息通知"处于界面左下角"消息通知"栏中，是课程建设者发布的关于此课程的消息，单击通知标题，弹出显示通知具体详情对话框，如图 C.3 所示。

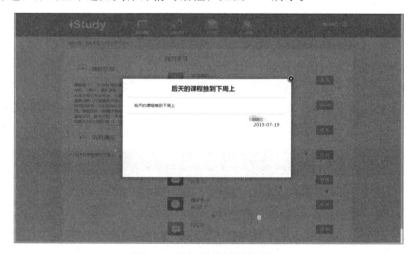

图 C.3　通知详情对话框界面

【学习资料】

"学习资料"处于界面右侧"我的学习"列表中，是课程建设者上传的关于该门课程的学习材料，供学生预习、复习及其他目的。单击"学习资料"右侧"查看"按钮，进入学习资料界面，如图 C.4 所示。

图 C.4　学习资料界面

（1）资料排序。单击界面左上角"排序"后面的按钮，可以选择按资料"名称"排序或按"创建时间"排序。

（2）资料搜索。在界面右上角输入框中输入名称关键词，按下【Enter】键即可见反馈界面。

（3）资料下载。单击资料右侧"下载"按钮，即可将该资料下载到本地。

【我的作业】和【我的实验】

"我的作业"和"我的实验"操作一样，但其含义有本质区别："我的作业"是教师布置给学生的课后作业，而"我的实验"是教师布置给学生的课堂实验。两种成绩都将按各自的比例计入平时成绩，因操作步骤相同，在此以"我的作业"为例进行说明。

"我的作业"处于界面右侧"我的学习"列表中，是课程建设者就此课程布置的课后作业，方便教师统计作业完成情况。单击"我的作业"右侧的"查看"按钮，进入"我的作业"列表界面，如图 C.5 所示。

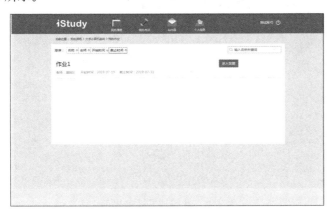

图 C.5　我的作业列表界面

图 C.5 所示界面上列出了布置改作业的老师、作业开始时间和结束时间、做完该作业所获得的分数（注：只要教师端批改，就会更新分数）及答题操作，如果改作业已经过了截止日期。则"进入答题"按钮将会变成"查看"按钮，此时只能查看作业（包括每一题分值、标准答案及学生答题答案），不能进行答题。

（1）作业排序。单击界面左上角"排序"后面的按钮，可以选择按资料"名称"排序、按"教师"姓名排序、按作业"开始时间"排序或按作业"结束时间"排序。

（2）作业查询。在界面右上角输入框中输入作业名称关键词，按下【Enter】键即可看到反馈界面。

（3）作业答题。单击"进入答题"按钮，进入答题界面，如图 C.6 答题界面所示。

图 C.6　答题界面

"题目列表"：在该答题界面上，左侧边栏显示了题目题号列表，题号前面绿色标记代表该题已做，灰色标记代表该题没做。

"阅卷"：单击答题左上角"阅卷"按钮，可以直接批阅当前题目，且弹出该题目批阅结果的详细信息，如图 C.7 所示。

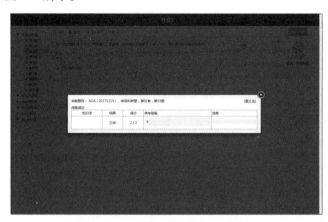

图 C.7　批阅结果详情界面

"重做"：单击"重做"按钮，则将重置该题，清除学生之前所做的答案。

"上一题"和"下一题"：单击"上一题"或"下一题"按钮，则切换题目到上一题或下一题，可开始做题或查看答案。

"提交作业"：做完作业后，单击界面右侧"提交作业"按钮，则将整个作业及答案完整地上传到服务器，等待教师批阅，教师批阅后，即可在"我的作业"列表看到成绩。

【模拟练习】

"模拟练习"一般用于考试前期学生做题使用，模拟练习是从题库中随机抽取试题或学生自主选题，组成一套试卷让学生练习。此功能充分发挥了学生的自主学习能力，对于积极主动，乐于探索的学生来说，无疑是锦上添花。

单击图 C.2 立即学习界面上"模拟练习"右侧的"查看"按钮，进入模拟练习列表界面，如图 C.8 所示。在图 C.8 中明显看出此列表与作业列表的不同之处，即该练习有两项基本功能；随即选题和自主选题，此两项功能中都从教师端提供的题库里抽取题目。

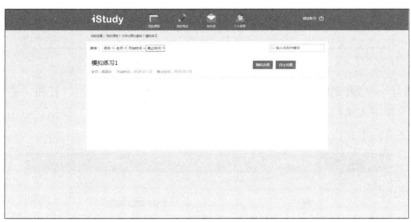

图 C.8　模拟练习列表界面

（1）练习排序。单击界面左上角"排序"后面的按钮，可以选择按练习"名称"排序、按"教师"姓名排序、按练习"开始时间"排序或按练习"结束时间"排序。

（2）练习查询。在界面右上角输入框中输入练习名称关键词，按下【Enter】键即可看到反馈界面。

（3）随机选题。单击"随机选题"按钮，系统将自动分配题目让学生做，其选题机制是：基于教师上传的题目，根据题型分配，学生随即选题时也是按题型随机抽题，确保每种题型都抽取到，其界面如图 C.9 和图 C.10 所示。

图 C.9　随机选题界面（1）

图 C.10　随机选题界面（2）

"结束练习"：当做完题目或中途放弃则单击界面右侧"结束练习"按钮，系统将退出模拟练习界面。再进入模拟练习界面后，此时界面上出现"继续上次"按钮，单击进去则可以继续上次未完成的作业，如图 C.11 所示。

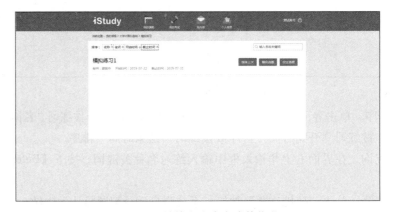

图 C.11　继续上次未完成的作业

（4）自主选题。单击"自主选题"按钮，学生自主选择题型套数来安排自己的练习，如图 C.12 所示。

图 C.12　自主选题界面

【互评任务】

"互评任务"的开始取决于教师端互评功能是否开启。教师端开启互评，当学生完成作业或练习后，教师端将完成作业的同学进行分组，每五人一组，学生就可以对组内成员的作业或练习等进行评论。互评列表界面如图 C.13 所示。

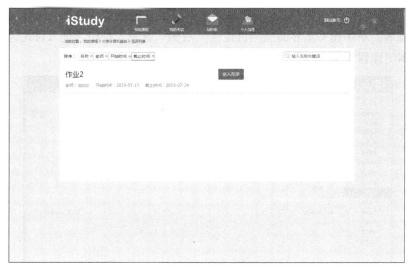

图 C.13　互评列表界面

（1）互评任务排序。单击界面左上角"排序"后面的按钮，可以选择按练习"名称"排序、按"老师"姓名排序、按互评"开始时间"排序或按互评"结束时间"排序。

（2）互评任务查找。在界面右上角输入框中输入名称关键词，按下【Enter】键即可看到反馈界面。

（3）进入互评。单击"进入互评"按钮，进入互评详情界面，如图 C.14 所示。

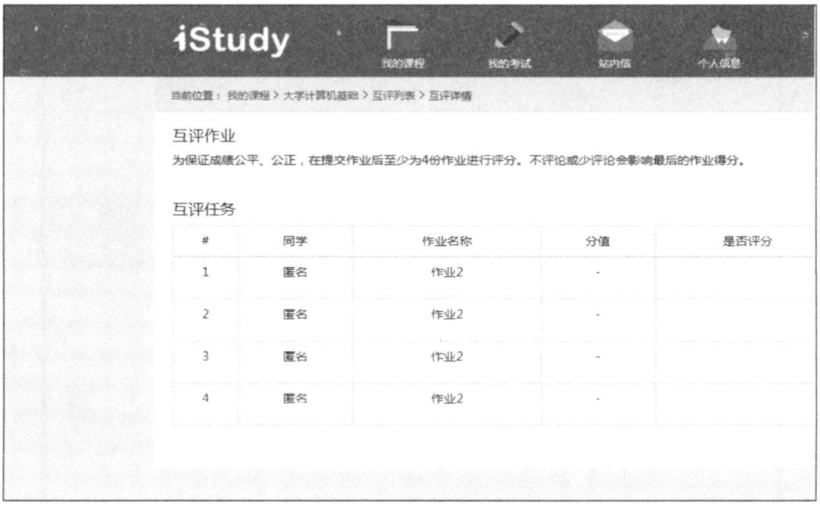

图 C.14　互评详情界面

在互评界面上，第一栏目显示互评作业说明；第二栏目显示互评任务的完成度；第三栏目显示互评名单，因为每组成员为五人，所以只需评论其余四人的作业即可。

　　当没有对其余成员进行评论时，操作栏显示"评论"按钮，单击此按钮，则进入评论作业界面；当已经对其余成员进行了评论后，如还没过评论截止日期，则操作栏显示"修改"按钮，可对之前评论的信息进行修改。

【讨论区】

　　"讨论区"是学生及老师间就本门课程发起的讨论，包括作业中遇到的疑难杂症、联系中遇到的困难等。单击图 C.2 界面上"讨论区"右侧"查看"按钮，进入讨论区界面，可在此界面上就本门课程发起话题进行讨论，如图 C.15 所示。

图 C.15　讨论区界面

　　单击左上角"发起主题"蓝色按钮，弹出发起主题对话框，按提示填写帖子主题、帖子内容，即可完成一条主题发布，如图 C.16 所示。

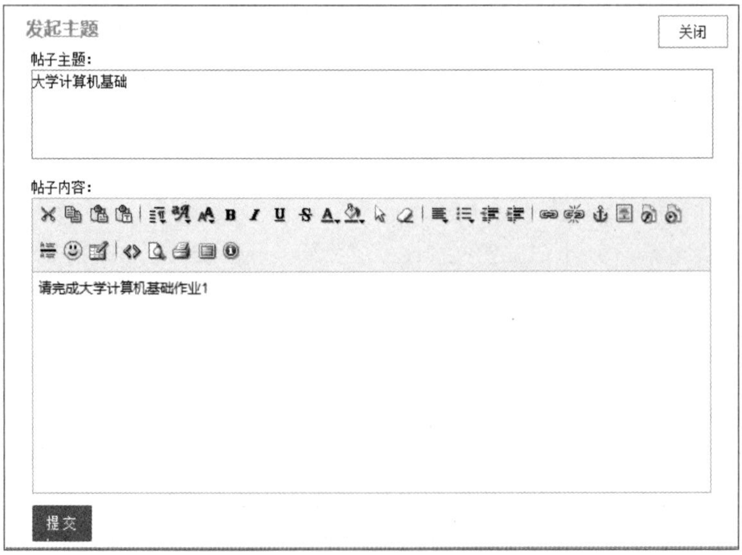

图 C.16　发起主题界面

单击"提交"按钮后即可在讨论区界面上看到刚刚发起的主题；单击该主题标题，进入主题详情界面，可看到其他用户的回帖，并可在该界面进行回复；在右上角输入框中可输入主题关键词来搜索目标主题。

2.2 "我的考试"操作说明

"我的考试"中列出了目前学生需要考试的试卷列表，单击"我的考试"按钮，进入"我的考试"列表界面，如图 C.17 所示。考试界面上列出了每科考试的开始时间和结束时间，只要在规定的时间内进入系统，都可以进行答题。

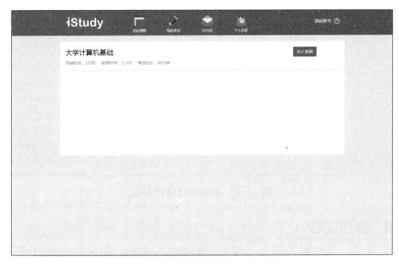

图 C.17　考试列表界面

（1）进入答题。单击"进入答题"按钮，进入答题界面，如图 C.18 答题界面所示。一旦进入答题界面，考试就开始倒计时（此时间由老师在教师端设置），在规定时间内完成试题后，单击"交卷"按钮，则完成该考试。如想重做某道题，则可以单击界面左上角"重做"按钮，即可清空该题，让考生重新答题。

图 C.18　答题界面

（2）交卷。单击"交卷"按钮后，系统会将考生做的试卷上传到服务器，此时单击"我的考试"选项，如图 C.19 所示，界面上会显示已做试卷的答题进度，且已经不能够再答题了。

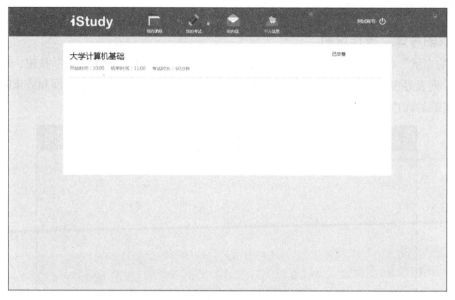

图 C.19　考试提交反馈界面

2.3　"站内信"操作说明

站内信用来发送、接收站内邮件。单击"站内信"图标，进入站内信界面。

【收信箱】

收信箱是其他用户发送给本用户的所有邮件的列表。单击"收信箱"选项，进入收信箱管理界面，如图 C.20 所示。

单击邮件列表其中的一封邮件，进入邮件正文，可以阅读邮件具体信息，如图 C.21 邮件正文界面所示。

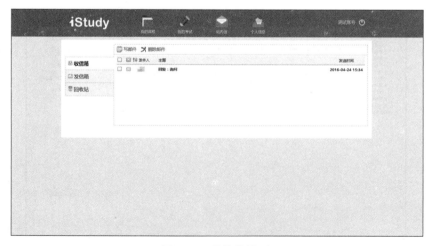

图 C.20　收信箱界面

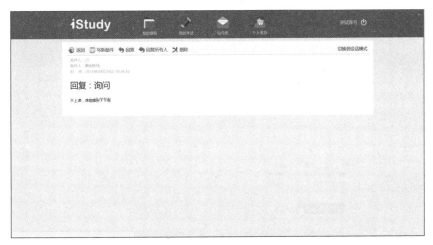

图 C:21　邮件正文界面

在图 C.21 界面上，单击"写新邮件"按钮，进入写邮件界面，具体详情请看【写信件】；单击"回复"按钮，进入回复邮件界面，与写新邮件不同的是，此页面上收件人就是图 C.21界面上的发件人；单击"回复所有人"按钮，进入回复邮件界面，与"回复"功能不同的是，此功能是针对群发的邮件，会回复给所有收到过此邮件的用户；单击"切换到会话模式"，则可以在该邮件正文界面看到回复的内容，如图 C.22 会话模式界面所示。

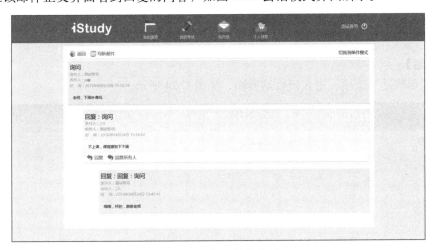

图 C.22　会话模式界面

"删除邮件"：单击复选框选中需要删除的邮件，单击"删除"按钮，即可将其删除，删除的邮件可在回收站里看到。

【写信件】

单击"写新邮件"按钮，进入写邮件界面，如图 C.23 所示。

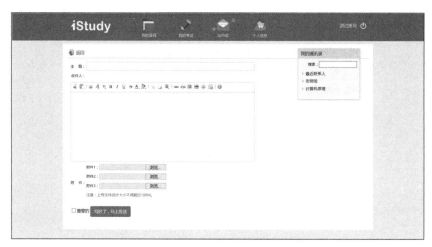

图 C.23　写邮件界面

在此界面上填写主题、收件人以及邮件内容，还可以添加附件（最多添加三个附件），这些内容填写完成，单击"写好了，马上发送"按钮就可以发送。为了方便查找联系人，在界面右侧有"我的通讯录"列表，选中联系人前的复选框，系统将在收件人栏自动添加该联系人。

【发信箱】

单击"发信箱"选项，进入发信箱界面，此界面列出了本用户发送出去的邮件，按时间降序排列。

【回收站】

单击"回收站"选项，进入回收站界面，如图 C.24 所示。

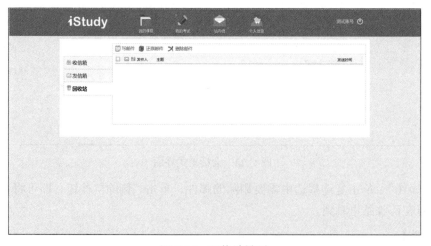

图 C.24　回收站界面

在此界面上选择需要操作的邮件，单击"还原邮件"即可将此邮件恢复到原来的位置；单击"删除邮件"则将永远删除该邮件。

2.4 "个人信息"操作说明

个人信息用来管理本用户的账户,包括管理基本信息和密码。单击"个人信息"图标,进入个人信息界面,如图 C.25 所示。

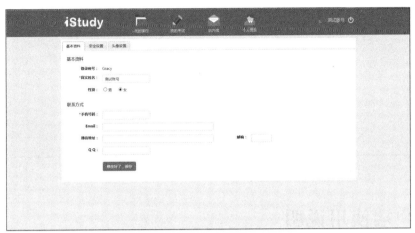

图 C.25　个人信息界面

(1) 基本资料修改。单击"个人信息"界面上的"基本资料"选项卡,进入基本资料界面,在此界面,可对用户的真实姓名、性别、电话号码、E-mail、通讯地址、邮编和 QQ 进行重新设置,设置完成后,单击"修改好了,保存"按钮即可。

(2) 安全设置。单击"个人信息"界面上的"安全设置"选项卡,进入安全设置界面,该界面可以修改登录密码,如图 C.26 所示。

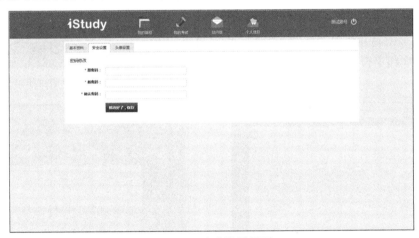

图 C.26　安全设置界面

(3) 头像设置。单击"个人信息"界面上的"头像设置"选项卡,进入头像设置界面,在该界面上可以上传自己的头像,支持上传 10 MB 内的 JPG、GIF 或 PNG 文件,有三个尺寸:128×128、64×64、32×32,如图 C.27 所示。

单击"点击浏览文件"按钮,选择头像,单击"这张好,保存"按钮,即可设置为头像,如不满意则可以单击"重置"按钮或重新浏览文件。

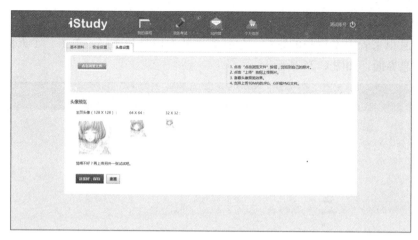

图 C.27　头像设置界面

3　客户端使用说明

3.1　"登录"操作说明

打开"iStudy 通用实践平台"，单击右上角的"配置"按钮，如图 C.28 所示。

将配置窗口中的服务器域名设置为服务器 IP 地址，并设置"答题目录"以及"备份目录"，如图 C.29 所示。

输入账号密码并单击"登录"按钮，即可进入 iStudy 通用实践平台，如图 C.30 所示。

图 C.28　iStudy 通用事件平台登录界面

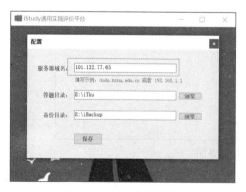

图 C.29　登录配置界面

图 C.30　登录进入平台界面

3.2　"我的课程"操作说明

此功能针对学生的学习课程设定，可以做作业、做实验、做练习，另外，还增设了考试功能。在"我的课程"一栏中，界面上列出本用户正在学习的课程，每门都有"立即学习"按钮，单击该按钮，进入该门课程的学习界面，如图 C.31 所示。

【我的作业】和【我的实验】

"我的作业"和"我的实验"操作一样，但其含义有本质区别，"我的作业"是教师布置给学生的课后作业，而"我的实验"是教师布置给学生的课堂实验，两种成绩都将按各自的比例计入平时成绩，因操作步骤相同，在此以"我的作业"为例进行说明。

"我的作业"是课程建设者就此课程布置的课后作业，方便教师统计作业完成情况。单击"我的作业"，进入"我的作业"列表界面，如图 C.32 所示。单击"答题"即可进入作业答题界面，如图 C.33 所示。

图 C.31　课程的学习界面

图 C.32　我的作业列表界面

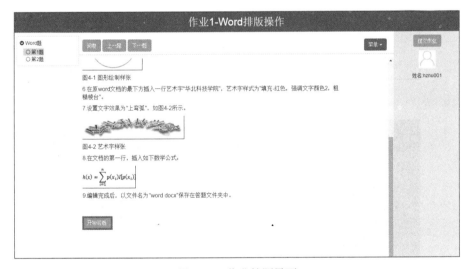

图 C.33　作业答题界面

在答题的过程中，右下方窗口显示的是题目，单击左上方的"word.docx"文件并根据题目所给的要求，对文档进行修改。修改完成后，必须保存并关闭文档窗口，然后按下右下方窗口的"返回"按钮，如图 C.34 所示。

单击答题左上角"阅卷"按钮，可以直接批阅当前题目，如图 C.35 所示。并且弹出该题目批阅结果的详细信息，如图 C.36 所示。

图 C.34　学生做题过程界面

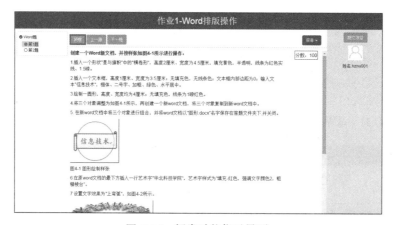

图 C.35　阅卷功能指示界面

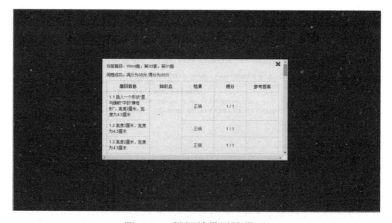

图 C.36　批阅结果详情界面

　　若需要重做，可以按下"菜单"下的"重做"按钮。若无问题，继续做左上方"题目列表"里剩余的题目。做完之后，按下"提交作业"按钮即完成了作业，如图 C.37 所示。

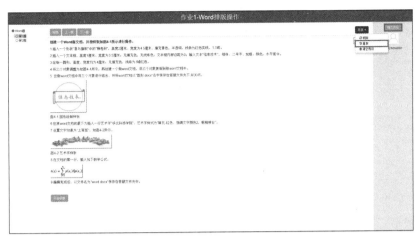

图 C.37　提交作业界面

【我的练习】

"我的练习"一般用于考试前期学生做题使用，"我的练习"是从题库中随机抽取试题或学生自主选题，组成一套试卷让学生练习做题，此功能充分发挥了学生的自主学习能力。单击"我的练习"，该列表列出本用户正在学习的课程，每门都有三项基本功能：随机选题、自主选题和继续上次，如图 C.38 所示。

- "随机选题"，即在题库中每个类型随机选择 20 题作答，每次操作选择的题目是不一样的。
- "自主选题"，即自己选择相关类型题目的套数，如图 C.39 所示。
- "继续上次"，即之前没有全部完成的可以继续答题。

图 C.38　"我的练习"界面

图 C.39　自主选题

3.3　"我的考试"操作说明

"我的考试"中列出了目前学生需要考试的试卷列表，单击"我的考试"按钮，进入我的考试列表界面，如图 C.40 所示。考试界面上列出了每科考试的开始时间和结束时间。单击"开始答题"按钮，只要在规定的时间内进入系统都可以进行答题。

考试操作与"我的作业"的操作相同，在规定的时间答完题目单击"交卷"按钮便完成考试。如图 C.41 所示。

图 C.40　我的考试列表界面

图 C.41　考试界面

交卷完成后，显示"已交卷"便结束考试的所有流程，如图 C.42 所示。

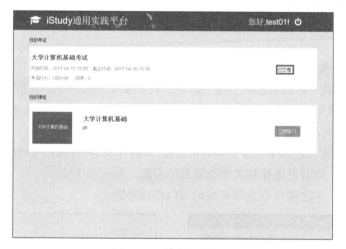
图 C.42　结束考试界面

3.4　"退出平台"操作说明

单击右上方的"退出"按钮即可退出该平台，如图 C.43 所示。

图 C.43　退出界面

结束语

系统的使用就介绍到此，软件开发者十分高兴您使用本软件，以及发现 BUG、反馈使用意见、提出对功能设置的看法及建议。对于具有普遍意义的建议，将直接加入软件的更新版本中。

特别指出，向软件开发者寻求解答信息时，要注意的几个问题：

1．请告知您使用的操作系统及版本。

2．您使用的浏览器软件与版本。

3．您在使用什么功能时遇到了问题。

4．请描述一下问题发生的具体的过程。

5．如果是对特定文件操作时发生问题，请把该文件作为附件一同发 E-mail 给作者。

6．软件开发者的电子邮箱：2534503393@qq.com。